LINGO 和 Excel
在数学建模中的应用

袁新生　邵大宏　郁时炼　主编

科学出版社

北　京

内 容 简 介

本书深入浅出地介绍了 LINGO 的基础知识、用 LINGO 语言描述现实问题的方法和用 Excel 处理数据的方法,重点是这两种软件在解决各种优化问题以及在数学建模中的应用,通过丰富的实例介绍了把实际问题转化为数学模型的方法,以及综合运用 LINGO 等软件来求解模型的手段和技巧.

本书的主要内容包括 LINGO 的基本用法、LINGO 在图论和网络模型中的应用、用 LINGO 求解非线性规划和多目标规划、LINGO 与其他软件之间的数据传递、Excel 在数学建模中的应用和 LINGO 在数学建模中的应用实例等.

本书可作为高等院校研究生、本科生和专科生的数学建模培训教材或参考书,也是从事数学建模教学和建模竞赛指导的教师、对数学建模有兴趣的科研人员有价值的参考书,还可以作为一本内容较全面的 LINGO 软件使用和培训教材.

图书在版编目(CIP)数据

LINGO和Excel在数学建模中的应用/袁新生,邵大宏,郁时炼主编.
—北京:科学出版社,2006
ISBN 978-7-03-017981-4

I. L… II. ①袁… ②邵… ③郁… III. 数学模型—建立模型—应用软件,LINGO,Excel IV. O22-39

中国版本图书馆 CIP 数据核字(2006)第 103847 号

责任编辑:陈玉琢 贾瑞娜 / 责任校对:包志虹
责任印制:吴兆东 / 封面设计:王 浩

科学出版社出版
北京东黄城根北街 16 号
邮政编码:100717
http://www.sciencep.com

北京中石油彩色印刷有限责任公司 印刷
科学出版社发行 各地新华书店经销
*
2007 年 1 月第 一 版 开本:B5 (720×1000)
2023 年 6 月第十四次印刷 印张:16
字数:303 000
定价:**68.00 元**
(如有印装质量问题,我社负责调换)

前　言

在科学和技术发展的过程中，人们用建立数学模型的办法解决需要寻求数量规律的现实问题，取得了许多成果．在高科技，特别是计算机技术迅速发展的今天，计算和建模更成了数学向科学技术转化的主要途径．数学建模是联系数学和实际问题的桥梁，是数学在各个领域广泛应用的具体实现．数学建模在科学技术发展中的重要作用受到了人们的普遍重视，成为现代科技工作者必备的重要能力之一．

我国自 1992 年开始举办全国大学生数学建模竞赛，并成为国家教育部组织的全国大学生四项学科竞赛之一，是全国高校规模最大、参与院校最多、影响面最广的一项课外科技竞赛活动，受到了大学生、教师和教育工作者的广泛欢迎．通过赛前培训和参赛，使学生学到了更多东西，拓宽了知识面，提高了运用所学知识来分析和解决实际问题的能力，从而达到培养综合素质和创新意识的目的．

用数学模型来解决实际问题，不仅要对实际问题有深刻的理解，能建立起合适的数学模型，还依赖于对模型进行求解的计算技术．对于大型复杂的优化模型，往往由于变量数目大、约束条件类型众多或形式复杂，使得模型的求解需要花费大量的时间和精力，而 LINGO 软件的使用能够使人们从繁重的编程工作中解放出来．

LINGO 是美国 LINDO 系统公司(Lindo System Inc.)推出的求解最优化问题的专业软件包，它在求解各种大型线性、非线性和整数规划方面具有明显的优势．LINGO 软件内置建模语言，提供几十个内部函数，从而能以较少语句，较直观的方式描述较大规模的优化模型．它的运行速度快，计算结果可靠，能方便地与 Excel、数据库等其他软件交换数据，LINGO 是解决优化问题的最佳选择．

Excel 是 Microsoft Office 套件中的电子表格软件，它内置了数百个函数供用户调用，还允许用户根据自己的需要随意定义自己的函数，Excel 无需编程就能够实现其他软件需要编程才能完成的复杂计算，能进行各种数据的统计、运算、处理和绘制统计图形．在实际问题中，经常会遇到大量数据需要处理，还有各种统计图表需要绘制．Excel 擅长数据分析和统计，用它来处理数据能够节省大量时间，提高效率．

本书介绍了 LINGO 的基础知识和用 Excel 处理数据的方法，重点是这两种软件在数学建模中的应用，通过丰富的实例介绍了把实际问题转化为数学模型的方法，以及综合运用 LINGO 等软件来求解数学模型的手段．

书的主要特点是：

1. 有些章节的内容曾作为论文在相关学术刊物上发表过，所有内容均有较高学术价值.

2. 所有程序都经过反复上机运算和优化，都能可靠地运行.

3. 围绕优化模型的求解方法作了较深入的探讨，突出 LINGO 在数学建模中的应用，读者能从书中汲取到许多求解数学规划的技能.

4. 案例丰富、条理清晰、讲解透彻、文笔流畅、图文并茂.

本书由袁新生、邵大宏、郁时炼主编. 参加编写的人员有廖大庆、汪军、王晓燕、沐爱勤、段红梅. 由刘信斌主审.

编　者

2006 年 3 月

目　　录

第 1 章 LINGO 的基本用法

我们遇到的许多优化问题都可以归结为规划问题，如线性规划、非线性规划、二次规划、整数规划、动态规划、多目标规划等，当遇到变量比较多或者约束条件表达式比较复杂等情况时，想用手工计算来求解这类问题几乎是不可能的，编程计算虽然可行，但工作量大、程序长而繁琐，稍不小心就会出错，还可能需要花费大量的时间和精力. 可行的办法是用现成的软件求解，LINGO 是专门用来求解各种规划问题的软件包，其功能十分强大，是求解优化模型的最佳选择.

1.1 LINGO 入门

1.1.1 概况

LINGO 是美国 LINDO 系统公司(Lindo System Inc)开发的求解数学规划系列软件中的一个(其他软件为 LINDO，GINO，What's Best 等)，它的主要功能是求解大型线性、非线性和整数规划问题，目前的版本是 V10.0. LINGO 分为 Demo、Solve Suite、Super、Hyper、Industrial、Extended 等六类不同版本(并有单机版和教学网络版的区分)，只有 Demo 版是免费的,其他版本需要向 LINDO 系统公司(在中国的代理商)购买，LINGO 的不同版本对模型的变量总数、非线性变量数目、整型变量数目和约束条件的数量作出不同的限制(其中 Extended 版本无限制).

LINGO 的主要功能特色为：

(1) 既能求解线性规划问题，也有较强的求解非线性规划问题的能力；

(2) 输入模型简练直观；

(3) 运行速度快、计算能力强；

(4) 内置建模语言，提供几十个内部函数，从而能以较少语句，较直观的方式描述较大规模的优化模型；

(5) 将集合的概念引入编程语言，很容易将实际问题转换为 LINGO 模型；

(6) 能方便地与 Excel、数据库等其他软件交换数据.

1.1.2 LINGO 的基本用法

启动 LINGO 后，在主窗口上弹出标题为"LINGO Model-LINGO1"的窗口，称为模型窗口(通常称 LINGO 程序为"模型")，如图 1.1.1 所示，用于输入模型，可以在该窗口内用基本类似于数学公式的形式输入小型规划模型.

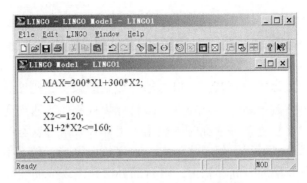

图 1.1.1　LINGO 的主窗口和模型窗口

通常，一个优化模型由以下三部分所组成：

(1) 目标函数. 一般表示成求某个数学表达式的最大值或最小值.

(2) 决策变量. 目标函数值取决于哪些变量.

(3) 约束条件. 对变量附加一些条件限制(通常用等式或不等式表示).

例 1.1.1　某工厂有两条生产线，分别用来生产 M 和 P 两种型号的产品，利润分别为 200 元/个和 300 元/个，生产线的最大生产能力分别为每日 100 和 120，生产线每生产一个 M 产品需要 1 个劳动日(1 个工人工作 8 小时称为 1 个劳动日)进行调试、检测等工作，而每个 P 产品需要 2 个劳动日，该厂工人每天共计能提供 160 劳动日，假如原材料等其他条件不受限制，问应如何安排生产计划，才能使获得的利润最大？

解　设两种产品的生产量分别为 x_1 和 x_2，则该问题的数学模型为

目标函数　　$\max z = 200x_1 + 300x_2$.

$$约束条件 \qquad \begin{cases} x_1 \leqslant 100, \\ x_2 \leqslant 120, \\ x_1 + 2x_2 \leqslant 160, \\ x_i \geqslant 0, \ i = 1, \ 2. \end{cases} \qquad (1.1.1)$$

在 Model 窗口内输入如下模型：

```
MAX=200*X1+300*X2;
X1<=100;
X2<=120;
X1+2*X2<=160;
```

注　LINGO 默认所有决策变量都非负, 因而变量非负条件可以不必输入.

选菜单 File|Save As(或按 F5)将输入的模型存盘, 默认文件格式的扩展名为 .lg4, 这是一种特殊的二进制格式文件, 保存了模型窗口中的所有文本和其他对象以及格式信息, 只有 LINGO 能读出它, 用其他系统打开这类文件时会出现乱码. 其他几种扩展名分别代表不同类型的文件, 见表 1.1.1.

表 1.1.1　LINGO 的文件类型

扩展名	文件类型
lng	纯文本格式模型文件, 不含格式(如字体、颜色等)信息
ldt	LINGO 数据文件
ltf	LINGO 命令脚本文件
lgr	用来存放 LINGO 的计算结果(solution report)

选 File|Print(或按 F7)可以在打印机上输出该模型.

LINGO 的语法规定:

(1) 求目标函数的最大值或最小值分别用 MAX=⋯或 MIN=⋯来表示;

(2) 每个语句必须以分号 ";" 结束, 每行可以有多个语句, 语句可以跨行;

(3) 变量名称必须以字母(A~Z)开头, 由字母、数字(0~9)和下划线所组成, 长度不超过 32 个字符, 不区分大小写;

(4) 可以给语句加上标号, 例如[OBJ]　MAX=200*X1+300*X2;

(5) 以! 开头, 以 ";" 号结束的语句是注释语句;

(6) 如果对变量的取值范围没有作特殊说明, 则默认所有决策变量都非负;

(7) LINGO 模型以语句 "MODEL:" 开头, 以 "END" 结束, 对于比较简单的模型, 这两个语句可以省略.

选菜单 Lingo|Solve(或按 Ctrl+S), 或用鼠标点击 "求解" 按钮, 如果模型有语法错误, 则弹出一个标题为 "LINGO Error Message"(错误信息)的窗口, 指出在哪一行, 有怎样的错误, 每种错误都有一个编号, 具体含义见参考文献[1]. 改正错误以后再求解, 如果语法通过, LINGO 用内部所带的求解程序求出模型的解, 然后弹出一个标题为 "LINGO Solver Status"(求解状态)的窗口, 其内容为变量个数、约束条件个数、优化状态、非零变量个数、耗费内存、所花时间等信息(详见 1.3 节), 点击 Close 关闭该窗口, 屏幕上出现标题为 "Solution Report"(解的报告)的信息窗口, 显示优化计算的步数、优化后的目标函数值、列出各变量的计算结果, 本例的具体内容如下:

```
Global optimal solution found at iteration:  2
 Objective value:    29000.00
     Variable       Value         Reduced Cost
        X1        100.0000          0.000000
        X2         30.00000         0.000000
        Row    Slack or Surplus     Dual Price
         1        29000.00          1.000000
         2         0.000000         50.00000
         3        90.00000          0.000000
         4         0.000000        150.0000
```

　　该报告说明：运行 2 步找到全局最优解，目标函数值为 29000，变量值分别为 X1=100，X2=30. "Reduced Cost"的含义是缩减成本系数(最优解中变量的 Reduced Cost 值自动取零)，"Row"是输入模型中的行号，"Slack or Surplus"的意思为松弛或剩余，即约束条件左边与右边的差值，对于"<="不等式，右边减左边的差值称为 Slack(松弛)，对于">="不等式，左边减右边的差值称为 Surplus(剩余)，当约束条件的左右两边相等时，松弛或剩余的值为零，如果约束条件无法满足，即没有可行解，则松弛或剩余的值为负数. "Dual Price"的意思是影子价格，上面报告中 Row 2 的松弛值为 0，意思是说第二行的约束条件，即第一条生产线最大生产能力已经达到饱和状态(100 个)，影子价格为 50，含义是：如果该生产线最大生产能力增加 1，能使目标函数值，即利润增加 50；报告中 Row 3 的松弛值为 90，表示按照最优解安排生产(X2=30)，则第三行的约束条件，即第二条生产线的最大生产能力 120 剩余了 90，因此增加该生产线的最大生产能力对目标函数的最优值不起作用，故影子价格为 0；

　　以上结果可以保存到文件中(扩展名为.lgr)，也可以通过打印机打印出来.

　　例 1.1.2　基金的优化使用(2001 年数学建模竞赛 C 题).

　　假设某校基金会得到了一笔数额为 M 万元的基金，打算将其存入银行，校基金会计划在 n 年内每年用部分本息奖励优秀师生，要求每年的奖金额相同，且在 n 年末仍保留原基金数额. 银行存款税后年利率见表 1.1.2.

表 1.1.2　银行存款税后利率表

存期	1 年	2 年	3 年	5 年
税后年利率/%	1.8	2.16	2.592	2.88

　　校基金会希望获得最佳的基金使用计划，以提高每年的奖金额，请在 $M = 5000$

万元、$n = 5$ 年的情况下设计具体存款方案.

解　分析：假定首次发放奖金的时间是在基金到位后一年，以后每隔一年发放一次，每年发放的时间大致相同，校基金会希望获得最佳的基金使用计划，以提高每年的奖金额，且在 n 年末仍保留原基金数额 M，实际上 n 年中发放的奖金总额全部来自于利息. 如果全部基金都存为一年定期，每年都用到期利息发放奖金，则每年的奖金数为 5000×0.018=90 万元，这是没有优化的存款方案. 显然，准备在两年后使用的款项应当存成两年定期，比存两次一年定期的收益高，以此类推. 目标是合理分配基金的存款方案，使得 n 年的利息总额最多.

定义　收益比 $a =$ (本金+利息)/本金.

于是存 2 年的收益比为 $a_2 = 1 + 2.16\% \times 2 = 1.0432$. 按照银行存款税后利率表计算得到各存款年限对应的最优收益比见表 1.1.3.

表 1.1.3　各存款年限对应的最优收益比

存期年限	1 年	2 年	3 年	4 年(3+1 方式)	5 年
最优收益比	1.018	1.0432	1.07776	1.09715968	1.144

经分析得到两点结论：

(1) 一次性存成最长期，优于两个(或两个以上)较短期的组合(中途转存).

(2) 当存款年限需要组合时，收益比与组合的先后次序无关.

建立模型　把总基金 M 分成 5+1 份，分别用 $x_1, x_2, \cdots, x_6$ 表示，其中 $x_1, x_2, \cdots, x_5$ 分别存 1~5 年定期，到期后本息合计用于当年发放奖金，x_6 存 5 年定期，到期的本息合计等于原基金总数 M. 用 S 表示每年用于奖励优秀师生的奖金额，用 a_i 表示第 i 年的最优收益比.

目标函数是每年的奖金额最大，即 $\max S$.

约束条件有 3 个：①各年度的奖金数额相等；②基金总数为 M；③n 年末保留原基金总额 M.

于是得到模型如下：

$$\max S,$$

$$\text{s.t.} \begin{cases} a_i x_i = S, \ i = 1, 2, \cdots, 5, \\ \sum_{i=1}^{6} x_i = M, \\ a_5 x_6 = M. \end{cases} \tag{1.1.2}$$

这是线性规划模型，用 LINGO 软件求解，令 $M = 5000$，编写程序如下：

```
MAX=S;              1.018*x1=S;       1.0432*x2=S;
1.07776*x3=S;   1.07776*1.018*x4=S;
1.144*x5=S;       1.144*x6=M;          M=5000;
x1+x2+x3+x4+x5+x6=M;
```

优化结果　求解得到优化结果：目标函数值，即每年度的奖金数额 S=135.2227 万元，存款方案，即 $x_1, x_2, \cdots, x_6$ 的值见表 1.1.4.

表 1.1.4　最优存款方案

变量	x_1	x_2	x_3	x_4	x_5	x_6
数值/万元	132.8317	129.6230	125.4664	123.2479	118.2016	4370.629

1.2　用 LINGO 编程语言建立模型

1.1 节介绍了 LINGO 的基本用法，其优点是输入模型较直观，一般的数学表达式无须作大的变换即可直接输入. 对于规模较小的规划模型，用直接输入的方式是有利的，但是，如果模型的变量和约束条件个数都比较多，若仍然用直接输入方式，虽然也能求解并得出结果，但是这种做法有明显的不足之处：模型的篇幅很长，不便于分析修改和扩展，例如，目标函数中有求和表达式 $\sum_{i=1}^{10} \sum_{j=1}^{20} c_{ij} x_{ij}$，若用直接输入的方式，将有 200 个 c_{ij} 和 200 个 x_{ij} 相乘再相加，需要输入长长一大串，既不便于输入，又不便于修改，可读性较差. 幸好 LINGO 提供了建模语言，能够用较少语句简单有效地表达上述目标函数(以及约束条件).

1.2.1　LINGO 模型的基本组成

LINGO 建模语言引入了集合的概念，为建立大规模数学规划模型提供了方便. 用 LINGO 语言编写程序来表达一个实际优化问题，称之为 LINGO 模型. 下面以一个运输规划模型为例说明 LINGO 模型的基本组成.

例 1.2.1　某公司有 6 个供货栈(仓库)，库存货物总数分别为 60，55，51，43，41，52，现有 8 个客户各要一批货，数量分别为 35，37，22，32，41，32，43，38. 各供货栈到 8 个客户处的单位货物运输价见表 1.2.1.

表 1.2.1　供货栈到客户的单位货物运价(元/每单位)

货栈＼客户	V1	V2	V3	V4	V5	V6	V7	V8
W1	6	2	6	7	4	2	5	9
W2	4	9	5	3	8	5	8	2
W3	5	2	1	9	7	4	3	3
W4	7	6	7	3	9	2	7	1
W5	2	3	9	5	7	2	6	5
W6	5	5	2	2	8	1	4	3

试确定各货栈到各客户处的货物调运数量，使总的运输费用最小.

解　引入决策变量 x_{ij}，代表从第 i 个货栈到第 j 个客户的货物运量. 用符号 c_{ij} 表示从第 i 个货栈到第 j 个客户的单位货物运价，a_i 表示第 i 个货栈的最大供货量，d_j 表示第 j 个客户的订货量.

目标函数是总运输费用最少.

约束条件有三条：①各货栈运出的货物总量不超过其库存数；②各客户收到的货物总量等于其订货数量；③决策变量 x_{ij} 非负.

则本问题的数学模型为：

$$\min \quad z = \sum_{i=1}^{6} \sum_{j=1}^{8} c_{ij} x_{ij},$$

$$\text{s.t.} \begin{cases} \sum_{j=1}^{8} x_{ij} \leqslant a_i, i = 1, 2, \cdots, 6, \\ \sum_{i=1}^{6} x_{ij} = d_j, j = 1, 2, \cdots, 8, \\ x_{ij} \geqslant 0, i = 1, 2, \cdots, 6, j = 1, 2, \cdots, 8. \end{cases} \quad (1.2.1)$$

1. 集合定义部分

LINGO 将集合(SET)的概念引入建模语言，集合是一组相关对象构成的组合，代表模型中的实际事物，并与数学变量及常量联系起来，是实际问题到数学的抽象. 例 1.2.1 中的 6 个仓库可以看成是一个集合，8 个客户可以看成另一个集合.

每个集合在使用之前需要预先给出定义，定义集合时要明确三方面内容：集合的名称、集合内的成员(组成集合的个体，也称元素)、集合的属性(可以看成是与该集合有关的变量或常量，相当于数组). 本例先定义仓库集合：

    WH/W1..W6/:AI;

其中 WH 是集合的名称，W1..W6 是集合内的成员，".."是特定的省略号(如果不用该省略号，也可以把成员一一罗列出来，成员之间用逗号或空格分开)，表明该集合有 6 个成员，分别对应于 6 个供货栈，AI 是集合的属性，它可以看成是一个一维数组，有 6 个分量，分别表示各货栈现有货物的总数.

  集合、成员、属性的命名规则与变量相同，可按自己的意愿，用有一定意义的字母数字串来表示，式中"/"和"/:"是规定的语法规则.

  本例还定义客户集合：

    VD/V1..V8/:DJ;

该集合有 8 个成员，DJ 是集合的属性(有 8 个分量)表示各客户的需求量.

  以上两个集合称为初始集合(或称基本集合，原始集合)，初始集合的属性都相当于一维数组.

  为了表示数学模型中从货栈到客户的运输关系以及与此相关的运输单价 c_{ij} 和运量 x_{ij}，再定义一个表示运输关系(路线)的集合：

    LINKS(WH,VD):C,X;

该集合以初始集合 WH 和 VD 为基础，称为衍生集合(或称派生集合). C 和 X 是该衍生集合的两个属性. 衍生集合的定义语句有如下要素组成：

  (1) 集合的名称；

  (2) 对应的初始集合；

  (3) 集合的成员(可以省略不写明)；

  (4) 集合的属性(可以没有).

  定义衍生集合时可以用罗列的方式将衍生集合的成员一一列出来，如果省略不写，则默认衍生集合的成员取它所对应初始集合的所有可能的组合，上述衍生集合 LINKS 的定义中没有指明成员，而它对应的初始集合 WH 有 6 个成员，VD 有 8 个成员，因此 LINKS 成员取 WH 和 VD 的所有可能组合，即集合 LINKS 有 48 个成员，48 个成员可以排列成一个矩阵，其行数与集合 WH 的成员个数相等，列数与集合 VD 的成员个数相等. 相应地，集合 LINKS 的属性 C 和 X 都相当于二维数组，各有 48 个分量，C 表示货栈 W_i 到客户 V_j 的单位货物运价，X 表示货栈 W_i 到客户 V_j 的货物运量.

  本模型完整的集合定义为：

SETS:

 WH/W1..W6/:AI;

 VD/V1..V8/:DJ;

 LINKS(WH,VD):C,X;

ENDSETS

注　集合定义部分以语句 SETS: 开始, 以语句 ENDSETS 结束, 这两个语句必须单独成一行. ENDSETS 后面不加标点符号.

2. *数据初始化(数据段)*

以上集合中属性 X(有 48 个分量)是决策变量, 是待求未知数, 属性 AI、DJ 和 C(分别有 6, 8, 48 个分量)都是已知数, LINGO 建模语言通过数据初始化部分来实现对已知属性赋以初始值, 格式为:

```
DATA:
    AI=60,55,51,43,41,52;
    DJ=35,37,22,32,41,32,43,38;
     C=6,2,6,7,4,2,5,9
       4,9,5,3,8,5,8,2
       5,2,1,9,7,4,3,3
       7,6,7,3,9,2,7,1
       2,3,9,5,7,2,6,5
       5,5,2,2,8,1,4,3;
ENDDATA
```

注　数据初始化部分以语句 DATA: 开始, 以语句 ENDDATA 结束, 这两个语句必须单独成一行. 数据之间的逗号和空格可以互相替换.

3. *目标函数和约束条件*

目标函数表达式 min　$z = \sum_{i=1}^{6}\sum_{j=1}^{8} c_{ij}x_{ij}$ 用 LINGO 语句表示为:

$$MIN=@SUM(LINKS(I,J):C(I,J)*X(I,J));$$

式中, @SUM 是 LINGO 提供的内部函数, 其作用是对某个集合的所有成员, 求指定表达式的和, 该函数需要两个参数, 第一个参数是集合名称, 指定对该集合的所有成员求和, 如果此集合是一个初始集合, 它有 m 个成员, 则求和运算对这 m 个成员进行, 相当于求 $\sum_{i=1}^{m}$, 第二个参数是一个表达式, 表示求和运算对该表达式进行. 此处@SUM 的第一个参数是 LINKS(I, J), 表示求和运算对衍生集合 LINKS 进行, 该集合的维数是 2, 共有 48 个成员, 运算规则是: 先对 48 个成员分别求表达式 C(I, J)*X(I, J)的值, 然后求和, 相当于求 $\sum_{i=1}^{6}\sum_{j=1}^{8} c_{ij}x_{ij}$, 表达式中的

C 和 X 是集合 LINKS 的两个属性,它们各有 48 个分量.

注　如果表达式中参与运算的属性属于同一个集合,则@SUM 语句中索引(相当于矩阵或数组的下标)可以省略(隐藏),假如表达式中参与运算的属性属于不同的集合,则不能省略属性的索引. 本例的目标函数可以表示成:

```
MIN=@SUM(LINKS:C*X);
```

约束条件 $\sum_{j=1}^{8} x_{ij} \leqslant a_i$ $(i=1,2,\cdots,6)$ 实际上表示了 6 个不等式,用 LINGO 语言表示该约束条件,语句为:

```
@FOR(WH(I):@SUM(VD(J):X(I,J))<=AI(I));
```

语句中的@FOR 是 LINGO 提供的内部函数,它的作用是对某个集合的所有成员分别生成一个约束表达式,它有两个参数,第一个参数是集合名,表示对该集合的所有成员生成对应的约束表达式,上述@FOR 的第一个参数为 WH,它表示货栈,共有 6 个成员,故应生成 6 个约束表达式,@FOR 的第二个参数是约束表达式的具体内容,此处再调用@SUM 函数,表示约束表达式的左边是求和,是对集合 VD 的 8 个成员,并且对表达式 X(I, J)中的第二维 J 求和,即 $\sum_{j=1}^{8} x_{ij}$,约束表达式的右边是集合 WH 的属性 AI,它有 6 个分量,与 6 个约束表达式一一对应. 本语句中的属性分别属于不同的集合,所以不能省略索引 I, J.

注　@SUM 和@FOR 函数可以嵌套使用.

同样地,约束条件 $\sum_{i=1}^{6} x_{ij} = d_j$, $j=1,2,\cdots,8$ 用 LINGO 语句表示为:

```
@FOR(VD(J):@SUM(WH(I):X(I,J))=DJ(J));
```

4. 完整的模型

综上所述,本问题完整的 LINGO 模型如下:

```
MODEL:
    SETS:
        WH/W1..W6/:AI;    VD/V1..V8/:DJ;
        LINKS(WH,VD):C,X;
    ENDSETS
    DATA:
        AI=60,55,51,43,41,52;
        DJ=35,37,22,32,41,32,43,38;
        C=6,2,6,7,4,2,5,9
            4,9,5,3,8,5,8,2
```

```
         5,2,1,9,7,4,3,3
         7,6,7,3,9,2,7,1
         2,3,9,5,7,2,6,5
         5,5,2,2,8,1,4,3;
ENDDATA
MIN=@SUM(LINKS(I,J):C(I,J)*X(I,J));    !目标函数;
@FOR(WH(I):@SUM(VD(J):X(I,J))<=AI(I));    !约束条件;
@FOR(VD(J):@SUM(WH(I):X(I,J))=DJ(J));
END
```

注　LINGO 模型以语句 MODEL: 开始, 以语句 END 结束, 这两个语句单独成一行. 完整的模型由集合定义、数据段、目标函数和约束条件等部分所组成, 这几个部分的先后次序无关紧要, !开头的语句是注释语句(可有可无).

选菜单 Lingo|Solve(或按 Ctrl+S), 或鼠标点击"求解"按钮, 在"Solution Report"信息窗口中, 看到具体求解结果为:

```
Global optimal solution found at step:        17(计算步骤数)
Objective value:                         664.0000(目标函数值)
              Variable        Value       Reduced Cost
(以下是调运方案)  X( W1, V1)    0.0000000       5.000000
              X( W1, V2)    19.00000        0.000000
              ......
(以上省略了 X( W1, V3)至 X( W6, V6)的具体数值)
              X( W6, V7)    3.000000        0.000000
              X( W6, V8)    0.0000000       3.000000
```

计算结果表明: 目标函数值为 664.0000, 最优运输方案见表 1.2.2.

表 1.2.2　最优运输方案

	V1	V2	V3	V4	V5	V6	V7	V8	合计
W1	0	19	0	0	41	0	0	0	60
W2	1	0	0	32	0	0	0	0	33
W3	0	11	0	0	0	0	40	0	51
W4	0	0	0	0	0	5	0	38	43
W5	34	7	0	0	0	0	0	0	41
W6	0	0	22	0	0	27	3	0	52
合计	35	37	22	32	41	32	43	38	

1.2.2　LINGO 语言的优点

从以上实例可以看出，LINGO 建模语言建立规划模型有如下优点：

(1) 对大规模数学规划，LINGO 语言所建模型较简洁，语句不多；

(2) 模型易于扩展，因为@FOR、@SUM 等语句并没有指定循环或求和的上下限，如果在集合定义部分增加集合成员的个数，则循环或求和自然扩展，不需要改动目标函数和约束条件；

(3) 数据初始化部分与其他部分分开，对同一模型用不同数据来计算时，只需改动数据部分即可，其他语句不变；

(4) "集合" 是 LINGO 很有特色的概念，它表达了模型中的实际事物，又与数学变量及常量联系起来，是实际问题到数学量的抽象，它比 C 语言中的数组用途更为广泛，集合中的成员可以随意起名字，没有什么限制，集合的属性可以根据需要确定用多少个，可以用来代表已知常量，也可以用来代表决策变量；

(5) 使用了集合以及@FOR、@SUM 等集合操作函数以后可以用简洁的语句表达出常见的规划模型中的目标函数和约束条件，即使模型有大量决策变量和大量数据，组成模型的语句并不随之增加.

1.3　LINGO 的菜单

LINGO 的主界面上有一个工具条，其上有一些按钮，如图 1.3.1 所示，自左至右，按钮的功能依次为：新建、打开、保存、打印、剪切、复制、粘贴、取消(Undo)、重做(Redo)、查找、定位、匹配括号、求解、显示解答、模型图示、选项设置(Options)、窗口后置、关闭所有窗口、平铺窗口、在线帮助和上下文相关帮助. 点击某个按钮能执行相应的命令.

图 1.3.1　工具条上的按钮

用户可以通过三种不同的方式执行命令，一是通过工具条上的按钮，二是通过菜单选择，三是用快捷键.

本节重点介绍 LINGO 主要菜单的功能，完整的介绍参见文献[2].

1.3.1　文件(File)菜单

◆　输出特殊格式文件(Export File)

输出 MPS 或者 MPI 格式文件，MPS 是 IBM 开发的数学规划文件标准格式. MPI 是 LINDO 公司制定的数学规划文件格式.

◆　用户基本信息(Database User Info)

该命令弹出一个对话框, 要求输入用户名(User)和密码(Password),这些信息在用@ODBC 函数访问数据库要用到.

1.3.2　编辑(Edit Menu)菜单

◆　选择性粘贴…(Paste Special...)

该命令把 Windows 剪贴板中的内容插入到光标所在位置. 下面举例说明它的功能和用法.

例 1.3.1　将例 1.2.1 运输模型的已知数据保存到名为"运输模型.xls"的 Excel 文件中, 然后按以下步骤操作:

(1) 在 Excel 文件中用鼠标选中数据表所在的区域 B2:K9, 点击"复制"或按快捷键"Ctrl+C"将选中的内容复制到 Windows 剪贴板中, 如图 1.3.2 所示.

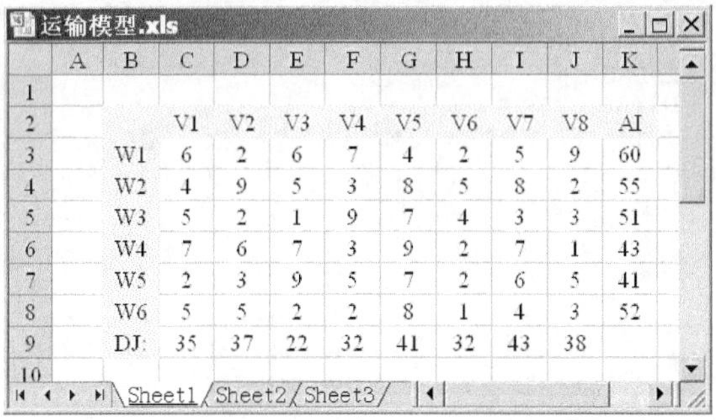

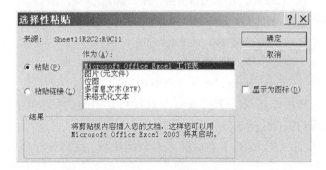

图 1.3.2　存放在 Excel 文件中的运输模型数据

(2) 回到 LINGO 的运输模型窗口, 将光标定位到数据段, 点击 Paste Special 命令, 弹出图 1.3.3 所示"选择性粘贴"对话框.

图 1.3.3　选择性粘贴对话框

在该对话框的左侧有"粘贴"和"粘贴链接"两个复选项，你必须且只能选择其中一个. 两者的效果有共同点也有不同点，共同点是，在模型的光标位置显示剪贴板中的内容，即 Excel 中被选中的数据区的具体数据(图 1.3.4)，这些被插到模型中的内容能起到方便浏览的作用，如果关闭 LINGO 程序再重新打开，你仍然能看到插入的内容，用鼠标双击插入的内容，则会自动打开 Excel 来对它们进行编辑，但是它们并不参与 LINGO 程序的运行，也不会与 LINGO 模型中的任何变量发生关系，LINGO 程序运行时将完全忽略它们的存在. 不同点是，如果选择"粘贴"，则插入剪贴板的当前内容，以后如果原始数据文件(运输模型.xls)中的数据发生了变化，插入的内容并不随之而变，而选择"粘贴链接"，则在插入的内容与原始文件直接建立了链接关系，当你修改原始文件中的数据时，LINGO 模型中的插入内容也会随之而变化，即能够自动更新. 此外，在建立了这种链接关系之后，可以随时用"Edit|Links…"命令来修改这个链接的属性.

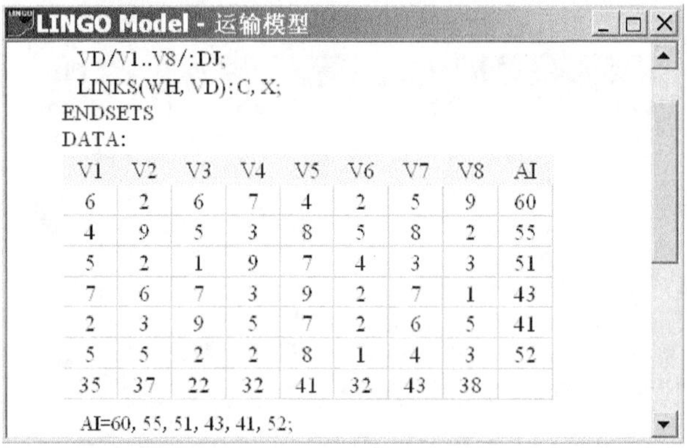

图 1.3.4　用 Paste Special 命令插入 Excel 中的数据表

在选择性粘贴对话框的右边有"显示为图标"复选项，如果选中它，则在 LINGO 程序插入一个图标，不显示具体内容，如果想看内容，则双击该图标.

◆　光标移到某一行(Go To Line，Ctrl+T)

功能是将光标移到某指定行，运行该命令，弹出一个对话框，在其中输入数字，例如输入 8，则光标移到到第 8 行.

◆　匹配括号(Match Parenthesis，Ctrl+P)

在程序中选择一个括号，运行该命令查找与它匹配的另一半括号.

◆　插入新对象(Insert New Object)

将光标放到 LINGO 模型中准备插入对象的位置，执行该命令，弹出如图 1.3.5 所示"插入对象"对话框，选择"新建"，则对象类型框中列出各种对象，选择需要的一种，插入到模型中的当前位置. 选择"由文件创建"，则可以将盘上已有文件作为链接对象插入到当前位置，如果选择了"显示为图标"，则在 LINGO 模型的当前位置出现一个表示链接的图标，如果想浏览其具体内容，只需双击图标即可. 该命令与 Paste Special 命令的功能有类似之处，区别是 Paste Special 命令可以与外部对象(已经复制到剪贴板)的一部分建立链接，而 Insert New Object 命令可以与整个对象建立链接.

图 1.3.5　插入对象对话框

注　LINGO 编译并运行模型时将忽略与外界对象的任何链接.

◆　连接(Links)

修改模型内插入对象的连接性质.

◆　对象的性质(Object Properties, Alt+Enter)

在模型中选择一个链接或嵌入对象，用本命令可以查看和修改这个对象的属性，包括对象的显示、对象的源、打开源、更改源、断开链接等.

1.3.3　LINGO 菜单

◆　求解结果(Solution..., Ctrl+O)

打开求解结果对话框. 允许选择文本方式或图表方式查看求解的结果. 如果选择文本方式，则弹出求解结果窗口，用文本方式显示常量和变量的值；如果选择图形方式，则有柱状图(Bar)、折线图(Line)和饼图(Pie)三种图形供选择.

注意　LINGO 只是把最近一次运行 Solve 命令之后的结果报告放在内存中，执行 Solution 命令只能显示内存中的结果报告. 因此如果模型的运行时间很长，运行结果来之不易，请将结果报告以文件形式保存到磁盘上，以便以后查阅.

◆　灵敏性分析(Range, Ctrl+R)

用该命令产生当前模型的灵敏性分析报告：

(1) 最优解保持不变的情况下，目标函数的系数的变化范围；

(2) 在影子价格和缩减成本系数都不变的前提下，约束条件右边的常数的变化范围.

灵敏性分析是在求解模型时作出的，必须激活灵敏度计算功能才会在求解时计算灵敏度值，默认状态下灵敏度计算是关闭的. 想要激活它，必须运行 LINGO|Options…命令，选择 General Solver，在 Dual Computations 列表框中，选择 Prices and Ranges 选项并确定. 灵敏性分析耗费相当多的求解时间，因此当速度很关键时，就没有必要激活它.

例如以下模型

```
[obj] max=200*x1+300*x2;
[one] x1<=100;
[two] x2<=120;
[worker] x1+2*x2<=160;
```

产生的灵敏性分析报告如下：

```
Ranges in which the basis is unchanged:
          Objective Coefficient Ranges
              Current          Allowable           Allowable
Variable    Coefficient        Increase            Decrease
  X1         200.0000          INFINITY            50.00000
  X2         300.0000          100.0000            300.0000
          Righthand Side Ranges
  Row        Current          Allowable           Allowable
              RHS             Increase            Decrease
ONE          100.0000         60.00000            100.0000
TWO          120.0000         INFINITY            90.00000
WORKER       160.0000         180.0000            60.00000
```

报告的第一部分的标题是目标函数系数的变化范围，第一列为变量名称 (Variable)，第二列为变量在目标函数里的当前系数(Current Coefficient)，第三列为系数允许上调的界限(Allowable Increase)，第四列为系数允许下调的界限 (Allowable Decrease).

对于变量 X1，系数允许下调 50，允许上调的范围不受限制(表示为 INFINITY，即无穷大)，因而只要系数大于 150，最优解保持不变. 对于变量 X2，系数允许上调 100，允许下调 300，因而系数在 0~400 范围内变化时，最优解不变.

报告的第二部分的标题是约束条件右边常数的变化范围，第一列为行标号 (Row)，第二列为约束条件右边的常数值(Current RHS)，第三列和第四列是在影子价格和缩减成本系数都不变的前提下，约束条件右边常数的允许上调界限 (Allowable Increase)以及允许下调的界限(Allowable Decrease).

注意　为了方便阅读灵敏度分析报告，在程序中对每个约束条件都给定一个用方括号括起来的标号.

◆　选项(Options，Ctrl+I)

运行该命令将打开一个含有 7 个选项卡的对话框，通过它可以设置 LINGO 界面以及求解模型时的各种参数和选项.

修改完以后，如果单击"Apply(应用)"按钮，则新的设置马上生效；如果单击"OK(确定)"按钮，则新的设置马上生效，并且同时关闭该窗口. 如果单击"Save(保存)"按钮，则将当前设置变为默认设置，下次启动 LINGO 时这些设置仍然有效. 单击"Default(默认值)"按钮，则恢复 LINGO 系统定义的原始默认设置. 该命令的具体用法详见 1.4 节"LINGO 的参数设置".

◆　生成模型的展开形式(Generate，Ctrl+G)

相当于编译，为当前模型生成一个用代数表达式表示的完整形式，LINGO 将所有基于集合的表达式(目标函数和约束条件)扩展成为等价的完全展开的普通数学表达式模型. 运行该命令时菜单上有两个选项，显示模型(Display model)和不显示模型(Don't display model). 如果选择显示模型图 1.3.6，则在弹出窗口显示展开后的完整数学表达式模型；如果选择不显示模型，则仅仅对模型进行编译，假如模型有语法错误，会弹出出错信息窗口，如果编译通过，则并不求解，也不显示编译后的完整数学表达式模型.

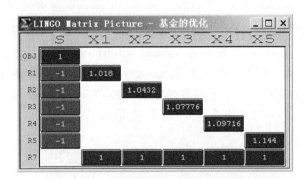

图 1.3.6　用图形方式显示模型

扩展的完整数学表达式模型明确地列出了模型中的所有变量、目标函数和约束条件，这对于寻找潜在的逻辑错误是有帮助的.

◆　生成图形(Picture，Ctrl+K)

由模型生成图形，以矩阵形式显示模型的系数. 例如下模型：

```
[OBJ]  MAX=S;
[R1]   1.018*x1=S;
[R2]   1.0432*x2=S;
[R3]   1.07776*x3=S;
```

```
[R4]   1.07776*1.018*x4=S;
[R5]   1.144*x5=S;
[R6]   1.144*x6=5000;
[R7]   x1+x2+x3+x4+x5+x6=5000;
```

用"Picture"命令生成的图形如图 1.3.6 所示. 变量的系数为负时底色为红色,系数为正时底色为蓝色. 非线性项的底色为黑色(系数显示"?").

可以对图形进行局部放大,方法是先把光标放在待放大区域的左上角,然后按下鼠标左键并拖动到该区域的右下角,放开鼠标左键就能得到局部放大图形. 在图形区域按下鼠标右键,将会弹出菜单,有以下一些操作供选择:对图形放大(Zoom In)、缩小(Zoom Out),显示所有内容(View All),是否显示行名(Row Names)、变量名(Var Names)和滚动条(Scroll Bars).

◆　调试(Debug,Ctrl+D)

有时会遇到模型没有可行解或者目标函数无界(无穷大),还可能因为输入错误造成找不到可行解(提示 No Feasible Solution Found),在一个大型模型中寻找错误的工作量比较大,此时可运行 Debug 命令进行调试,通常很快就能找到错误所在的行,例如以下模型

```
[OBJ]   MAX=2*X+5*Y;   [ROW1]   X+2*Y<=3;
[ROW2]  2*X+Y<=2;      [ROW3]   0.45*X+Y>=4;
```

求解时提示找不到可行解,执行 Debug 命令,得到结果如图 1.3.7 所示,说明模型中标号为 ROW3 的行是充分行(Sufficient Rows),去掉充分行,模型就有可行解,标号为 ROW1 的行是必要行(Necessary Rows),去掉必要行模型仍然没有可行解,由此可见查找的重点应当放在标号为 ROW3 的行,事实上本例的错误是该行 X 的系数本来是 4.5,错输成 0.45,改正错误即可.

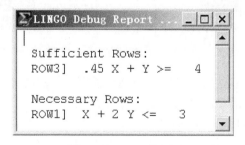

图 1.3.7　Debug 报告

◆　模型统计资料(Model Statistics,Ctrl+E)

显示模型的统计资料. 例如,为例 1.2.1 的运输模型生成的统计资料如下:

```
Rows=15  Vars=48  No. integer vars=0 ( all are linear)
```

```
Nonzeros=158 Constraint nonz=96( 96 are +- 1) Density=0
Smallest and largest elements in abs value=1.00000 60.0000
No. < : 6  No.=: 8  No. > : 0,  Obj=MIN, GUBs <=8
Single cols=0
```

当模型为线性规划时，统计报告的第一行列出模型的行数、变量个数、整型变量个数等；第二行列出模型的非零系数个数、所有约束条件左边的非零系数个数、约束条件中系数为+1 或–1 的数量等，其中 Density 称为密度数(高密度模型的求解时间长)；第三行列出模型中绝对值最大的系数和最小的系数；第四行按照<、=和>统计出约束条件的个数、目标函数的类型(MAX 或 MIN)、广义上界(Generalized Upper Bound，GUB)数，GUB 约束是指与其他约束条件不相关的约束；第五行 Single Cols 是仅仅出现在一行中的变量个数，这样的变量在模型中有可能不起作用.

对于非线性模型，统计报告与线性模型相比有所不同，减少了 GUB 等统计数，增加了非线性变量个数和非线性行数统计值.

◆　查看(Look，Ctrl+L)

以文本方式显示模型内容，每一行前面加上行号.

1.3.4　窗口(Window)菜单

◆　命令行窗口(Command Window，Ctrl+1)

打开 LINGO 的命令行窗口. 在命令行窗口中可以获得命令行界面，在 “：” 提示符后可以输入 LINGO 的命令行命令. 例如输入 COM 可以看到所有 LINGO 行命令. 命令窗口界面主要是为用户交互地测试命令脚本而设计的，由于 Windows 模式下使用 LINGO 非常方便，通常不必用命令窗口.

◆　状态窗口(Status Window 或 Ctrl+2)

在执行求解命令时，如果在编译期间没有出现错误，那么 LINGO 将调用适当的求解器来求解模型，并出现如图 1.3.8 所示求解器状态窗口(LINGO Solver Status).

求解器状态窗口对于监视求解器的进展和模型大小是有用的. 求解器状态窗口提供了一个中断求解器按钮(Interrupt Solver)，点击它会导致 LINGO 在下一次迭代时停止求解. 在绝大多数情况，LINGO 被中断时能够给出到目前为止的最好解. 一个例外是线性规划模型，返回的解是无意义的，应该被忽略. 但这并不是一个问题，因为线性规划通常求解速度很快，很少需要中断.

注意　在中断求解器后，必须小心解释当前解，因为这些解可能根本就不是最优解，可能也不是可行解或者对线性规划模型来说就是无价值的.

在中断求解器按钮的右边有关闭按钮(Close). 点击它可以关闭该窗口，关闭

之后可以在任何时间通过选择 Windows|Status Window 再次重新打开.

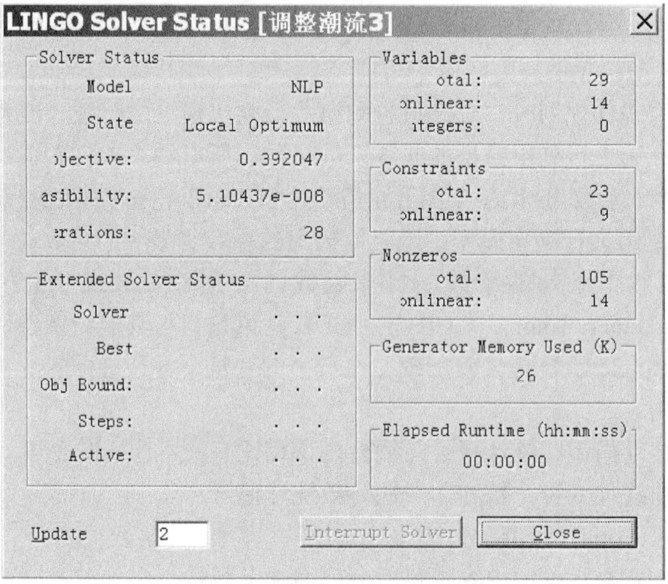

图 1.3.8　LINGO 的求解状态窗口

在中断求解器按钮左下方 Update 栏目内的数字为更新时间间隔(Update Interval). LINGO 将根据该数字指定的时间(以秒为单位)为周期更新求解器状态窗口. 可以随意设置该栏目内的数字, 不过若设置为 0 将导致更长的求解时间—LINGO 花费在更新的时间会超过求解模型的时间.

求解器状态窗口还有以下一些信息:

1) 变量数量(Variables)

其中 Total 显示当前模型的全部变量数, Nonlinear 显示其中的非线性变量数, Integers 显示其中的整数变量数. 非线性变量是指它至少处于某一个约束中的非线性关系中. 例如, 对约束 X+Y=100; X 和 Y 都是线性变量. 对约束 X*Y=100; X 和 Y 的关系是二次的, 所以 X 和 Y 都是非线性变量. 对约束 X*X+Y=100; X 是二次方所以是非线性的, Y 虽与 X 构成二次关系, 但与 X*X 这个整体是一次的, 因此 Y 是线性变量. 被计数变量不包括 LINGO 确定为定值的变量. 例如: X=1; X+Y=3; 这里 X 是 1, 由此可得 Y 是 2, 所以 X 和 Y 都是定值, 模型中的 X 和 Y 都用 1 和 2 代换掉.

2) 约束数量(Constraints)

其中 Total 显示当前模型扩展后的全部约束数, Nonlinear 显示其中的非线性约束数. 非线性约束是该约束中至少有一个非线性变量. 如果一个约束中的所有变量都是定值, 那么该约束就被剔除出模型, 不计入约束总数中.

3) 非零系数数量(Nonzeroes)

其中 Total 显示当前模型中全部非零系数的数量, Nonlinear 显示其中的非线性项的系数数量.

4) 内存使用量(Generator Memory Used)

显示当前模型的内存使用量,单位为千字节(K). 可以通过使用 LINGO|Options 命令修改模型的最大内存使用量.

5) 已运行时间(Elapsed Runtime)

显示求解模型到目前为止所耗用的时间, 它可能受到系统中别的应用程序的影响. 显示格式是"时: 分: 秒".

6) 求解器状态(Solver Status)

显示当前模型求解器的运行状态, 它有以下一些栏目:

(1) Model Class 当前模型的类型

可能显示: LP(线性规划), QP(二次规划), ILP(整数线性规划), IQP(整数二次规划), PILP(纯整数线性规划), PIQP(纯整数二次规划), NLP(非线性规划), MIP(混合整数规划), INLP(整数非线性规划), PINLP(纯整数非线性规划).

注　以 I 开头表示 IP(整数规划), 以 PI 开头表示 PIP(纯整数规划).

(2) State 当前解的状态

可能显示: "Global Optimum" (全局最优解), "Local Optimum" (局部最优解),"Feasible"(可行解),"Infeasible"(不可行解),"Unbounded"(无界),"Interrupted"(中断), "Undetermined" (未确定). 如果模型没有非线性约束, 那么局部最优解也就是全局最优解, 反之, 如果模型有一个或多个非线性约束, 那么局部最优解不一定就是全局最优解, 也许存在一个比目前找到的最优解更优的解, 只是算法找不到它.

(3) Objective 当前解的目标函数值

显示当前解的目标函数值, 如果模型中没有目标函数, 则显示 N/A.

(4) Infeasibility 当前约束不满足的总量

显示模型中被违反的约束条件的数量(违反变量限制的约束不计在内). 显示实数(即使该值=0, 当前解也可能不可行, 因为这个量中没有考虑用上下界命令形式给出的约束).

(5) Iterations 到目前为止的迭代次数

一次迭代包括以下动作: 先找到一个当前值为零的变量, 假如让它非零时结果变优, 则不断增大它的值, 直到一个约束将变为不可行或另一个变量的值被"赶"向零. 之后, 迭代重新开始. 一般说来, 模型的规模越大, 求解所需的迭代次数越多, 每次迭代的时间也会越长.

7) 扩展求解器状态(Extended Solver Status)

显示 LINGO 中几个特殊求解程序(算法)的运行状态. 包括分枝定界求解器(Branch and Bound Solver)、全局优化求解器(Global Solver)和多个初始点求解器(Multistart Solver). 该框中的栏目仅当这些求解器运行时才会更新. 栏目的含义如下:

(1) Solver Type 使用的特殊算法的类型.

有以下几种可能: B-and-B (分支定界法); Global(全局优化算法); Multistart(多个初始点算法). 分支定界法用来求解整数规划. 全局优化算法和多初始点算法专门用于求解非线性规划, 许多非线性模型是非凸或者(并且)是非光滑的, 那些依赖于局部搜索过程的非线性算法往往收敛于一个局部的最优解, 它可能不是全局最优解, 甚至有可能与全局最优解相差甚远. 全局优化算法和多初始点算法是针对这类情况而采用的特殊算法.

(2) Best Obj 目前为止找到的可行解的最佳目标函数值.

显示当前找到的可行解的最佳目标函数值.

(3) Obj Bound 目标函数值的界限.

该界限给出了改善目标函数的程度, 所得最佳目标函数值不会超过该界限, 假如运行过程中当前目标函数值已经十分接近该界限, 而算法还在无休止地运行, 用户可以选择中断算法以节省时间.

(4) Steps 特殊求解程序当前运行步数(显示非负整数).

显示的内容与当前的算法有关, 含义为: 分枝数(对 B-and-B 程序); 子问题数(对 Global 程序); 初始点数(对 Multistart 程序).

(5) Active 有效步数.

显示当前的有效步数.

窗口(Window)菜单的其余几个命令都是对窗口的排列, 这里不作介绍, 试一试便知.

1.3.5 帮助(Help)菜单

◆ 帮助主题(Help Topics)

打开 LINGO 的帮助文件. 其中有目录和索引两种找到所需帮助的方式.

◆ 软件注册(Register)

向 LINDO Systems 公司在线注册 LINGO 版本.

◆ 自动更新(Auto Update)

自动检测是否有新版本可以下载和更新. 如果该命令处于激活状态(旁边有一个复选标记), 则点击它就会关闭自动更新.

◆ 关于 LINGO(About Lingo)

给出当前 LINGO 的版本信息、对模型规模的限制、使用期限等.

1.4　LINGO 的参数设置

从 LINGO 主菜单下的 LINGO 二级菜单中选择 Options，弹出如图 1.4.1 所示参数设置对话框，其中含有如下 7 个选项卡(页面)：Interface(界面)、General Solver(通用求解器)、Linear Solver(线性求解器)、Nonlinear Solver(非线性求解器)、Integer Pre-Solver(整数预处理程序)、Integer Solver(整数求解器)、Global Solver(全局求解器). 每个选项卡内有多个参数或选项，用户可以按照自己的意愿对这些参数的默认设置进行修改.

图 1.4.1　LINGO 的参数设置对话框

修改完以后，如果单击"Apply(应用)"按钮，则新的设置马上生效；如果单击"OK(确定)"按钮，则新的设置马上生效并且同时关闭该窗口. 如果单击"Save(保存)"按钮，则将当前设置变为默认设置，下次启动 LINGO 时这些设置仍然有效. 单击"Default(默认值)"按钮，则恢复 LINGO 系统定义的原始默认设置(默认设置).

这七个选项卡的具体说明如下：

1.4.1　Interface(界面)选项卡

该选项卡中的选项(参数)用来控制 LINGO 的界面(外观)、输出和文件的默认格式等，具体见表 1.4.1.

表 1.4.1　Interface(界面)选项卡的参数设置

选项组	选项	含义
General (一般选项)	Errors in Dialogs (错误信息对话框)	如果选择该选项，则求解程序遇到错误时将打开一个对话框显示错误，关闭该对话框后程序才会继续执行；否则，错误信息将在报告窗口显示，程序仍会继续执行
	Splash Screen (弹出屏幕)	如果选择该选项，则 LINGO 每次启动时会在屏幕上弹出一个对话框，显示 LINGO 的版本和版权信息；否则不弹出
	Status Bar (状态栏)	如果选择该选项，则 LINGO 系统在主窗口最下面一行显示状态栏(其中显示时间、光标位置、菜单提示和程序的当前状态)；否则不显示
	Status Window (状态窗口)	如果选择该选项，则 LINGO 系统每次运行 LINGO|Solve(求解)命令时会在屏幕上弹出求解状态窗口；否则不弹出
	Terse Output (简洁输出)	如果选择该选项，则 LINGO 系统对求解结果报告将会以简洁形式输出(仅显示目标函数值)；否则以详细形式输出
	Toolbar(工具栏)	如果选择该选项，则显示工具栏；否则不显示
	Solution Cutoff (解的截断)	结果中小于等于这个值的解将报告为"0"，以免分散注意力，Solution Cutoff 的默认值是 10^{-9}
File Format (文件格式)	lg4 (extended) (扩展格式)	模型文件的默认保存格式是 lg4 格式(这是一种二进制文件，只有 LINGO 能读出)
	lng (text only) (纯文本格式)	模型文件的默认保存格式是 lng 格式(纯文本)
Syntax Coloring (语法配色)	Line limit (行数限制)	语法配色的行数限制(默认为 1000). LINGO 模型窗口中将 LINGO 关键词显示为蓝色，注释为绿色，其他为黑色，超过该行数限制后则不再区分颜色. 特别地，设置行数限制为 0 时，整个文件不再区分颜色
	Delay (延迟)	设置语法配色的延迟时间(秒，默认为 0，从最后一次击键算起)
	Paren Match (括号匹配)	如果选择该选项，则模型中当前光标所在处的括号及其相匹配的括号将以红色显示；否则不使用该功能
Command Window (命令窗口)	Send Reports to Command Window (报告发送到命令窗口)	如果选择该选项，则输出信息会发送到命令窗口，而不是单独的报告窗口；否则不使用该功能
	Echo Input (输入信息反馈)	如果选择该选项，则用 File|Take Command 命令执行脚本文件时，处理信息会发送到命令窗口，这对调试命令脚本有用；否则不使用该功能
	Line Count Limits (行数限制)	命令窗口能显示的行数的最大值为 Maximum(默认为 800)；如果要显示的内容超过这个值，每次从命令窗口滚动删除的最小行数为 Minimum(默认为 400)
	Page Size Limit(页面大小限制)	命令窗口每次显示的行数的最大值为 Length(默认为没有限制)，显示这么多行后会暂停，等待用户响应；每行最大字符数为 Width(默认为 74，可以设定为 64~200 之间)，多余的字符将被截断

1.4.2　General Solver(通用求解器)选项卡

该选项卡中的选项用来控制与 LINGO 求解功能有关的参数，具体见表 1.4.2.

表 1.4.2　General Solver(通用求解器)选项卡的参数设置

选项组	选　项	含　义
Generator Memory Limit (MB)模型生成器的内存限制(兆)		为模型生成器预留内存，默认值为 32M，如果模型生成器使用的内存超过该限制，LINGO 将报告"The model generator ran out of memory"．该值设置大则对大型模型有利，但不宜过高，过高了会造成求解程序可使用的内存减少，导致 LINGO 运行不畅
Runtime Limits 运行限制	Iterations 迭代次数上限	求解一个模型时，允许的最大迭代次数(默认值为无限)
	Time (sec) 运行时间(秒)	求解一个模型时，允许的最大运行时间(默认值为无限)
Dual Computations (对偶计算)		求解时控制对偶计算的级别，有以下四种可能的设置： · None：不计算任何对偶信息，有利于加快运行； · Prices：计算对偶值(默认设置)，但不计算灵敏度； · Prices and Ranges：计算对偶值和灵敏度； · Prices, Opt Only：只计算最优行的对偶信息
Model Regeneration (模型的重新生成)		控制重新生成模型的方式，有三种可能的设置： · Only when text changes：只有当模型的文本修改后才再生成模型； · When text changes or with external references：当模型的文本修改或模型含有外部引用时且外部数据源被改变时重新生成模型(默认设置)； · Always：每当有需要时
Linearization (控制线性化选项)	Degree(线性化程度)	决定求解模型时线性化的程度，有四种可能的设置： · Solver Decides：若变量数小于等于 12 个，则尽可能全部线性化；否则不做任何线性化(默认设置) · None：不做任何线性化 · Low：对函数@ABS，@MAX，@MIN，@SMAX，@SMIN，以及二进制变量与连续变量的乘积项做线性化 · High：同上，此外对逻辑运算符#LE#，#EQ#，#GE#和#NE#做线性化
	Big M(线性化的大 M 系数)	设置线性化的大 M 系数(默认值为 10^6)，该数如果太小，则模型可能最终无可行解，该值太大，则可能导致产生算法的稳定性问题
	Delta(线性化的误差限)	设置线性化的误差限(默认值为 10^{-6}). 大多数模型无需改变此默认值
Allow Unrestricted Use of Primitive Set Member Names (允许无限制地使用基本集合的成员名)		选择该选项可以保持与 LINGO4.0 以前的版本兼容；即允许使用基本集合的成员名称直接作为该成员在该集合的索引值(LINGO4.0 以后的版本要求使用@INDEX 函数). 默认不选择该选项
Check for Duplicate Names in Data and Model(检查数据和模型中的名称是否重复使用)		选择该选项，LINGO 将检查数据和模型中的名称是否重复使用，如基本集合的成员名是否与决策变量名重复
Use R/C format names for MPS I/O (在 MPS 文件格式的输入输出中使用 R/C 格式的名称)		在 MPS 文件格式的输入输出中，将变量和行名转换为 R/C 格式

1.4.3　Linear Solver(线性求解器)选项卡

该选项卡中的选项用来控制与 LINGO 求解功能有关的参数,具体见表 1.4.3.

表 1.4.3　Linear Solver(线性求解器)选项卡的参数设置

选项组	选　项	含　义
Method 求解方法		求解时的算法,有四种可能的设置: · Solver Decides:LINGO 自动选择算法(默认设置) · Primal Simplex:原始单纯形法 · Dual Simplex:对偶单纯形法 · Barrier:障碍法(即内点法) 大体上,求解行数少于列数的稀疏模型时用原始单纯形法较好,求解列数少于行数的稀疏模型时用对偶单纯形法较好,而求解密集型或大型规划时用障碍法较好
Initial Linear Feasibility Tol 初始线性可行性误差限		控制线性模型中约束被满足时的初始允许误差限,即在该限度内时就认为约束得到满足(默认值为 $3*10^{-6}$)
Final Linear Feasibility Tol 最后线性可行性误差限		控制线性模型中约束被满足时的最后允许误差限(默认值为 10^{-7})
Model Reduction 模型降维		控制是否检查模型中的无关变量,从而降低模型的规模: · Off:不检查 · On:检查,LINGO 在求解之前尝试从表达式中识别并移除无关的变量和约束 · Solver Decides:LINGO 自动决定(默认设置)
Pricing Strategies 价格策略(决定出基变量的策略)	Primal Solver 原始单纯形法	有三种可能的设置: · Solver Decides:LINGO 自动决定(默认设置) · Partial:LINGO 对一部分可能的出基变量进行尝试 · Devex:用 Steepest-Edge(最陡边)近似算法对所有可能的变量进行尝试,找到使目标值下降最多的出基变量
	Dual Solver 对偶单纯形法	有三种可能的设置: · Solver Decides:LINGO 自动决定(默认设置) · Dantzig:按最大下降比例法确定出基变量 · Steepest-Edge:最陡边策略,对所有可能的变量进行尝试,找到使目标值下降最多的出基变量
Matrix Decomposition 矩阵分解		选择该选项,LINGO 将尝试把一个大模型分解为几个小模型求解;否则不尝试
Scale Model 模型尺度的改变		选择该选项,LINGO 检查模型中的数据是否平衡(数量级是否相差太大)并尝试改变尺度使模型平衡;否则不尝试

1.4.4　Nonlinear Solver(非线性求解器)选项卡

该选项卡中的选项用来控制 LINGO 非线性算法的有关参数,具体见表 1.4.4.

表 1.4.4　Nonlinear Solver(非线性求解器)选项卡的参数设置

选项组	选项	含义
Initial Nonlinear Feasibility Tol 初始非线性可行性误差限		控制模型中约束满足的初始误差限,参阅线性求解器的相关说明,默认值为 10^{-3}
Final Nonlinear Feasibility Tol 最后非线性可行性误差限		控制模型中约束满足的最后误差限(默认值为 10^{-6})
Nonlinear Optimality Tol 非线性规划的最优性误差限		如果目标函数的梯度的改变量小于等于这个值,则停止迭代(默认值为 $2*10^{-7}$)
Slow Progress Iteration Limit 缓慢改进的迭代次数的上限		当目标函数在连续这么多次迭代没有显著改进以后,停止迭代(默认值为 5)
Derivatives 导数计算方式	Numerical 数值法	用有限差分法计算数值导数,默认用该方法
	Analytical 解析法	用解析法计算导数(仅对只含有算术运算符的函数使用)
Strategies 策略	Crash Initial Solution 生成初始解	选择该选项,LINGO 将用启发式方法生成一个"好"的出发点(初始解);否则不生成(默认值)
	Quadratic Recognition 识别二次规划	选择该选项,LINGO 将判别模型是否为二次规划,若是则采用二次规划算法(包含在线性规划的内点法中);否则不判别(默认值)
	Selective Constraint Eval 有选择地检查约束	选择该选项,LINGO 在每次迭代时只检查必须检查的约束(如果有些约束函数在某些区栏目没有定义,这样做会出现错误);否则,检查所有约束(默认值)
	SLP Directions SLP 方向	选择该选项,LINGO 在每次迭代时用 SLP (Successive LP,逐次线性规划)方法寻找搜索方向,运用线性逼近的方法加快迭代时间(默认值)
	Steepest Edge 最陡边策略	选择该选项,LINGO 在每次迭代时将对所有可能的变量进行尝试,找到使目标值下降最多的变量进行迭代,此时选择变量所花费的时间较多,但每次迭代时目标函数值的改变量较大;默认值为不使用最陡边策略

1.4.5　Integer Pre-Solver(整数预处理求解器)选项卡

该选项对整数线性规划模型(ILP)有效,对其他模型无效. 整数预处理程序用于完成模型的再生成工作(重新生成的模型与原始模型等价但结构发生了变化,这种方式最适合用分支定界整数规划算法求解),使得传送到分支定界算法的最终表达式能够以最快的速度求解. 具体设置见表 1.4.5.

表 1.4.5　Integer Pre-Solver（整数预处理求解器）选项卡的参数设置

选项组	选 项	含 义
Heuristics 启发式方法	Level 水平	控制采用启发式搜索的次数（默认值为 3，可能的值为 0~100）. 启发式方法的目的是从分枝节点的连续解出发，尝试找到一个好的整数解
	Min Seconds 最小时间	每个分枝节点使用启发式搜索的最小时间（秒，默认值是 0）
Probing Level 探测水平（级别）		控制采用探测（Probing）技术的级别（探测能够用于混合整数线性规划模型，收紧变量的上下界和约束的右端项的值）. 多数时候探测可以充分紧缩模型并缩短求解时间，但有时并非如此. 可能的取值为： ·Solver Decides：LINGO 自动决定（默认设置） ·1~7：探测级别逐步升高
Constraint Cuts 约束的割（平面）	Application 应用节点	控制在分枝定界树中，哪些节点需要增加割（平面），可能的取值为： ·Root Only：仅根节点增加割（平面） ·All Nodes：所有节点均增加割（平面） ·Solver Decides：LINGO 自动决定（默认设置）
	Relative Limit 相对上限	控制生成的割（平面）的个数相对于原问题的约束个数的上限（比值），默认值为 0.75
	Max Passes 最大迭代检查的次数	为了寻找合适的割，最大迭代检查的次数. 有两个参数： ·Root：对根节点的次数（默认值为 200） ·Tree：对其他节点的次数（默认值为 2）
	Types 类型	控制生成的割（平面）的策略，共有 12 种策略可供选择.（如想了解细节，请参阅整数规划方面的专著）

1.4.6　Integer Solver(整数求解器)选项卡

本选项卡只用于整数线性规划模型(ILP 模型)，对连续规划和非线性规划无效. 具体设置见表 1.4.6.

表 1.4.6　Integer Solver（整数求解器）选项卡的参数设置

选项组	选 项	含 义
Branching 分枝	Direction 取整方向	控制分枝策略中优先对变量取整的方向，有三种选择： ·Both：LINGO 自动决定（默认设置） ·Up：向上取整优先 ·Down：向下取整优先
	Priority 优先级	控制分枝策略中优先对哪些变量进行分枝，有两种选择： ·LINGO Decides：LINGO 自动决定（默认设置） ·Binary：二进制(0-1)变量优先

选项组	选 项	含 义
Integrality 取整性质	Absolute 绝对误差限	当变量与整数的绝对误差小于这个值时, 该变量被认为是整数. 默认值为 10^{-6}
	Relative 相对误差限	当变量与整数的相对误差小于这个值时, 该变量被认为是整数. 默认值为 $8×10^{-6}$
LP Solver LP 求解程序	Warm Start 热启动, 当前一节点的解存在时, 决定启用何种算法	以前面的求解结果为基础, 求解程序采用的算法, 有四种可能的设置: · LINGO Decides: LINGO 自动选择算法(默认设置) · Primal Simplex: 原始单纯形法 · Dual Simplex: 对偶单纯形法 · Barrier: 障碍法 (即内点法)
	Cold Start 冷启动	当前一节点的解不存在时, 求解程序时采用的算法, 有四种可能的设置: (同上, 略)
Optimality 优 化 选 项. 整数规 划问题非 常复杂, 求 解大型整 数规划时, 通常选择 运行几分 钟得到近 似于真正 最优解的 可行解, 而 不是运行 很长时间 (几天)来找 最优解	Absolute 目标函数的绝对误差限	如果当前目标函数值与目前找到的最优值的绝对误差小于这个值时, 则当前解被认为是最优解(也就是说: 只需要搜索比当前解至少改进这么多个单位的解), 从而缩短求解时间. 默认值为 $8*10^{-8}$
	Relative 目标函数的相对误差限	如果当前目标函数值与目前找到的最优值的相对误差小于这个值时, 当前解被认为是最优解(也就是说: 只需要搜索比当前解至少改进这么多百分比的解). 从而缩短求解时间. 默认值为 $5*10^{-8}$
	Time to Relative 开始采用相对误差限的时间(秒)	在程序开始运行后这么多秒内, 不采用相对误差限策略, 目的是希望找到真正的最优解; 此后才使用相对误差限策略, 在求解比较耗费时间的情况下, 用相对误差限策略来缩短求解时间(放弃追求高精度, 缩短求解时间). 默认值为 100s
Tolerances 误差限, 控 制分支定 界法求解 整数规划 的分支策 略	Hurdle 控制值	IP 目标函数的阈值, 即最优解的一个界限. 如果知道某个整数可行解, 可利用这个可行解的目标函数值, 设置最优解的界限, 只寻找比该值好的目标函数对应的整数解, 一个好的阈值能够大大缩短求解时间. 一旦找到一个初始整数解, Hurdle 值就不再有效. 默认值为 None. 表示没有指定这个阈值
	Node Selection 节点选择	控制算法如何选择节点分枝的次序, 有以下选项: · LINGO Decides: LINGO 自动选择(默认设置) · Depth First: 采用深度优先策略 · Worst Bound: 选择具有最弱限制的节点 · Best Bound: 选择具有最强限制的节点
	Strong Branch 强分枝的层数	控制采用强分枝的层数. 即分支树的前 n 层运用更精深(强)的分支策略. 所谓强分枝, 就是在一个节点对多个变量分别尝试进行预分枝, 找出其中最好(使目标函数改变最大)的解(变量)最终进行实际分枝. 默认值为 10

1.4.7　Global Solver(全局最优求解器)选项卡

LINGO 默认的 NLP 算法只进行局部搜索, 这可能导致在局部最优解处停止而错过全局最优解. LINGO 全局算法的两个基本方法分别是全局最优算法(Global Solver)和多起点算法(Multistart Solver). 该选项卡的具体设置见表 1.4.7.

表 1.4.7　Global Solver(全局最优求解器)选项卡的参数设置

选项组	选　项	含　义
Global Solver 全局最优 求解程序	Use Global Solver 使用全局最优求解程序	很多非线性规划是非凸的和(或)不光滑的,LINGO 默认的非线性算法会收敛到局部的次最优点, 这个点可能离真正的全局最优点很远. 如果选中该选项, LINGO 将用全局最优求解程序求解模型, 尽可能得到全局最优解(求解花费的时间可能很长, 但是, 如果变量不很多, 使用全局最优求解程序花费的时间并不多); 否则不使用全局最优求解程序, 通常只得到局部最优解(有时候局部最优解就是全局最优解)
	Variable Upper Bound 变量上界	有两个栏目可以控制变量上界(按绝对值): (1) Value: 设定变量的上界, 若该值为 d, 则变量的赋值被限制在区域[d,-d]内. 该值尽可能设置得紧凑些, 防止进入无意义的搜索区域而浪费求解时间, 默认值为 10^{10}; (2) Application 列表框设置这个界的三种应用范围: · None: 所有变量都不使用这个上界, 一般不推荐; · All: 所有变量都使用这个上界; · Selected: 先找到第一个局部最优解, 然后使用这个上界, 并且只用于不中止于初始局部解的变量(默认设置)
	Tolerances 误差限	包括两个栏目(按绝对值): (1) Optimality: 只搜索比当前解至少改进这么多个单位的解(默认值为 10^{-6}) (2) Delta: 全局最优求解程序在凸化过程中增加的附加约束的误差限, 即必须满足的程度(默认值为 10^{-7})
	Strategies 策略	可以控制全局最优求解程序的三类策略: (1) Branching: 第 1 次对变量分枝时使用的分枝策略: · Absolute Width(绝对宽度) · Local Width(局部宽度) · Global Width(全局宽度) · Global Distance(全局距离) · Abs (Absolute) Violation(绝对冲突) · Rel (Relative) Violation(相对冲突, 默认设置) (2) Box Selection: 选择活跃分枝节点的方法: · Depth First(深度优先) · Worst Bound(具有最坏界的分枝优先, 默认设置) (3) Reformulation: 模型重整的级别: · None(不进行重整) · Low(低) · Medium(中) · High(高, 默认设置)
Multistart Solver 多初始点求解程序	Attempts 尝试次数	尝试多个初始点求解, 有以下几种可能的设置: · Solver Decides: 由 LINGO 决定(默认设置, 对小规模 NLP 问题为 5 次, 对大规模问题不使用多点求解) · Off: 不使用多点求解 · N(>1 的正整数): N 点求解 · Barrier: 障碍法 即内点法) 注意: Multistart 算法将急剧增加求解时间

例 1.4.1　求函数 $f(x) = x\cos(3x)$ 在区间(0, 6.25)内的最小值. 通过该例观察全局优化求解器的作用.

解　编写 LINGO 程序如下：

```
MODEL:
    MIN=X*@COS(3*X);
    @BND(0.1,X,6.25);
END
```

目标函数 $f(x)$ 的图形如图 1.4.2 所示. 从图中可以看出，它在区间(0, 6.25)内有三个局部最小点，并且在(5, 6)内的局部最小点是全局最优解. 下面在全局最优求解器的三种不同设置情况下进行求解：

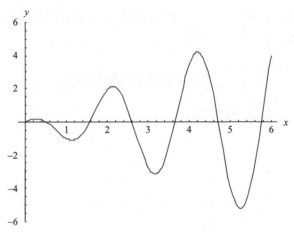

图 1.4.2　目标函数的图形

(1) 不选择 Use Global Solver，并且多初始点求解程序的尝试次数设置为 off，得到局部最优解：

```
Local optimal solution found at iteration:        11
   Objective value:     -1.096124
          Variable        Value        Reduced Cost
               X        1.141873       0.000000
```

该结果是局部最优解而非全局最优解.

(2) 选择 Use Global Solver，且保持多初始点求解程序的尝试次数为 off，运行结果为：

```
Global optimal solution found at iteration:     7
   Objective value:                          -5.246559
       Variable          Value          Reduced Cost
```

```
         X              5.257094            0.000000
```
运行了 7 步得到全局最优解：$x = 5.257094$ 时的目标函数值-5.246559.

　　(3) 不选择 Use Global Solver，但多初始点求解程序的尝试次数设置为 Solver Decides，则运行结果为：

```
Local optimal solution found at iteration:      35
   Objective value:                         -5.246559
      Variable        Value         Reduced Cost
         X           5.257094      -0.1689486E-08
```
运行了 35 步得到局部最优解：$x = 5.257094$ 时的目标函数值-5.246559，该局部最优解也就是全局最优解.

　　该例子说明选择 Use Global Solver 或设置多初始点求解程序的尝试次数为 Solver Decides，两种情况都得到了全局最优解，只是求解时间长一些，对规模较小的模型，求解时间不会成为问题.

1.5　LINGO 的运算符和函数

1.5.1　LINGO 的常用运算符

1. 算术运算符

　　^ 次方，* 乘，/ 除，+ 加，- 减.

　　都是双目运算符，需要两个运算对象(操作数)，但"-"号也可以作为单目运算符，表示取运算对象的负值.

　　算术运算符的优先级别为：单目"-"最高，其余依次为^，*和/，+和-，同级自左至右，加括号可改变运算次序.

2. 逻辑运算符

　　逻辑运算符共有 9 个，见表 1.5.1. 除了#NOT#是单目运算符之外，其余都是双目运算符，需要两个运算对象，中间用逻辑运算符连接起来，构成逻辑表达式，逻辑表达式的值只有两种：真(TRUE)或假(FALSE)，假等同于数值 0，而所有非零值都是真.

　　逻辑运算符的优先级别，最高为#NOT#，最低为#AND#以及#OR#，其余都在中间且平级.

例 1.5.1　逻辑运算符示例

```
        2 #gt# 3 #and# 4 #gt# 2;
```
其结果为假(0).

表 1.5.1　逻辑运算符及其作用

分　类	运算符	作　用
运算对象是两个数	#EQ#	两个运算对象相等时为真，否则为假
	#NE#	两个运算对象不相等时为真，否则为假
	#GT#	左边大于右边时为真，否则为假
	#GE#	左边大于或等于右边时为真，否则为假
	#LT#	左边小于右边时为真，否则为假
	#LE#	左边小于或等于右边时为真，否则为假
运算对象是逻辑值或逻辑表达式	#NOT#	单目运算符，表示对运算对象取反，即真变成假，假变成真
	#AND#	两个运算对象都真时为真，否则为假
	#OR#	两个运算对象都假时为假，否则为真

3. 关系运算符

关系运算符通常用在约束条件表达式中，用来指定约束条件表达式左边与右边必须满足的关系，有以下三种：

=　　　表达式左右两边相等；

<=　　表达式左边小于或等于右边；

>=　　表达式左边大于或等于右边.

LINGO 没有单独的"<"和">"关系，如果出现单个"<"或">"，LINGO 认为是省略了"="号，即"<"等同于"<="，">"等同于">=".

如果需要严格小于和严格大于关系，比如让 A 严格小于 B，那么可以把它变成如下的小于等于表达式：$A+\varepsilon<=B$，这里 ε 是一个小的正数，它的值依赖于模型中 A 小于 B 多少才算不等.

当不同种类的运算符混合运算时，优先级别为：单目优于双目，算术优于逻辑，逻辑优于关系，平级从左到右，括号改变次序.

1.5.2　数学函数

使用内部函数能大大减少用户的编程工作量，LINGO 提供了五十几个内部函数，所有函数都以字符@开头，可以把这些函数分成若干类，数学函数是其中使用率较高的类别，见表 1.5.2，表中角度的单位为弧度.

表 1.5.2　数学函数及其返回值

函　数　名	返　回　值
@ABS(X)	返回 X 的绝对值
@SIN(X)	返回 X 的正弦值
@COS(X)	返回 X 的余弦值
@TAN(X)	返回 X 的正切值
@LOG(X)	返回 X 的自然对数值
@EXP(X)	返回 e^x 的值(e 为自然常数, e=2.7182818…)
@SIGN(X)	返回 X 的符号值(X<0 时返回−1, X>=0 时返回 1)
@SMAX(X1,X2,…,Xn)	返回这一系列数中的最大值
@SMIN(X1,X2,…,Xn)	返回这一系列数中的最小值
@FLOOR(X)	返回 X 的整数部分(向最靠近 0 的方向取整)
@LGM(X)	返回 X 的 gamma 函数的自然对数值(当 X 为整数时 LGM(X)=LOG(X−1)!, 当 X 不是整数时, 采用线性插值得到结果)

以下四个函数是 LINGO 9.0 版本的新增加函数, LINGO 8.0 版本不支持.

@MOD(X, Y)　　　返回 X 除以 Y 的余数(X 和 Y 都是整数);

@POW(X, Y)　　　返回指数 X^Y 的值. 该函数可以用表达式 X^Y 代替;

@SQR(X)　　　　　返回 X 的平方值. 该函数可以用表达式 X^2 代替;

@SQRT(X)　　　　返回 X 的正的平方根. 该函数可以用表达式 X^(1/2)代替.

1.5.3　概率函数

LINGO 提供的概率函数如表 1.5.3 所示.

表 1.5.3　概率函数及其返回值

函　数　名	返　回　值
@PSN(X)	返回标准正态分布的分布函数值
@PPS(A,X)	返回参数为 A 的泊松分布的分布函数值, 当 X 不是整数时, 采用线性插值进行计算
@PBN(P,N,X)	返回参数为 P,N 的二项分布的分布函数值, 当 X 不是整数时, 采用线性插值进行计算
@PHG(POP,G,N,X)	返回参数为 POP,G,N 的超几何分布的分布函数值, 当 X 不是整数时, 采用线性插值进行计算

函　数　名	返　回　值
@PFD(N,D,X)	返回参数自由度为 N 和 D 的 F 分布的分布函数值
@PCX(N,X)	返回自由度为 N 的 χ^2 分布的分布函数值
@PTD(N,X)	返回自由度为 N 的 t 分布的分布函数值
@RAND(SEED)	返回 0-1 之间的伪随机数，SEED 为种子
@QRAND(SEED)	返回 0-1 之间的多个拟均匀随机数，SEED 为种子，该函数只能用在数据段
@PEB(A,X)	当到达负荷为 A，服务系统有 X 个服务器且允许无穷排队时的 Erlang 繁忙概率
@PEL(A,X)	当到达负荷为 A，服务系统有 X 个服务器且不允许排队时的 Erlang 繁忙概率
@PPL(A,X)	Poisson 分布的线性损失函数，即返回 max(0,z-x) 的期望值，其中随机变量 z 服从均值为 A 的 Poisson 分布
@PFS(A,X,C)	当负荷上限为 A，顾客数为 C，平行服务器数量为 X 时，有限源的 Poisson 服务系统的等待或返修顾客数的期望值. A 是顾客数乘以平均服务时间，再除以平均返修时间. 当 C 和 (或)X 不是整数时，采用线性插值进行计算
@PSL(X)	单位正态线性损失函数，即返回 max(0,z-x) 的期望值，其中随机变量 z 服从标准正态分布

1.5.4　集合操作函数

集合是 LINGO 建模语言中最重要的概念，使用集合操作函数能够实现强大的功能，例如用简洁的语句表达模型中的目标函数和约束条件. LINGO 提供的集合操作函数如表 1.5.4 所示.

表 1.5.4　集合操作函数及其功能

函　数　名	功　　能
@FOR(s:e)	该函数常用在约束条件中，表示对集合 s 中的每个成员都生成一个约束条件表达式，表达式的具体形式由参数 e 描述
@SUM(s:e)	对集合 s 中的每个成员，分别得到表达式 e 的值，然后返回所有这些值的和
@MAX(s:e)	对集合 s 中的每个成员，分别得到表达式 e 的值，然后返回所有这些值中的最大值
@MIN(s:e)	对集合 s 中的每个成员，分别得到表达式 e 的值，然后返回所有这些值中的最小值
@PROD(s:e)	对集合 s 中的每个成员，分别得到表达式 e 的值，然后返回所有这些值的乘积(LINGO9.0 以上版本支持)
@IN(s:e1)	如果成员 e1 在集合 s 中，则返回 1，否则返回 0

函 数 名	功 能
@SIZE(s)	返回集合 s 中的成员个数
@INDEX(s:ek)	返回成员 ek 在集合 s 中的顺序号(索引值),该值在 1 和集合 s 的成员个数之间,如果集合 s 中没有该元素,则给出出错信息
@WRAP(I, N) N 必须大于 1	用来转换集合两端的索引,在集合的另一端继续索引. 也就是说,在集合循环函数中,当达到集合的最后一个(或第一个)成员后,可以用@WRAP 函数把索引转到集合的第一个(或最后一个)成员. 在数学上@WRAP(I,N)的返回值当 I 位于区间[1,N]内时返回 I,否则返回 J=I-N*K,K 为整数,且 J 位于区间[1,N]内. 例如@WRAP(3,10)返回值为 3,@WRAP(54,10)返回值为 4,@WRAP(29,6)返回值为 5,@WRAP(30,6)返回值为 6,有点像是求模运算取余数,但也不完全是,当 I 是 N 的整数倍时返回值是 N 而不是 0

表中前五个函数的参数分为两部分,形式为:

@函数名 (集合名 | 条件:表达式)

参数之间用“:”号隔开,前一个参数为集合名,表示对哪一个集合进行操作,后一个参数是表达式,表示对指定的集合进行什么样的运算或操作. 符号“|”后的条件可有可无,若有,则通常是逻辑表达式,表示满足一定条件的情况下进行操作. 例如,集合 VD 有 8 个成员,但对应的约束条件不足 8 个,即对该集合中的某些成员(例如索引为 5 的成员),不需要生成约束条件,则可以在第一个参数之后,“:”号之前加入条件限制,格式为

@FOR(VD(J)|J#NE#5:表达式 e);

上式中的条件“J#NE#5”表示对集合 VD,当成员序号 J 不等于 5 时,生成约束表达式 e,即第 5 个成员不生成约束表达式.

例 1.5.2　员工时序安排模型. 某项工作一周 7 天都需要有人上班,周一至周日所需的最少人数为分别 20、16、13、16、19、14 和 12. 要求员工一周连续工作 5 天然后休息 2 天,试求每周所需最少总人数,并给出安排(注意这是稳定后的情况)

解　周一至周日分别安排 $X(i)(i = 1, 2, \cdots 7)$ 个人上班,其中周一上班的人必定周五、周六休息,依此类推. 合理安排轮休可使既满足每天所需的最少人数,又使总人数最少.

设总人数为 Z,在周一有多少人上班呢?除了周二和周三开始上班的人正处在休息中,其他人都在上班,在岗人数为:$Z–X(2)–X(3)$,应满足不等式:

$$Z–X(2)–X(3) \geqslant R(1),$$

式中 $R(1)$ 是周一所需最少上岗人数, 依此类推.

建立数学模型:

目标函数: $\min\quad Z=\sum_{i=1}^{7}X_i$,

约束条件: $Z-X(i+1)-X(i+2)\geqslant R(i)$, $i=1,2,\cdots,5$,

当 $i=6$ 时, 上述不等式写成 $Z-X(7)-X(8)\geqslant R(6)$, 同理, 当 $i=7$ 时, 不等式写成 $Z-X(8)-X(9)\geqslant R(7)$, 由于一周七天的工作日在周而复始地轮转, 故 $X(8)$ 相当于 $X(1)$, $X(9)$ 相当于 $X(2)$, 利用 @WRAP$(i+1,7)$ 和 @WRAP$(i+2,7)$ 可以把 8 转换为 1、把 9 转换为 2, 于是约束条件可以写成

$Z-X(@\mathrm{WRAP}(i+1,7))-X(@\mathrm{WRAP}(i+2,7))\geqslant R(i)$, $i=1,2,\cdots,7$.

编写 LINGO 程序如下:

```
MODEL:
  SETS:
    DAYS/MON..SUN/: R,X;
  ENDSETS
  DATA:
    R=20 16 13 16 19 14 12; !每天所需的最少职员数;
  ENDDATA
    MIN=Z;!最小化每周所需职员数;
    N=@SIZE(DAYS);
    Z=@SUM(DAYS: X);
    @FOR(DAYS(I):Z-X(@WRAP(I+1,N))-X(@WRAP(I+2,N))
    >=R(I));
END
```

求解得到结果, 每周最少需要 22 个员工, 周一安排 8 人开始上班(指这 8 人休周六和周日, 周一开始工作, 其余类推), 周二安排 2 人, 周三无需安排人, 周四安排 6 人, 周五和周六都安排 3 人, 周日无需安排人. 待轮休稳定后就可以满足每天所需最少上班人数.

注　一周 7 天的英文名称为: Monday, Tuesday, Wednesday, Thursday, Friday, Saturday, Sunday, 作为集合的元素, 取英文单词的前三个字母, 表示为 Mon, Tue, Wed, Thu, Fri, Sat, Sun. 程序中的集合定义 DAYS/MON..SUN/表示一周中的 7 天. 类似地, 一年中的 12 个月份, 取英文单词的前三个字母, 分别为 Jan, Feb, Mar, Apr, May, Jun, Jul, Aug, Sep, Oct, Nov 和 Dec, 如果要定义一个集合来表示 12 个月份, 可用语句 MONTHS/JAN..DEC/.

1.5.5　变量定界函数

LINGO 默认变量的取值可以从零到正无穷大, 变量定界函数可以改变默认状态, 如对整数规划, 限定变量取整数, 对 0-1 规划, 限定变量取 0 或 1. LINGO 提供的变量定界函数如表 1.5.5 所示.

表 1.5.5　变量定界函数及其功能

@BIN(X)	限制 X 为 0 或 1. 该函数在 0-1 规划中特别有用
@BND(L,X,U)	限制 L≤X≤U. 可用作约束条件
@GIN(X)	限制 X 为整数. 该函数在整数规划中特别有用
@FREE(X)	取消对变量 X 的限制(即 X 可取任意实数值)

如果对自变量的取值范围有约束, 例如 n<x<m, 可用语句@BND(n,x,m); 实现. 其中 n 和 m 可以是负数, 例如语句@BND(–2,x,–1); 限定变量 x 在–2 到–1 之间取值. 虽然@BND 函数可以用约束条件代替, 但是使用@BND 函数表达变量的取值范围比使用约束条件的求解速度快, 而且@BND 不计入约束条件的数目中, 假如某些版本对约束条件的总数有限制, 请尽量用@BND 函数取代约束条件.

语句@FREE(x); 的作用是取消对变量 x 的默认非负设置(即允许变量 x 取任意实数). 下面举例说明函数@FREE 的用法.

例 1.5.3　求函数 $z = (x+2)^2 + (y-2)^2$ 的最小值.

解　显然, 当 $x = -2$, $y = 2$ 时, z 取得最小值 0.

为了允许变量 x 取负数, 用@FREE 函数, 程序如下:

```
MIN=(x+2)^2+(y-2)^2;
@FREE(x);
```

这是只有目标函数而没有约束条件的特殊规划. 求解得结果为:

```
Local optimal solution found at iteration:       45
Objective value:                         0.4999617E-12
          Variable          Value        Reduced Cost
                 X      -2.000000            0.000000
                 Y       2.000000            0.000000
```

目标函数最小值应当为 0, 求得的结果是很小的数 0.4999617E-12, 这是计算精度引起的微小误差.

函数@GIN 通常用在整数规划中, 限定变量取整数, 举例如下.

例 1.5.4　整数规划. 在例 1.4.1 的员工时序安排模型中, 如果周一至周日所需的最少人数改成 20、12、18、16、19、14 和 12, 重新求解.

解　如果把例 1.4.1 程序中的数据作修改以后直接求解, 则求解结果带小数, 为了得到整数解, 增加语句@FOR(DAYS:@GIN(X)); 求解得到结果: 每周最少需要 24 个员工, 周一到周日安排上班开始上班的人数分别为 10,1,2,6,0,5,0.

函数@BIN 通常用在 0-1 规划中, 限定变量取 0 或 1 整数, 举例如下.

例 1.5.5　背包问题. 某人打算外出旅游并登山, 路程比较远, 途中要坐火车和飞机, 考虑要带许多必要的旅游和生活用品, 如照相机、摄像机、食品、衣服、雨具、书籍等, 共 n 件物品, 重量分别为 a_i, 而受航空行李重量限制, 以及个人体力所限, 能带的行李总重量为 b, n 件物品的总重量超过了 b, 需要裁减, 该旅行者为了决策带哪些物品, 对这些物品的重要性进行了量化, 用 c_i 表示, 试建立该问题的数学模型. 这个问题称为背包问题(Knapsack Problem).

若引入 0-1 型决策变量 x_i, $x_i=1$ 表示物品 i 放入背包中, 否则不放, 则背包问题等价于如下 0-1 线性规划:

$$\max \quad z = \sum_{i=1}^{n} c_i x_i \,,$$

$$\text{s.t.} \begin{cases} \sum a_i x_i \leqslant b \,, \\ x_i = 1 \text{ 或 } 0 \,, i = 1,2,\cdots,n \,. \end{cases} \tag{1.5.1}$$

假设现有 8 件物品, 它们的重量分别为 1,3,4,3,3,1,5,10(kg), 价值分别为 2,9,3,8,10,6,4,10(元), 假如总重量限制不超过 15kg, 试决策带哪些物品, 使所带物品的总价值最大.

解　编写 LINGO 程序如下:

```
MODEL:
 SETS:
  WP/W1..W8/:A,C,X;
 ENDSETS
 DATA:
  A=1 3 4 3 3 1 5 10;   C=2 9 3 8 10 6 4 10;
 ENDDATA
 MAX=@SUM(WP:C*X);  !目标函数;
 @FOR(WP:@BIN(X));   !限制 X 为 0-1 变量;
 @SUM(WP:A*X)<=15;
END
```

求解得到结果: 带 1~6 号物品, 总价值为 38.

1.5.6　文件输入输出函数

以下几个函数用于 LINGO 与其他文件之间交换数据, 如表 1.5.6 所示.

表 1.5.6　文件输入输出函数

@FILE(fn)	模型引用其他 ASCII 码文件中的数据或文本, 参数 fn 是文件名, 该文件中的数据之间用逗号分开, 不同部分之间用~分开
@ODBC(fn)	提供 LINGO 与 ODBC(open data base connection, 开放式数据库连接)的接口
@OLE(fn)	提供 LINGO 与 OLE(object linking and embeding, 对象链接与嵌入)的接口
@TEXT(fn)	向文本文件输出数据, 通常用于将计算结果写入文件. 参数 fn 是文件名, 如果省略该参数, 则输出到标准输出设备(屏幕)
@POINTER(N)	在 Windows 下使用 LINGO 的动态连接库(DLL), 从共享的内存区域传递数据

以上函数的具体用法详见第四章 LINGO 与外部文件之间的数据传递.

1.5.7　金融函数

目前 LINGO 提供了两个金融函数, 主要用于计算净现值, 如表 1.5.7 所示.

表 1.5.7　金融函数

@FPA(I,n)	返回如下情形的净现值: 单位时段利率为 I, 连续 n 个时段支付, 每个时段支付单位费用. 若每个时段支付 x 单位的费用, 则净现值可用 x 乘以@FPA(I,n)算得. @FPA 的计算公式为 $$@\mathrm{FPA(I,n)} = \sum_{k=1}^{n} \frac{1}{(1+I)^k} = \frac{1-(1+I)^{-n}}{I}$$
@FPL(I,n)	返回如下情形的净现值: 单位时段利率为 I, 第 n 个时段支付单位费用. @FPL(I,n)的计算公式为@FPL(I,n) = $(1+I)^{-n}$

以上两个函数之间的关系: $@\mathrm{fpa(I,n)} = \sum_{k=1}^{n} @\mathrm{fpl(I,k)}$.

1.5.8　结果报告函数

这些函数用于输出计算结果和与之相关的其他结果, 以及控制输出格式等, 如表 1.5.8 所示.

表 1.5.8　结果报告函数

@ITERS( )	用在数据段，不需要参数，返回求解时的迭代次数
@RANGED(变量名或行名)	最优解保持不变，目标函数中变量的系数的允许减少量，或者指定约束行右边项的允许减少量，参见 1.3 节中灵敏度分析
@RANGEU(变量名或行名)	最优解保持不变，目标函数中变量的系数的允许增加量，或者指定约束行右边项的允许增加量，参见 1.3 节中灵敏度分析
@DUAL(变量名或行名)	当参数为变量名时，返回解答中变量的 Reduced Cost 即缩减成本系数；当参数是行名时，返回该约束行的 Dual Price 即影子价格，参见 1.1 节中有关说明
@STATUS( )	返回 LINGO 求解模型结束后的状态，含义如下： 0：全局最优解 1：没有可行解 2：目标函数无界 3：不确定(求解失败) 4：用户人为中止了程序的运行 5：不可行或无界，通常需要关闭"预处理"选项后重新求解以确定究竟是哪一种情况 6：局部最优解 7：局部不可行(找不到可行解) 8：目标函数达到了指定的误差水平，停止求解 9：约束中遇到了未定义的数学操作

注：以上函数的返回值可以从求解状态窗口或解的报告中得到.

1.5.9　其他函数

(1) @WARN('文字信息'，逻辑表达式).

如果逻辑表达式的值为真，则显示指导文字信息(用于提示).

(2) @IF(逻辑表达式，表达式为真时的值，表达式为假时的值).

该函数根据逻辑表达式的结果是真还是假，决定返回值，常用来表示分段函数.

(3) @USER( ).

该函数允许用户用 C 语言或 FORTRAN 语言编写并编译自己的函数(dll 或 obj 文件)，返回用户函数的计算结果. 但 DEMO 版不提供此功能. @USER()包含两个参数，第一个用于指定参数个数，第二个用于指定参数向量；而在 LINGO 中调用@USER 时直接指定对应的参数，类似于 C 语言中 main(argc,argv)的编程和运行方式.

在一些应用问题中，经常会遇到分段函数，例如，价格是分段函数，费用是分段函数，等等，对分段函数，通常可以用@IF 函数来解决，举例如下.

例 1.5.6　生产计划安排问题(@IF 函数的应用). 某企业用 A，B 两种原油混合加工成甲、乙两种成品油销售. 数据见下页表，表中百分比是成品油中原油 A 的最低含量.

	甲	乙	现有库存量	最大采购量
A	≥50%	≥60%	500	1650
B			800	1200

成品油甲和乙的销售价与加工费之差分别为 5 和 5.6(单位：千元/吨)，原油 A，B 的采购价分别是采购量 x(单位：吨)的分段函数 $f(x)$ 和 $g(x)$(单位：千元/吨)，该企业的现有资金限额为 7200(千元)，生产成品油乙的最大能力为 2000 吨. 假设成品油全部能销售出去，试在充分利用现有资金和现有库存的条件下，合理安排采购和生产计划，使企业的收益最大.

$$f(x) = \begin{cases} 4x, & 0 \leqslant x \leqslant 500, \\ 500 + 3x, & 500 < x \leqslant 1000, \\ 1500 + 2x, & x > 1000. \end{cases} \qquad g(x) = \begin{cases} 3.2x, & 0 \leqslant x \leqslant 400, \\ 240 + 2.6x, & 400 < x \leqslant 800, \\ 880 + 1.8x, & x > 800. \end{cases}$$

解 设原油 A，B 的采购量分别为 x，y，原油 A 用于生产成品油甲、乙的数量分别为 x_{11} 和 x_{12}，原油 B 用于生产成品油甲、乙的数量分别为 x_{21} 和 x_{22}，则采购原油 A，B 的费用分别为 $f(x)$ 和 $g(y)$，目标函数是收益最大，约束条件有采购量约束($x \leqslant 1650$，$y \leqslant 1200$)、生产能力约束($x_{12} + x_{22} \leqslant 2000$)、原油含量约束(化简以后为 $x_{11} \geqslant x_{21}$，$x_{12} \geqslant 1.5x_{22}$)、成品油与原油的关系($x_{11} + x_{12} \leqslant x + 500$，$x_{21} + x_{22} \leqslant y + 800$，其中 500 和 800 分别是原油 A，B 的现有库存量)、资金约束($f(x) + g(y) \leqslant 7200$). 建立规划模型如下：

$$\max z = 5(x_{11} + x_{21}) + 5.6(x_{12} + x_{22}) - f(x) - g(y),$$

$$\text{s.t.} \begin{cases} x_{11} + x_{12} \leqslant x + 500, \\ x_{21} + x_{22} \leqslant y + 800, \\ x_{12} + x_{22} \leqslant 2000, \\ x_{11} \geqslant x_{21}, \ x_{12} \geqslant 1.5x_{22}, \\ x \leqslant 1650, \ y \leqslant 1200, \\ f(x) + g(y) \leqslant 7200. \end{cases} \qquad (1.5.2)$$

该规划中的 $f(x)$ 和 $g(x)$ 是分段线性函数，可以用@IF 函数来解决，如果分段函数分成三段或三段以上，可以嵌套使用@IF 函数.

编写 LINGO 程序如下:

```
MODEL:
MAX=5*x11 + 5*x21 + 5.6*x12 + 5.6*x22 -f-g; !目标函数;
x11+x12 <=500+x;
x21+x22 <=800+y; !成品油与原油的数量关系;
x11 >= x21;
x12 >=1.5*x22 ; !含量比例约束;
f=@IF(x#LE#500,4*x,@IF(x#LE#1000,500+3*x,1500+2*x));
g=@IF(y#LE#400,3.2*y,@IF(y#LE#800,240+2.6*y,880+1.8*y));
!用@IF 语句计算采购价格;
f+g<=7200; !资金约束;
x<=1650;y<=1200;  !采购总量约束;
x12+x22<=2000; !生产能力约束;
END
```

运行结果: 最大收益为 13000(千元), 各变量值如下表所示:

变量	x_{11}	x_{21}	x_{12}	x_{22}	x	y	f	g	甲	乙
大小	900	900	1200	800	1600	900	4700	2500	1800	2000

1.6 几点补充说明

本节对使用 LINGO 中的一些问题作补充说明.

1.6.1 稠密集合与稀疏集合

回顾例 1.2.1 运输模型的集合定义:

```
SETS:
  WH/W1..W6/:AI;
  VD/V1..V8/:DJ;
  LINKS(WH,VD):C,X;
ENDSETS
```

其中衍生集合 LINKS 的定义省略了成员列表, 只是指出它基于两个初始集合 WH 和 VD, 这种衍生集合称为稠密集合, 其成员包括了初始集合 WH(6 个成员) 与 VD(8 个成员)的所有可能的配对, 共有 48 个. 如果衍生集合的成员只是稠密集合中的一部分(子集), 则称为稀疏集合. 稀疏集合的定义方法有两种:

(1) 直接列表法;

(2) 元素过滤法.

下面的例子用直接列表法定义稀疏集合.

例 1.6.1　计划排序模型. 研究生产工序的计划和安排, 通过合理安排工序在某些设备上加工的先后次序, 使得完成任务的总时间最省. 完成某产品的装配过程需要做 11 项任务(用 A~K 表示), 每项任务所花费的时间见表 1.6.1.

表 1.6.1　各项任务所需时间

任务	A	B	C	D	E	F	G	H	I	J	K
时间	45	11	9	50	15	12	12	12	12	8	9

各项任务之间的先后顺序如图 1.6.1 所示. 由某装配流水线来完成上述产品的装配, 该流水线上按顺序有四个工作站(即班组 1-4), 对于有先后次序的任务, 只能在流水线上向后传(如任务 B 和 C 的次序是先 B 后 C, 如果 B 安排给第 3 站做, 则 C 要么由 B 自己完成, 要么传给第 4 站做, 不能倒回去给第 2 或第 1 站做), 每项任务只能且必须分配至一个工作站来做. 所有班组完成分配给他们的各自任务所化费时间中的最大值称为装配周期, 不适当的分配会产生瓶颈——有较少任务的班组将被迫等待其前面分配了较多任务的班组. 请在保证满足任务间的所有优先关系的条件下作合理分配, (在流水作业处于稳定状态后)使装配周期最短.

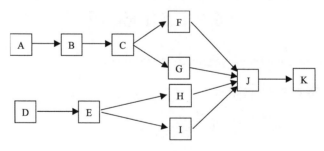

图 1.6.1　各项任务的先后顺序

用变量 x_{ik} 表示任务 $i(i=A，B，\cdots，K)$分配给工作站 $k(k=1，2，3，4)$的情况, $x_{ik}=1$ 表示分配, $x_{ik}=0$ 表示不分配. t_i 表示完成各项任务所需时间.

则目标函数为:　$\min \quad T = \max_{1 \leqslant k \leqslant 4} \sum_{i=1}^{11} t_i x_{ik}$.

约束条件(1): 每项任务只能且必须分配至一个工作站来做, 可以表示为:

$$\sum_{k=1}^{4} x_{ik} = 1 \quad , \quad i=1,2,\cdots,11 ;$$

约束条件(2)：各项任务间如果有优先关系，则排在前面的任务 i 对应的工作站(序号)应当小于(或等于)排在后面的任务 j 所对应的工作站(序号)，即对所有有顺序的任务 $i<j$：$\sum_{k=1}^{4}(kx_{jk}-kx_{ik}) \geqslant 0$；

约束条件(3)：$x_{ij}=0$ 或 1.

这是一个非线性规划(目标函数非线性)，但可以化为线性规划，增加一个变量 Z，再增加一个约束条件：$\sum_{i=1}^{11} t_i x_{ik} \leqslant Z$，目标函数变为 min Z.

这是一种化非线性规划为线性规划的常用方法.

编写 LINGO 程序如下：

```
MODEL:
SETS:
   TASK/ A B C D E F G H I J K/: T;
   PRED( TASK, TASK)/ A,B B,C C,F C,G F,J G,J J,K D,E
   E,H E,I H,J I,J /;
   STATION/1..4/;
   TXS( TASK, STATION): X;
ENDSETS
```

!衍生集合 PRED 表示任务的先后顺序，这里用直接列表的方式列出所有优先关系，共有 12 对优先关系，故集合 PRED 的有 12 个成员，对应图 1.5.1 中的 12 个箭头，用 A，B 表示任务 A 和 B 的顺序关系必须是先 A 后 B，以此类推，集合 PRED 的各成员之间用空格隔开；

```
DATA:
   T = 45 11 9 50 15 12 12 12 12 8 9;
ENDDATA
```

　　!每一个作业必须指派到一个工作站，即满足约束①；

```
   @FOR(TASK(I): @SUM(STATION(K): X(I, K)) = 1);
```

　　!对于每一个存在优先关系的作业对来说，前者对应的工作站 I 必须小于后者对应的工作站 J，即满足约束②；

```
   @FOR(PRED(I, J): @SUM(STATION(K): K * X(J, K) - K
   * X(I, K)) >= 0);
```

　　!对于每一个工作站来说，其花费时间必须不大于装配线周期；

```
   @FOR(STATION(K): @SUM(TASK(I): T(I) * X(I, K))
   <= CYCTIME);
MIN = CYCTIME; !目标函数是最小化装配线周期;
```

```
@FOR(TXS: @BIN(X));        !指定 X 为 0/1 变量;
END
```

计算结果如表 1.6.2 所示，最小装配周期 50 分钟.

表 1.6.2　各工作站的任务分配

工作站	1	2	3				4				
分配任务	D	A	B	E	H	I	C	F	G	J	K
时间	50	45	11	15	12	12	9	12	12	8	9
合计	50	45	50				50				

下面的例子用元素过滤法定义稀疏集合.

例 1.6.2　配对模型.

某公司准备将 8 个职员安排到 4 个办公室，每室两人. 根据已往观察，已知有些职员在一起时合作好，有些则不然，表 1.6.3 列出了两两之间的相容程度，数字越小代表相容越好，问如何组合可以使总相容程度最好？

表 1.6.3　职员之间两两组合的相容程度

	S_1	S_2	S_3	S_4	S_5	S_6	S_7	S_8
S_1	—	9	3	4	2	1	5	6
S_2	—	—	1	7	3	5	2	1
S_3	—	—	—	4	4	2	9	2
S_4	—	—	—	—	1	5	5	2
S_5	—	—	—	—	—	8	7	6
S_6	—	—	—	—	—	—	2	3
S_7	—	—	—	—	—	—	—	4
S_8	—	—	—	—	—	—	—	—

注：因为甲与乙配对等同与乙与甲配对，故表中数字只保留对角线上方的内容.

解　引入决策矩阵 X，其元素 X_{ij} 的取值为 0 或 1，$X_{ij}=1$ 表示 i 与 j 组合，$X_i=0$ 表示 i 不与 j 组合. 用矩阵 C 表示表 1.6.3 中的相容程度，由于对称性，只需要对角线以上(即 $j>i$)数据. 则目标函数是组合的总相容程度最好(数字最小)，约束条件是：每人组合一次，即对于职员 i，必有 $\sum\limits_{j=i \ \text{或} \ k=i} X_{jk}=1$. 于是建立 0-1 规划模型如下：

$$\min \quad \sum_{i<j} C_{ij} X_{ij},$$

$$\text{s.t.} \begin{cases} \sum_{j=i \text{ or } k=i} X_{jk} = 1, i = 1, 2, \cdots, 8, \\ X_{ij} = 0 \text{ 或} 1, i < j. \end{cases} \quad (1.6.1)$$

在编写 LINGO 程序如下：

```
MODEL:
  SETS:
    REN/1..8/;
    LINKS(REN,REN)| &2 # GT # &1:C,X;
  ENDSETS
  DATA:
    C=9  3  4  2  1  5  6
          1  7  3  5  2  1
              4  4  2  9  2
                  1  5  5  2
                      8  7  6
                          2  3
                              4;
  ENDDATA
  MIN=@SUM(LINKS:C*X);
  @FOR(LINKS:@BIN(X));
  @FOR(REN(I):@SUM(LINKS(J,K)|  J  #EQ#  I  #OR#  K  #EQ#
  I:X(J,K))=1);
END
```

定义衍生集合 LINKS 时，增加了过滤条件&2 # GT # &1，含义是第二个父集合(初始集合)的元素索引值(用&2 表示)大于第一个父集合的元素索引值(用&1 表示)，符号&表示集合占位符.

点击求解，求得最优组合方案为：(1,6)，(2,7)，(3,8)，(4,5)，总等级为 6.

1.6.2　数据段的几点说明

1. 赋值

设有如下集合定义：

```
SETS:
  SET1/A,B,C/:X,Y;
ENDSETS
```

属性 X 和 Y 相当于一维数组(向量)，各有 3 个成员，如果在数据段给属性 X 和 Y 赋值，可以用以下两种方式，效果相同：

(1) DATA:

```
X=1,2,3;  Y=4,5,6;
ENDDATA
```

(2) DATA:

```
X,Y=1,4
    2,5
    3,6;
ENDDATA
```

第二种方式是两个属性一起赋值，LINGO 用按列赋值方式进行，即第一列赋值给 X，第二列赋值给 Y.

2. 通过键盘输入数据

如果想在程序运行时通过键盘对某个参数(或变量)赋初始值，则可以在数据段使用键盘输入语句，格式为"变量名=?"，如数据段有语句 A=?;，则在程序运行时弹出"LINGO Runtime Input"对话框，等待用户输入变量 A 的值.

例 1.6.3　输入以下程序

```
MODEL:
  DATA:
    A=?;
  ENDDATA
MAX=98*x1+A*x2-x1^2-0.3*x1*x2-2*x2^2;
x1+x2<100;  x1<=x2;
@GIN(x1);  @GIN(x2);
END
```

程序运行时弹出"LINGO Runtime Input"对话框，如图 1.6.2 所示，用户在该对话框中输入变量 A 的值，如输入 265，点击"OK"按钮. 则程序继续运行并得到 A=265 时的计算结果：当 x1=38，x2=62 时，目标函数有最小值 10315.2. 输入 A 的其他值将会得到不同的计算结果.

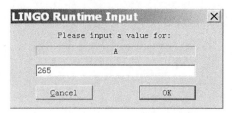

图 1.6.2　等待用户输入变量值的窗口

3. 部分赋值

如果想给某个属性的部分成员赋值,而让另一些成员为变量,可以用如下方式:
```
SETS:
      WH/W1..W6/:A;
ENDSETS
DATA:
  A=60,55,,,,;
ENDDATA
```
以上程序中,属性 A 的前两个成员分别为 60 和 55,后面的四个逗号表示省略后四个成员的值,即它们可以自由取值.

1.6.3　初始化段

在数据段给变量初始值(赋值)以后,该变量在整个程序运行阶段都是常量,而不是决策变量,其值保持不变. 如果想对决策变量赋一定初始值,希望该初始值作为寻找最优解的起始值(变量本身不是常量),可以在程序中增加初始段.

初始化段以语句 INIT:开头,以语句 ENDINIT 结束,如以下程序:
```
INIT:
X=0.99;Y=0.01;
ENDINIT
Y<=@LOG(X);
X^2+Y^2<=1;
```
这是不等式组,可行解只有一个点: X=1, Y=0. 在关闭多初始点选项的情况下,以上程序迭代 4 次找到可行解,如果去掉 INIT 段,则迭代 16 次找到可行解,可见当给定的初始值比较接近真正解的情况下,能够减少迭代次数.

注意　初始化段只对非线性模型起作用,在线性模型中不起任何作用.

1.6.4　模型的标题

可以在 LINGO 模型中的任何位置以关键词"TITLE"给模型定义一个标题,

从 TITLE 到分号之间的文本就是模型的标题. 例如在例 1.2.1 的运输模型中添加模型的标题:

```
MODEL:
  TITLE Transportation;
  SETS:
    WH/1..6/:AI;
......
```

求解该模型得到结果报告, 其顶部出现标题:

```
Global optimal solution found at iteration:          0
 Objective value:                            664.0000
        Model Title: Transportation
```

标题还有其他作用, 如用于 LINGO 模型与 ODBC 数据源交换数据(详见 4.4 节 LINGO 与数据库的接口).

1.7　LINGO 的典型应用举例

本节通过 LINGO 在一些典型问题上的应用实例逐步掌握其用法.

1.7.1　下料问题

下料问题是一类比较常见的应用问题, 下面用实例来说明下料问题的数学模型以及用 LINGO 求解的方法.

例 1.7.1　圆钢原材料每根长 5.5m, 现需要 A, B, C 三种圆钢材料, 长度分别为 3.1m, 2.1m, 1.2m, 数量分别为 100, 200, 400 根, 试安排下料方式, 使所需圆钢原材料的总数最少.

解　假设切割时没有损耗, 一根长 5.5m 的圆钢截出 A, B, C 三种材料的切割方式有那些? 例如先截出 1A, 余 2.4m, 可用作 2C, 则余 0, 若 2.4m 截出 1B, 则余 0.3; 5.5m 截出 4C, 则余 0.7; 5.5m 截出 2B+C, 则余 0.1. 所有可能的下料方式见表 1.7.1.

表 1.7.1　余料小于 1.2m 的下料方式

材料	截法	1 根 5.5m 原材料能截出 A,B,C 的数量					需要量
		一	二	三	四	五	
A	3.1m	1	1	0	0	0	100
B	2.1m	1	0	2	1	0	200
C	1.2m	0	2	1	2	4	400
余料		0.3	0	0.1	1.0	0.7	

设五种截法的数量分别为 x_1, x_2, $\cdots$, x_5(单位：根)，目标是使它们的和为最少，约束条件是满足材料的数量要求．建立整数线性规划模型：

$$\min \quad z = \sum_{i=1}^{5} x_i,$$

$$\text{s.t.} \begin{cases} x_1 + x_2 \geqslant 100, \\ x_1 + 2x_3 + x_4 \geqslant 200, \\ 2x_2 + x_3 + 2x_4 + 4x_5 \geqslant 400, \\ x_i \geqslant 0, \ i = 1, 2, \cdots, 5. \end{cases} \tag{1.7.1}$$

编写 LINGO 程序如下：

```
MIN=x1+x2+x3+x4+x5;
x1+x2>=100;   x1+2*x3+x4>=200;
2*x2+x3+2*x4+4*x5>=400;
```

求解得到最优解为：$x_1 = 0$，$x_2 = 100$，$x_3 = 100$，$x_4 = 0$，$x_5 = 25$．即截法二、三各 100 根，截法五 25 根，共 225 根．

模型的推广：

一维下料问题：需要 m 种材料(部件)A_1, A_2, $\cdots$, A_m，数量分别为 b_j，对一件长的原材料可得出 k 种不同的切割方法，n_{ij} 表示第 i 种方法得到 A_j 部件的数量．用 x_i 表示按第 i 种截法的原材料数量，则该问题的模型为

$$\min \quad z = \sum_{i=1}^{k} x_i,$$

$$\text{s.t.} \begin{cases} \sum_{i=1}^{k} n_{ij} x_i \geqslant b_j, \ j = 1, 2, \cdots, m, \\ x_i \geqslant 0, \ i = 1, 2, \cdots, k. \end{cases} \tag{1.7.2}$$

例 1.7.2　钢管原材料每根长 19m，现需要 A,B,C,D 四种钢管部件，长度分别为 4m，5m，6m，8m，数量分别为 50，10，20，15 根，因不同下料方式之间的转换会增加成本，因而要求不同的下料方式不超过 3 种，试安排下料方式，使所需钢管原材料最少．

解　虽然可以像例 1.7.1 那样通过手工方式列举出所有余料小于 4 的下料方式，但工作量大，耗费时间，且不具有普遍性，换一个题目又得重新列举．我们设法把下料方式作为约束条件，放在规划中一起解决．

假设用到 k 种下料方式, 用 $x_i(i=1,2,\cdots,k)$ 表示第 i 种下料方式所切割的原料钢管数量, 它们是非负整数. 用 n_{ij}(非负整数)表示第 i 种下料方法得到部件 $j(j=1,2,\cdots,m)$ 的数量, b_j 表示第 j 种部件的需求量, L 表示钢管原料的长度, l_j 表示部件长度, 则下料方式应当满足以下条件: 切割出的部件总长小于等于 L, 且余料小于 $\min\{l_j\}$. 于是建立如下数学模型:

$$\min \quad z=\sum_{i=1}^{k}x_i,$$

$$\text{s.t.}\begin{cases}\sum_{i=1}^{k}n_{ij}x_i \geqslant b_j, \ j=1,2,\cdots,m, \\ L-\min\{l_j\}<\sum_{j=1}^{m}l_jn_{ij}\leqslant L, \ i=1,2,\cdots,k.\end{cases} \tag{1.7.3}$$

模型中的 x_i 和 n_{ij} 都是决策变量且取非负整数, 本例 $k=3$, $m=4$. 模型的约束条件有两个, 一个是可能的下料方式应满足的条件, 另一个是各种部件满足需求量, 目标函数是需要的钢管总根数最少. 编写 LINGO 程序如下:

```
MODEL:
  SETS:
    cutfa/1,2,3/:X;
    !切割方法 3 种, X 表示对应每种切割方法的钢管原材料根数;
    buj/1..4/:L,NEED;
    !四种部件, L 是部件长度, NEED 是每种部件的需求量;
    SHUL(cutfa,buj):N;
    !第 i 种切割方法所切割出的第 j 种部件的数量用 Nij 表示;
  ENDSETS
  DATA:
    L=4 5 6 8;    NEED=50 10 20 15;
    ZL=19;   !ZL 是每根钢管原材料的长度;
  ENDDATA
    MIN=@SUM(cutfa:X);
    !目标函数是 3 种切割方法所切割的钢管总根数最少;
    @FOR(buj(J):@SUM(cutfa(I):N(I,J)*X(I))>=NEED(J));
    !切割出的每种部件总数满足需求量;
    @FOR(cutfa(I):@SUM(buj(J):N(I,J)*L(J))<=ZL);
    !每种切割方法切割出的部件长度之和必须小于 19;
```

@FOR(cutfa(I):@SUM(buj(J):N(I,J)*L(J))>=16);

!每种切割方法切割出的部件长度之和大于15(余料小于4);

@FOR(SHUL:@GIN(N));@FOR(cutfa:@GIN(X));

!N 和 X 都是整数;

END

求解结果见表 1.7.2.

表 1.7.2　最优解下料方式

切割方法	部 件 长 度				余料长度	切割根数
	4m	5m	6m	8m		
I	2	2	1	0	0	10
II	3	0	1	0	1	10
III	0	0	0	2	3	8
合计	50	10	20	16	34m	28

以上切割方案余料总长 34m, 且多出一根 8m 长的部件.

1.7.2　配料问题

配料问题又称调和问题, 是线性规划应用问题中的常见类型. 它研究将若干种原材料按要求配成不同产品, 在满足产品技术要求和数量的前提下使成本最小或使收益最大. 举例如下.

例 1.7.3　某疗养院营养师要为某类病人拟订本周蔬菜类菜单, 当前可供选择的蔬菜品种、价格和营养成分含量, 以及病人所需养分的最低数量见表 1.7.3 所示. 病人每周需 14 份蔬菜, 为了口味的原因, 规定一周内的卷心菜不多于 2 份, 胡萝卜不多于 3 份, 其他蔬菜不多于 4 份且至少一份. 在满足要求的前提下,制订费用最少的一周菜单方案.

表 1.7.3　当前可供蔬菜养分含量(mg)和价格

蔬菜 \ 养分		每份蔬菜所含养分数量					每份价格(元)
		铁	磷	维生素 A	维生素 C	烟酸	
A1	青 豆	0.45	20	415	22	0.3	2.1
A2	胡萝卜	0.45	28	4065	5	0.35	1.0
A3	花 菜	0.65	40	850	43	0.6	1.8
A4	卷心菜	0.4	25	75	27	0.2	1.2
A5	芹 菜	0.5	26	76	48	0.4	2.0
A6	土 豆	0.5	75	235	8	0.6	1.2
每周最低需求		6	125	12 500	345	5	

解　用 x_i 表示 6 种蔬菜的份数，a_i 表示蔬菜单价，b_j 表示每周最低营养需求，c_{ij} 表示第 i 种蔬菜的第 j 种养分含量，建立如下整数规划模型：

$$\min \quad z = \sum_{i=1}^{6} a_i x_i ,$$

$$\text{s.t.} \begin{cases} \sum_{i=1}^{6} c_{ij} x_i \geqslant b_j , \ j = 1, 2, \cdots 5 , \\ \sum_{i=1}^{6} x_i = 14 , \\ x_2 \leqslant 3 , x_4 \leqslant 2 , \\ 1 \leqslant x_i \leqslant 4 , \ i = 1, 3, 5, 6 . \end{cases} \quad (1.7.4)$$

LINGO 程序为：

```
MODEL:
 SETS:
  SHC/A1..A6/:AI,X;    YF/B1..B5/:BJ;
  JIAGE(SHC,YF):C;
 ENDSETS
DATA:
 AI=2,1,1.8,1.2,2.0,1.2;
 BJ=6,125,12500,345,5;
 C=0.45,20,415,22,0.3
   0.45,28,4065,5,0.35
   0.65,40,850,43,0.6
   0.4,25,75,27,0.2
   0.5,26,76,48,0.4
   0.5,75,235,8,0.6;
ENDDATA
 MIN=@SUM(SHC:AI*X);
 @FOR(SHC(I):@GIN(X(I)));
 @FOR(SHC(I):X(I)>=1);    @SUM(SHC(I):X(I))=14;
 X(2)<=3; X(4)<=2;
 @FOR(SHC(I)|I #NE# 2 #AND# I #NE# 4:X(I)<=4);
 @FOR(YF(J):@SUM(SHC(I):X(I)*C(I,J))>=BJ(J));
END
```

求解得到优化结果为：每周青豆、胡萝卜、花菜、卷心菜、芹菜、土豆的份数分别为 1、3、2、2、3、3，总费用为 20.6 元.

1.7.3　选址问题

有一类问题是投资建设工程项目时，希望在满足某种目标的前提下，选择最优地址. 举例如下[1]：

例 1.7.4　某公司有 6 个建筑工地要开工，工地的位置(x_i, y_i)(单位：km)和水泥日用量 d_i (单位：t)由表 1.7.4 给出，公司目前有两个临时存放水泥的场地(简称料场)，分别位于 A(5，1)和 B(2，7)，日存储量各 20t，请解决以下两个问题：

(1) 假设从料场到工地之间均有直线道路相连，试制定日运输计划，即从 A，B 两个料场分别向各工地送多少水泥，使总的吨·千米数最小.

(2) 为了进一步减少吨·千米数，打算舍弃目前的两个临时料场，改建两个新料场，日存储量仍然各为 20t，问建在何处为好？

表 1.7.4　各工地的位置和水泥日需求量

工地		1	2	3	4	5	6
位置	x_i	1.25	8.75	0.5	5.75	3	7.25
	y_i	1.25	0.75	4.75	5	6.5	7.75
日用量 d_i		3	5	4	7	6	11

解　画出 6 个工地和两个临时料场的示意图如图 1.7.1 所示.

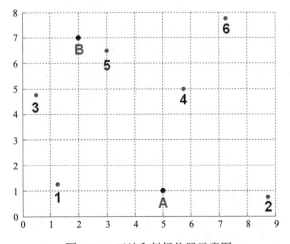

图 1.7.1　工地和料场位置示意图

料场的位置用(px_j, py_j)表示，日存储量用g_j表示，从料场j向工地i的日运输量为C_{ij}.

则对问题(1)，px_j，py_j是已知数，决策变量是C_{ij}. 料场j到工地i的距离为$\sqrt{(px_j - x_i)^2 + (px_j - x_i)^2}$.

目标函数是总的吨·千米数最小，约束条件有两个. 一是满足各工地的日需求，二是各料场的总出货量不超过日存储量. 建立数学模型如下：

$$\min \quad z = \sum_{i=1}^{6} \sum_{j=1}^{2} C_{ij} \sqrt{(px_j - x_i)^2 + (px_j - x_i)^2},$$

$$\text{s.t.} \begin{cases} \sum_{i=1}^{6} C_{ij} \leqslant g_j, & j = 1, 2, \\ \sum_{j=1}^{2} C_{ij} \leqslant d_j, & i = 1, 2, \cdots, 6. \end{cases} \tag{1.7.5}$$

因各料场到各工地的距离是常数，目标和约束条件都是线性的，故该模型是线性规划模型，编写 LINGO 程序如下：

```
MODEL:
sets:
    gd/1..6/:x,y,d;   !定义 6 个工地;
    lch/A,B/:px,py,e;   !定义 2 个料场;
    links(gd,lch):C;   !C 为运量;
endsets
data:
    x=1.25 8.75 0.5 5.75 3 7.25;
    y=1.25 0.75 4.75 5 6.5 7.75;   !工地的位置;
    d=3,5,4,7,6,11;   !工地水泥需求量;
    px=5,2;py=1,7;   !料场位置;
    e=20,20;   !料场的日存储量;
enddata
    min=@sum(links(i,j):c(i,j)*((px(j)-x(i))^2+(py(j)-
y(i))^2)^(1/2));
    !目标函数是使总的吨·千米数最小;
    @for(gd(i):@sum(lch(j):c(i,j))=d(i));
    !满足各工地的日需求量;
```

```
@for(lch(j):@sum(gd(i):c(i,j))<=e(j));
    !料场每天总运出量不超过存储量;
END
```

求解结果为目标函数最优值(总吨·千米数)为 136.2275，调运方案见表 1.7.5.

表 1.7.5　最优调运方案

	工地	1	2	3	4	5	6	合计
运量	料场 A	3	5	0	7	0	1	16
	料场 B	0	0	4	0	6	10	20
	合计	3	5	4	7	6	11	36

对问题(2)，px_j，py_j 是未知数，与 C_{ij} 一样是决策变量(内含未知变量的总数共 16 个). 此时 $\sqrt{(px_j - x_i)^2 + (py_j - y_i)^2}$ 对决策变量 px_j，py_j 来说是非线性的，目标函数成了非线性函数，所以式(1.7.5)变成了非线性规划. 对问题 1 的程序作如下修改:

```
MODEL:
sets:
    gd/1..6/:x,y,d;
    lch/A,B/:px,py,e;
    links(gd,lch):c;
endsets
data:
    x=1.25 8.75 0.5 5.75 3 7.25;
    y=1.25 0.75 4.75 5 6.5 7.75;
    d=3,5,4,7,6,11;  e=20,20;
enddata
min=@sum(links(i,j):c(i,j)*((px(j)-x(i))^2+(py(j)-y(i))
^2)^(0.5));
    @for(gd(i):@sum(lch(j):c(i,j))=d(i));
    @for(lch(j):@sum(gd(i):c(i,j))<=e(j));
END
```

与前面程序的不同之处是 data 语句中取消了对 px,py 的赋值. 因为该模型是非线性规划，所以 LINGO 菜单 Options 参数设置中全局优化求解器(Global Solver)的选项设置可能影响计算结果，在设置不用全局优化求解器的情况下，如果多初始点求解程序(Multistart Solver)的 Attempts 设置为 2, 找到的局部最优解可能不是全局最优解, 假如把 Attempts 设置为 3 或 4, 则计算结果为: 目标函数最优值为 85.26606, 新建料场的位置为 A(3.254882, 5.652331), B(7.249999, 7.749997), 料场 B 的位置与工地 6 是重合的. 运输方案见表 1.7.6.

表 1.7.6　最优调运方案

	工地	1	2	3	4	5	6	合计
运量	料场 A	3	0	4	7	6	0	20
	料场 B	0	5	0	0	0	11	16
	合计	3	5	4	7	6	11	36

　　LINGO 运行时 Option 参数没有设置用全局求解器, 求得的解显示为局部最优解, 它是否为全局最优解呢? 用全局最优求解器试试, 点击菜单 LINGO→Options, 弹出参数设置对话框, 点击 "Global Solver", 选中 "Use Global Solver" (点击它左侧的空白方框), 点击 "OK" 确定, 然后再重新运行 LINGO 程序, 我们发现, 为了求得全局最优解, 运行时间非常长, 我们没有耐心等待如此漫长的运行时间! 在运行了 1 小时 41 分钟之后程序还在运行, 按下 "Interrupt Solver" 按钮强制终止求解, 此时目标函数最优值仍然是 85.26606, 新建料场的位置也没有变化. 看来这基本上就是全局最优解了.

1.7.4　指派问题

　　设有 n 项工作需分配给 n 个人去做, 每人做一项, 由于各人的工作效率不同, 因而完成同一工作所需时间也就不同, 设人员 i 完成工作 j 所需时间为 C_{ij}(称为效率矩阵), 问如何分配工作, 使完成所有工作所用的总时间最少? 这类问题称为指派问题(assignment problem), 也称最优匹配问题, 它是一类重要的组合优化问题.

　　用 0-1 变量 x_{ij} 表示分配情况, $x_{ij}=1$ 表示指派第 i 个人完成第 j 项任务, $x_{ij}=0$ 表示不分配. 则上述问题可以表示为如下 0-1 线性规划:

$$\min \quad z = \sum_{i=1}^{n}\sum_{j=1}^{n} c_{ij}x_{ij},$$

$$\text{s.t.} \begin{cases} \sum_{i=1}^{n} x_{ij}=1, \ j=1,2,\cdots,n, \\ \sum_{j=1}^{n} x_{ij}=1, \ i=1,2,\cdots,n, \ x_{ij}=0 \ \text{或} \ 1. \end{cases} \tag{1.7.6}$$

其中第一个约束条件表示每项工作只能指派给一个人做，第二个约束条件表示每个人只能做一项工作.

求解指派问题的常用方法是 Kuhn 于 1955 年给出的算法,称为匈牙利算法. 由于指派问题的模型是比较典型的 0-1 线性规划，可以用 LINGO 很方便地求解.

例 1.7.5 分配甲、乙、丙、丁、戊去完成 A，B，C，D，E 五项任务，每人完成一项，每项任务只能由一个人去完成，五个人分别完成各项任务所需时间如表 1.7.7 所示，试作出任务分配使总时间最少.

表 1.7.7   各人完成各项任务所需时间

人员 \ 任务	A	B	C	D	E
甲	8	6	10	9	12
乙	9	12	7	11	9
丙	7	4	3	5	8
丁	9	5	8	11	8
戊	4	6	7	5	11

解   编写 LINGO 程序如下：

```
MODEL:
  SETS:
    WORKER/W1..W5/;
    JOB/J1..J5/;
    LINKS(WORKER,JOB):C,X;
  ENDSETS
  DATA:
    C=8,6,10,9,12,
      9,12,7,11,9,
      7,4,3,5,8,
      9,5,8,11,8,
      4,6,7,5,11;
  ENDDATA
  MIN=@SUM(LINKS:C*X);
  @FOR(WORKER(I):@SUM(JOB(J):X(I,J))=1);
  @FOR(JOB(J):@SUM(WORKER(I):X(I,J))=1);
  @FOR(LINKS:@BIN(X));
END
```

求解得到五个变量 x_{11}，x_{25}，x_{33}，x_{42}，x_{54} 等于 1，其他变量等于 0，代表甲完成任务 A，乙完成任务 E，依此类推. 目标函数值为 30. 本题的答案不唯一，若 x_{14}，$x_{51}=1$，即甲与戊互换任务，目标函数值不变.

1.7.5　投资问题

最基本而又常见的投资问题有两类，一类是对投资项目的选择，这些项目都是起初一次性投资，另一类是动态连续投资问题，即每个项目可能需连续几年投资. 举例如下.

例 1.7.6　某部门现有资金 100 万元,在今后五年内考虑对以下四个项目投资,已知项目 1：从第一到第四年每年年初需要投资,并于次年末收回本利 112%；项目 2：第三年年初需要投资,到第五年末能收回本利 118%,但规定最多投资额不超过 40 万元；项目 3：第二年年初需要投资到第五年末能收回本利 126%,但规定最多投资额不超过 30 万元；项目 4：五年内每年年初可购买公债,于当年末归还,并加利息 5%；试确定投资方案,使收益最大.

解　用 x_{ij} 表示第 i 年初投资给项目 j 的资金. 由于项目 4 每年年初可投资且年末能收回，由此手上的资金应全部投出.

第一年　$x_{11}+x_{14}=100$；

第二年手上资金总数为 $1.05x_{14}$，故有 $x_{21}+x_{23}+x_{24}=1.05x_{14}$；

第三年手上资金总数为 $1.12x_{11}+1.05x_{24}$，故有 $x_{31}+x_{32}+x_{34}=1.12x_{11}+1.05x_{24}$；

同理得 $x_{41}+x_{44}=1.12x_{21}+1.05x_{34}$；以及 $x_{54}=1.12x_{31}+1.05x_{44}$；

还有约束条件　$x_{23}\leqslant30$；$x_{32}\leqslant40$；

目标函数为　MAX$=1.26x_{23}+1.18x_{32}+1.12x_{41}+1.05x_{54}$.

编写 LINGO 程序如下：

```
MAX=1.26*x23+1.18*x32+1.12*x41+1.05*x54;
x11+x14=100;
x21+x23+x24=1.05*x14;
x31+x32+x34=1.12*x11+1.05*x24;
x41+x44=1.12*x21+1.05*x34;
x54=1.12*x31+1.05*x44;
x23<=30;x32<=40;
```

求解得计算结果，最优目标函数值为 132.04 万元，变量值为 $x_{11}=71.42857$，$x_{14}=28.57143$，$x_{23}=30$，$x_{32}=40$，$x_{34}=40$，$x_{41}=42$，其余变量为 0.

1.7.6　装箱问题

装箱问题是一个有广泛应用的经典组合优化问题，例如，用集装箱装运货物，人们总是希望用最少的集装箱把所有货物装完. 一般地, 装箱问题可以描述为: 设有许多长为 C 的一维箱子及长为 $w_i(w_i<C)$, $i=1,2,\cdots,n$ 的 n 件物品, 要把这些物品全部装入箱中, 怎样装法才能是所用的箱子数尽可能少?

假设预先准备的箱子总数为 n 个, 即使每件物品单独装一个箱子也够用, 用决策变量 $y_j=1$ 或 0 表示第 j 个箱子是用还是不用, 用变量 $x_{ij}=1$ 或 0 表示第 i 件物品是否放入第 j 个箱子中, 建立 0-1 规划模型如下:

$$\min \quad z = \sum_{j=1}^{n} y_j,$$

$$\text{s.t.} \begin{cases} \sum_{i=1}^{n} w_i x_{ij} \leqslant C y_j, j=1,2,\cdots,n, \\ \sum_{j=1}^{n} x_{ij} = 1, i=1,2,\cdots,n, \\ y_j = 0 \text{ 或 } 1, j=1,2,\cdots,n, \\ x_{ij} = 0 \text{ 或 } 1, i,j=1,2,\cdots,n. \end{cases} \tag{1.7.7}$$

例 1.7.7　已知 30 个物品, 其中 6 个长 0.51m, 6 个长 0.27m, 6 个长 0.26m, 余下 12 个长 0.23m, 箱子长为 1m. 问最少需多少个箱子才能把 30 个物品全部装进箱子.

解　本问题可以用手工拼凑的办法得到最优解, 装法见表 1.7.8.

表 1.7.8　30 件物品最少装 9 个箱子(长度单位: m)

箱子长度	1			合计	箱子个数
物品长度	0.51	0.26	0.23	1	6
	0.27	0.23		0.5	3

从以上装法可得出结论, 最少要 9 个箱子. 下面用 LINGO 编程验证.

```
MODEL:
  SETS:
    WP/W1..W30/:W;  XZ/V1..V30/:Y;  LINKS(WP,XZ):X;
  ENDSETS
  DATA:
    W=0.51,0.51,0.51,0.51,0.51,0.51,
      0.27,0.27,0.27,0.27,0.27,0.27,
```

```
        0.26,0.26,0.26,0.26,0.26,0.26,
        0.23,0.23,0.23,0.23,0.23,0.23,
        0.23,0.23,0.23,0.23,0.23,0.23;
ENDDATA
MIN=@SUM(XZ(I):Y(I));
C=1;  !C 是箱子长度;
@for(XZ:@bin(Y));  !限制 Y 是 0-1 变量;
@for(LINKS:@bin(X));  ! 限制 X 是 0-1 变量;
@FOR(WP(I):@SUM(XZ(J):X(I,J))=1);
!每个物品只能放入一个箱子;
@FOR(XZ(J):@SUM(WP(I):W(I)*X(I,J))<=C*Y(J));
!每个箱子内物品的总长度不超过箱子;
END
```

程序计算结果是 9，说明 LINGO 能找到最优解，程序正确.

1.8　用 LINGO 实现非线性曲线拟合

1.8.1　曲线拟合及最小二乘法

设观测数据为 (x_i, y_i)，$(i = 1, 2, \cdots, n)$，希望用一条相对光滑的曲线 $y = f(x)$ 来近似表示变量 y 与 x 的关系，不要求它通过每个数据点(节点)，但要求曲线与数据点之间的距离尽可能小，称 $f(x)$ 为拟合函数或经验公式. 设拟合函数的表达式中含有若干待定常数 a_j $(j = 1, 2, \cdots, m)$，称为回归系数，用向量符号记为 $A = (a_1, a_2, \cdots, a_m)^{\mathrm{T}}$，则曲线方程记为 $y = f(A, x)$，其具体形式可由散点图或通过建立数学模型来确定.

设拟合函数形式已知为 $y = f(A, x)$，其中 $A = (a_1, a_2, \cdots, a_m)^{\mathrm{T}}$ 是待定常数(回归系数)，求待定常数 A 的方法通常用最小二乘法，其算法原理是求出使均方误差 $Q(A) = \sum_{i=1}^{n} [f(A, x_i) - y_i]^2$ 取最小值的 A，其结果称为最小二乘解，于是问题转化为求多元函数的最小值：

$$\min_{A} \quad Q(A) = \sum_{i=1}^{n} [f(A, x_i) - y_i]^2. \tag{1.8.1}$$

1.8.2　用 LINGO 求非线性曲线拟合的最小二乘解

式(1.8.1)可以看成是目标函数为非线性函数，没有约束条件的规划问题，适合用 LINGO 来求解，举例如下.

例 1.8.1　2004 年全国大学生数学建模竞赛 C 题中给出体重约 70kg 的某人在短时间内喝下 2 瓶啤酒后，隔一定时间测量他的血液中酒精含量[mg/(ml×10^2)]，得到数据见表 1.8.1. 请建立饮酒后血液中酒精含量的数学模型.

表 1.8.1　血液中酒精含量数据

时间 t(小时)	0.25	0.5	0.75	1	1.5	2	2.5	3	3.5	4	4.5	5
酒精含量 y	30	68	75	82	82	77	68	68	58	51	50	41

时间 t(小时)	6	7	8	9	10	11	12	13	14	15	16
酒精含量 y	38	35	28	25	18	15	12	10	7	7	4

解　把人体内酒精的吸收、代谢、排除过程分成两个"室"，胃为第一室，血液为第二室，酒精先进入胃，然后被吸收进入血液，由循环到达体液内，再通过代谢、分解及排泄、出汗、呼气等方式排除.

假设胃里的酒被吸收进入血液的速度与胃中的酒量 $x(t)$ 成正比，比例常数为 k_1，血液中的酒被排出的速度与血液内的酒量 $y(t)$ 成正比. 比列系数为 k_2. 则可以建立如下微分方程模型：

$$\begin{cases} x' = -k_1 x, \\ y' = k_1 x - k_2 y, \\ x(0) = G_0 , y(0) = 0. \end{cases} \tag{1.8.2}$$

这是线性常系数微分方程组，式中 G_0 是短时间内喝入胃中的酒精总量，求解得到

$$y(t) = \frac{G_0 k_1}{k_1 - k_2}(e^{-k_2 t} - e^{-k_1 t}) , \tag{1.8.3}$$

如果统一用 a_1, a_2, a_3 表示待定常数，则上式可以写成

$$y = a_1(e^{-a_2 t} - e^{-a_3 t}) . \tag{1.8.4}$$

由已知数据求出使 $\sum_{i=1}^{n} [a_1(e^{-u_2 t} - e^{-u_3 t}) - y_i]^2$ 最小的待定系数 a_1, a_2, a_3，程序如下：

```
MODEL:
    SETS:
    BAC/R1..R23/:T,Y;
```

```
  ENDSETS
  DATA:
    T=0.25,0.5,0.75,1,1.5,2,2.5,3,3.5,4,4.5,5,6,7,8,
    9,10,11,12,13,14,15,16;
    Y=30,68,75,82,82,77,68,68,58,51,50,41,38,35,
    28,25,18,15,12,10,7,7,4;
    ENDDATA
    MIN=@SUM(BAC:(A1*(@EXP(-A2*T)-@EXP(-A3*T))-Y)^2);
  END
```

　　程序中定义 BAC 是含有 23 个成员的集合, T 和 Y 是 BAC 的两个属性, 分别表示时间 t 和血液中酒精浓度 y, 它们都是包含 23 个成员的一维数组(向量).

　　点击 SOLVE, 很快得到计算结果: A1=114.4323, A2=0.1855014, A3=2.007944, 目标函数值(即最优解)为 225.3417. 散点图和拟合曲线图形如图 1.8.1 所示.

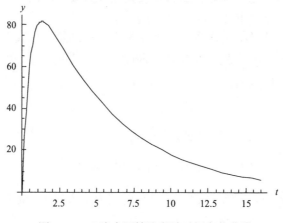

图 1.8.1　血液中酒精浓度随时间变化曲线

　　用 LINGO 求多元函数的极小值时内部所采用的算法效率高, 速度快, 精度高, 无需初始值, 优于 Matlab 和 Mathematica 的同类功能, 用于求非线性曲线拟合的最小二乘解时, 对拟合函数的形式无任何限制, 不需要给定初始值, 能准确地得到回归系数的值, 计算精度高, 结果可靠, 程序简洁, 易于修改和扩展, 是实现非线性曲线拟合的一种较好方法.

习　题　一

1. 用 LINGO 求解下列线性规划:
(1)　max　$z = 6x_1 + 2x_2 + 10x_3 + 8x_4 ,$

$$\text{s.t.}\begin{cases}5x_1 + 6x_2 - 4x_3 - 4x_4 \leqslant 20, \\ 3x_1 - 3x_2 + 2x_3 + 8x_4 \leqslant 25, \\ 4x_1 - 2x_2 + x_3 + 3x_4 \leqslant 10, \\ x_i \geqslant 0, i = 1, \cdots, 4.\end{cases}$$

(2)　$\min\ z = 13x_1 + 9x_2 + 10x_3 + 11x_4 + 12x_5 + 81x_6,$

$$\text{s.t.}\begin{cases}x_1 + x_4 = 400, \\ x_2 + x_5 = 600, \\ x_3 + x_6 = 500, \\ 0.4x_1 + 1.1x_2 + x_3 \leqslant 800, \\ 0.5x_4 + 1.2x_5 + 1.3x_6 \leqslant 900, \\ x_i \geqslant 0, i = 1, \cdots, 6.\end{cases}$$

2. 某公司有 3 个供货栈(仓库)，库存货物总数分别为 21，12，27，现有 4 个客户各要一批货，数量分别为 9，18，15，18. 各供货栈到 4 个客户处的单位货物运输价如表所示(元/每单位). 试确定各货栈到各客户的货物调运数量，使总的运输费用最小.

	V1	V2	V3	V4	库　存
W1	6	22	6	20	21
W2	2	18	4	16	22
W3	14	8	20	10	27
需　求	9	18	15	18	

3. 求解下列二次规划：

(1)　$\min\ z = (x_1 - 1)^2 + (x_2 - 2)^2,$

$$\text{s.t.}\begin{cases}x_2 - x_1 = 1, \\ x_1 + x_2 \leqslant 2, x_1, x_2 \geqslant 0.\end{cases}$$

(2)　$\min\ z = (x_1 - 3)^2 + (x_2 - 2.8)^2,$

$$\text{s.t.} \begin{cases} x_1^2 + x_2^2 \geqslant 8, \\ x_1 + x_2 \geqslant 1, x_1, x_2 \geqslant 0. \end{cases}$$

(3) $\max \quad z = 98x_1 + 277x_2 - x_1^2 - 0.3x_1x_2 - 2x_2^2,$

$$\text{s.t.} \begin{cases} x_1 + x_2 \leqslant 100, \\ x_1 \leqslant 2x_2, x_1, x_2 \geqslant 0. \end{cases}$$

4. 用 LINGO 求解下列方程组的所有实数解:

(1) $\begin{cases} x^2 + y^2 = 1, \\ 0.75x^3 - y + 0.9 = 0. \end{cases}$

(2) $\begin{cases} x^2 + y^2 = 2, \\ 2x^2 + x + y^2 + y = 4. \end{cases}$

5. 求解下列非线性规划:

(1) $\min \ z = -x_1 - x_2,$

$$\text{s.t.} \begin{cases} x_2 \leqslant 2x_1^4 - 8x_1^3 + 8x_1^2 + 2, \\ x_2 \leqslant 4x_1^4 - 32x_1^3 + 88x_1^2 - 96x_1 + 36, \\ 0 \leqslant x_1 \leqslant 3, 0 \leqslant x_2 \leqslant 4. \end{cases}$$

(2) $\max \ z = \sqrt{x_1} + \sqrt{x_2} + \sqrt{x_3} + \sqrt{x_4},$

$$\text{s.t.} \begin{cases} x_1 \leqslant 400, \\ 1.1x_1 + x_2 \leqslant 440, \\ 1.21x_1 + 1.1x_2 + x_3 \leqslant 484, \\ 1.331x_1 + 1.21x_2 + 1.1x_3 + x_4 \leqslant 532.4, \\ x_1 \geqslant 0, x_2 \geqslant 0, x_3 \geqslant 0, x_4 \geqslant 0. \end{cases}$$

(3) $\min z = (x_1 - 1)^2 + (x_1 - x_2)^2 + (x_2 - x_3)^2 + (x_3 - x_4)^2 + (x_4 - x_5)^2,$

$$\text{s.t.} \begin{cases} x_1 + x_2^2 + x_3^3 = 3\sqrt{2} + 2, \\ x_2 - x_3^2 + x_4 = 2\sqrt{2} - 2, \\ x_1 x_5 = 2, \\ -5 \leqslant x_i \leqslant 5, i = 1, 2, \cdots, 5. \end{cases}$$

6. 用 LINGO 求函数 $f(x) = 9x - 0.02x^2 + 2x^3 - 1.5x^4 + 0.02x^5 + 5\sin x$ 在区间 $(2,8)$ 内的极小值点和极小值.

7. 求函数 $f(x) = e^{-x}(x^3 + 1.5\cos x + x\ln x)$ 在区间 $(0.2,4)$ 内的极小值点和极小值以及极大值点和极大值.

8. 已知方程组 $\begin{cases} y = \dfrac{7500u}{13(u+1300)}, \\ x^2 + y^2 = 2600y - 900, \end{cases}$ 且 $x^2 + y^2 \leqslant 36^2$，其中 x，y 是变量，u 是常数，问 u 在什么范围内时该方程组有解？若 $u=1.2$，求该方程组的解.

9. 某商店一周 7 天都需要有人上班，周一至周日所需的最少人数为分别 16、15、16、19、14、12 和 18，并要求每个工作人员在一周内连续工作 5 天然后休息 2 天，试求每周所需最少总人数，并给出安排.

10. 用 8m 长的角钢原材料切割钢窗用料 100 副，每副钢窗需要 2 根长 1.5m 的料，2 根 1.45m，3 根 1.3m，12 根 0.35m，试安排下料方式，使所需 8m 角钢原材料最少.

11. 某工厂要制造机床 10 台，需要截面为 63.5×4 的钢管，每台机床需要长 2640mm 的钢管 8 根，1651mm 的 35 根，1770mm 的 42 根，1440mm 的 20 根，原材料只有长为 5500mm 的钢管一种规格，怎样下料最省？

12. 某工厂要用四种原料 B_1，B_2，B_3，B_4 混合生产三种产品 A_1，A_2，A_3，各产品的原料含量、加工费用和销售价如下表：

产品	原料含量(%)的变化范围				加工费用 元/kg	销售价格 元/kg
	B_1	B_2	B_3	B_4		
A_1	[40,60]	[15,25]	[15,25]	不限	20	150
A_2	[25,40]	[20,40]	[10,30]	不限	15	120
A_3	[10,20]	[30,50]	[20,40]	不限	10	100

四种原料的每天最大供货量及单价如下表：

原料	B_1	B_2	B_3	B_4
最大供货量	200	180	100	200
单价(元/kg)	60	30	40	25

假如生产能力和销售都不成问题，应如何安排生产计划才能使利润最大？

13. 某市游泳队有 4 名运动员甲乙丙丁，他们的 100 米自由泳、蛙泳、蝶泳、仰泳的成绩如下表所示，试组成一个 4×100 混合泳接力队，使总成绩最好.

项目 运动员	自由泳	蛙泳	蝶泳	仰泳
甲	56"5	74"	61"	63"
乙	63"	69"	65"	71"
丙	57"1	77'	63"	67"
丁	55"9	76"1	63"	62"

14. 分配六个人去完成 6 任务，每人完成一项，每项任务只能由一个人去完成，六个人分别完成各项任务的效益如下表所示，试作出任务分配使效益最大.

各人完成各项任务的效益

任务 人员	A	B	C	D	E	F
1	20	15	16	5	4	7
2	17	15	33	12	8	6
3	9	12	18	16	30	13
4	12	8	11	27	19	14
5	—	7	10	21	10	32
6	—	—	—	6	11	13

注：表中"－"表示某人无法无法完成某项任务.

15. 某投资者有 50 万元，可供选择的投资项目有 6 种，用 A_i 表示各种投资项目，参数见下表，若投资者希望投资组合的平均年限不超过 5 年，平均年收益率不低于 13%，风险系数不超过 4，收益的增长潜率不低于 10%，在满足上述要求的前提下，如何选择投资组合使平均年收益率最高？

序号	投资项目	投资年限	年收益率%	风险系数	增长潜力%
1	A_1	3	11	1	0
2	A_2	10	15	3	15
3	A_3	6	25	8	30
4	A_4	2	20	6	20
5	A_5	1	10	1	5
6	A_6	5	12	2	10

16. 要把 7 种规格的包装箱 $C_1 \sim C_7$ 装到 2 辆铁路平板车上去，包装箱的宽和高都是相同的，但厚度 d (单位 cm)和重量 w (单位 kg)却不同，表中给出了七种包装箱的厚度、重量及数量.

	C_1	C_2	C_3	C_4	C_5	C_6	C_7
d/cm	48.7	52.0	61.3	72.0	48.7	52.0	64.0
w/kg	2000	3000	1000	500	4000	2000	1000
数量	8	7	9	6	6	4	8

每辆平板车有 10.2m 的地方可以用来装箱(像面包片那样)，载重为 40 吨，由于当地货运的限制，对 C_5，C_6，C_7 三类包装箱的总数有特别的限制：每辆平板车上这类箱子所占的空间(厚度)不能超过 302.7cm，试把这些包装箱装到平板车上去，使得浪费的空间最小.

17. 某船能装载的总体积为 1000m^3，总重量 1200kg，现有 10 件货物，其重量和体积如下表所示，求装载哪些货物可使总价值最大?

货物	1	2	3	4	5	6	7	8	9	10
体积	475	176	22	52	62	260	318	82	382	186
重量	69	18	294	36	182	52	296	76	221	128
价值	37	9	18	12	31	23	98	22	41	32

18. 一家出版社准备在某市建立两个销售代理点，向 7 个区的大学生售书，每个区的大学生数量(单位：千人)已经表示在图上. 每个销售代理点只能向本区和一个相邻区的大学生售书，这两个代理点应该建在何处，才能使所能供应的大学生的数量最大? 建立该问题的整数线性规划模型并求解.

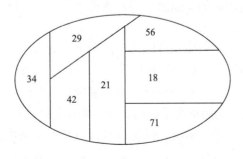

第 2 章　LINGO 在图论和网络模型中的应用

图是一种直观形象的描述已知信息的方式，它使事物之间的关系简洁明了，是分析问题的有用工具，例如，研究若干对象之间的相互关系，可以画一张图，用点表示研究对象，用点之间的连线表示对象之间的相互关系.

图论与网络分析是运筹学领域中发展迅速，而且十分活跃的一个分支，其内容十分丰富，应用非常广泛. 人们研究图与网络优化问题，提出了各种理论和一些针对典型问题的算法.

本章介绍用 LINGO 来求解图与网络优化若干典型问题的方法，从而提高运用 LINGO 解决实际问题的能力和编程水平.

2.1　最短路问题

2.1.1　图的基本概念

图论是以图为研究对象的数学分支，在图论中，图由一些点和点之间的连线所组成. 例如，公路交通网的示意图由站点和站点之间的连线(公路)所组成，通常情况下点之间的连线没有方向性，如可双向行车的公路即如此，但是有时候连线具有方向性，如供水管道、煤气管道等，有些市内道路是单行道，只能顺一个方向走，回来时必须走另外的路线，在线段上画上箭头来表示方向；再如体育竞赛，若干支球队参加某项目竞赛，如果用图表示各队将与哪些对手比赛，有连线的两个队需要比赛一场，则该连线没有方向性，如果比赛已经结束，用带箭头的连线表示比赛胜负，箭头从甲指向乙表示甲胜乙，此连线具有方向性. 称图中的点为顶点(节点)，称连接顶点的没有方向的线段为边，称有方向的线段为弧. 所有线段都没有方向的图称为无向图，所有线段都有方向的图称为有向图，既有边也有弧的图称为混合图.

用 $V = \{v_1, v_2, \cdots\}$ 表示全体顶点的集合，用 $E = \{e_1, e_2, \cdots\}$ 表示全体边的集合，则图 G 可记为 $G = \{V, E\}$. 点与边相连接称为关联，与边 e 关联的顶点称为该边的端点，与同一条边关联的两个顶点称为相邻顶点，与同一个顶点关联的边称为相邻边. 具有相同顶点的边称为平行边，两个端点重合的边称为环. 在无向图中，没有环和平行边的图称为简单图，任意一对顶点都有一条边相连的简单图称为完全图. 任意两个顶点之间有且只有一条弧相连的有向图称为竞赛图.

在图中，两个顶点 u 和 v 之间由顶点和边构成的交错序列(使 u 和 v 相通)称为链(通道), 没有重复边的通道称为迹, 起点与终点重合的通道称为闭通道, 不重合的称为开通道, 没有重复顶点(必然边也不重复)的开通道称为路, 起点与终点重合的路称为圈(回路). 如果顶点 u 和 v 之间存在通道, 称 u 和 v 是连通的, 任意两个顶点都连通的图称为连通图. 无圈的连通图称为树, 如果一棵树 T 包含了图 G 的所有顶点, 称 T 为 G 的生成树.

如果图 G 的每条边 e 都对应一个实数 C(e), 称 C(e) 为该边 e 的权, 称图 G 为赋权图. 通常称赋权的有向图为网络.

图 2.1.1 中边 e_6 和 e_7 是平行边, e_9 是环, 顶点 v_4 是悬挂点, 边 e_4 是悬挂边.

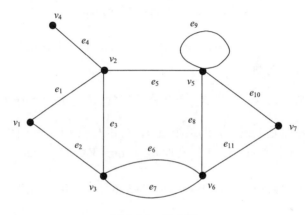

图 2.1.1　无向图

2.1.2　最短路问题

1. 动态规划法

给定 n 个点 $P_i(i=1,2,\cdots,n)$ 组成集合 $\{P_i\}$, 集合中任一点 P_i 到另一点 P_j 的距离用 W_{ij} 表示, 如果 P_i 到 P_j 没有弧联结(无通路), 则规定 $W_{ij}=+\infty$, 又规定, $W_{ii}=0$ $(i=1,2,\cdots,n)$, 指定一个终点 P_N, 要求从 P_i 点出发到 P_N 的最短路线.

可以用动态规划的方法来求最短路问题, 下面结合例子说明算法原理.

例 2.1.1　图 2.1.2 中 A, B, $\cdots$, G 表示 7 个城市, 连线表示城市之间有路相通, 连线旁的数字表示路的长度 W_{ij}, 要从城市 A 到 G 找出一条最短路线.

该问题有二个阶段, 第一阶段从 A 到 B 或 C, 第二阶段到 D, E 或 F, 第三阶段到终点 G, 我们从终点向前倒过来找.

第三阶段, 从 D, E, F 到 G 的最短路分别为 1, 3, 4, 记为 f(D)=1, f(E)=3, f(F)=4;

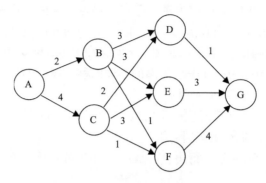

图 2.1.2　七个城市之间的道路

第二阶段，与 D，E，F 有连线的出发点为 B 和 C，从 B 出发分别经过 D，E，F，至终点 G 的里程分别为：

$$W_{BD}+f(D)=3+1=4, \qquad W_{BE}+f(E)=3+3=6, \qquad W_{BF}+f(F)=1+4=5.$$

故 B 到 G 的最短路是上述三者的最小值 4，可以写成 $f(B)=\min\{W_{Bj}+f(j)\}=4$. j 是上一步考察过的三个点 D，E，F；同理 $f(C)=\min\{W_{Cj}+f(j)\}$，而

$$W_{CD}+f(D)=2+1=3, \qquad W_{CE}+f(E)=3+3=6, \qquad W_{CF}+f(F)=1+4=5.$$

故 C 到 G 的最短路是上述三者的最小值 3，即 $f(C)=3$.

第一阶段，出发点只有一个 A，从 A 出发分别经过 B，C，至终点 G 的里程分别为：

$$W_{AB}+f(B)=2+4=6, \qquad W_{AC}+f(C)=4+3=7.$$

故 A 到 G 的最短路是上述两者的最小值 6，可以写成 $f(A)=\min\{W_{Aj}+f(j)\}=6$，$j$ 是上一步考察过的两个点 B，C，现在已经到了起点，结束运算，从 A 到 G 的最短路为 6.

上述算法可以简写成

$$\begin{cases} f(i)=\min_{j}\{W_{ij}+f(j)\}, i=n-1,\cdots,2,1, \\ f(n)=0. \end{cases} \tag{2.1.1}$$

式中 n 是终点，1 是起点，终点的 $f(n)=0$，逐步向起点推算，j 是与 i 相邻，上一步考察过，且与终点相通、$f(j)$ 为已知的点.

以上基本做法是把问题分成多个阶段，一个一个阶段地考虑问题，将一个复杂问题简单化，这就是解动态规划的基本思想.

编写 LINGO 程序如下：

```
model:
  sets:
    cities/A,B,C,D,E,F,G/: FL;   !定义7个城市;
    roads(cities,cities)/A,B A,C B,D B,E B,F C,D C,E C,F
                         D,G E,G F,G/: W, P;
  !定义哪些城市之间有路相联，W 为里程，P 用来存放最短路的路径;
  endsets
  data:
    W=2 4 3 3 1 2 3 1 1 3 4;
  enddata
    N=@SIZE(CITIES);  FL(N)=0;   !终点的 F 值为 0;
    @FOR(cities(i) | i #LT# N:FL(i)=@MIN(roads(i,j):W(i,j)
    +FL(j)));
    !递推计算各城市 F 值;
    !显然，如果 P(i,j)=1，则点 i 到点 n 的最短路径的第一步是 i --> j，否则
    就不是. 由此，我们就可方便的确定出最短路径;
    @FOR(roads(i,j):P(i,j)=@IF(FL(i) #EQ# W(i,j)+FL(j),
    1,0));
end
```

部分计算结果：

$FL(A)=6$，$FL(B)=4$，$FL(C)=3$，$FL(D)=1$，$FL(E)=3$，$FL(F)=4$，$FL(G)=0$.

最短路线为：$A \rightarrow B \rightarrow D \rightarrow G$.

程序中的语句

```
roads(cities,cities)/ A,B A,C B,D B,E B,F C,D C,
E C,F D,G E,G F,G/: W, P;
```

定义的集合称为稀疏集合，本例中 cities 有 7 个成员，但是并非每个城市到其他 6 个城市都有路相通，只有部分城市之间有路，故定义衍生集合 roads 时用列举法列出有路相通的每对城市.

以上计算程序是通用程序，对其他图，只需对数据作一些修改即可.

2. 0-1 规划法

用 0-1 规划法也能求解最短路问题，其思路如下.

设起点为 1，终点为 n. 引入 0-1 型决策变量 X_{ij}，如果弧 (i, j) 在最短路上，则

$X_{ij}=1$，否则 $X_{ij}=0$.

对于除了起点 1 和终点 n 以外的任意一个顶点 i，如果 $\sum_{j=1}^{n} X_{ij} = 1$，说明从 i 出发的所有弧中必然有一条弧在最短路上，也就是说最短路经过该顶点，此时所有从其他顶点到达该顶点的弧中必然也有一条弧在最短路上，因而必有 $\sum_{j=1}^{n} X_{ji} = 1$；如果 $\sum_{j=1}^{n} X_{ij} = 0$，说明最短路不经过顶点 i，故必有 $\sum_{j=1}^{n} X_{ji} = 0$. 两种情况可以合并写成 $\sum_{j=1}^{n} X_{ij} = \sum_{j=1}^{n} X_{ji}, 1 < i < n$.

对于起点 1，则必然满足 $\sum_{j=1}^{n} X_{1j} = 1$，对于终点 n，则必有 $\sum_{j=1}^{n} X_{jn} = 1$.

目标函数是最短路上的各条弧的长度之和(总里程)最小，于是最短路问题可以用如下 0-1 规划来描述：

$$\min \quad z = \sum_{(i,j)\in E} W_{ij} X_{ij},$$

$$\text{s.t.} \begin{cases} \sum_{(i,j)\in E} X_{ij} = \sum_{(i,j)\in E} X_{ji}, 1 < i < N, \\ \sum_{(1,j)\in E} X_{1j} = 1, \sum_{(j,n)\in E} X_{jn} = 1, \\ X_{ij} = 0 \text{ 或 } 1. \end{cases} \tag{2.1.2}$$

式中 E 是图中所有边(弧)的集合.

对于图 2.1.2，编写 LINGO 程序如下：

```
model:
sets:
  cities/A,B,C,D,E,F,G/;   !定义 7 个城市;
  roads(cities,cities)/
    A,B  A,C  B,D  B,E  B,F  C,D  C,E  C,F
    D,G  E,G  F,G/: W, X;
  !定义哪些城市之间有路相联，W 为里程，X 为 0-1 型决策变量;
endsets
data:
  W=2 4 3 3 1 2 3 1 1 3 4;
enddata
  N=@SIZE(CITIES);
```

```
MIN=@SUM(roads:W*X);
@FOR(cities(i) | i #GT# 1 #AND# i #LT# N:
@SUM(roads(i,j): X(i,j))=@SUM(roads(j,i): X(j,i)));
@SUM(roads(i,j)|i #EQ# 1:X(i,j))=1;
@SUM(roads(i,j)|j #EQ# N:X(i,j))=1;
end
```

计算结果与动态规划法相同. 程序中的最后一个约束方程可以去掉, 因为有了前面两个约束条件(共 $n-1$ 个约束方程)可以导出最后一个约束方程, 即终点的约束方程与前面 $n-1$ 个约束方程线性相关. 保留该约束方程, LINGO 求解时也不会产生任何问题, 因为 LINGO 会自动删除多余的方程.

该方法与前面的方法相比, 灵活性稍差, 它一次只能求出指定起点到指定终点的最短路, 如果更改起点, 则必须改动程序然后重新求解.

2.2　旅行售货商(TSP)模型

旅行售货商问题(又称货郎担问题, traveling salesman problem, TSP 模型)是运筹学的一个著名命题. 其模型为: 有一个旅行推销商, 从某个城市出发, 要遍访若干城市各一次且仅一次, 最后返回原出发城市(称能到每个城市一次且仅一次的路线为一个巡回). 已知从城市 i 到 j 的旅费为 C_{ij}, 问如何安排旅行路线使总旅费最少?

TSP 模型是一个重要的组合优化问题, 是 NP-完全问题, 至今还没有找到求解此问题的多项式时间算法, 文献[3]认为, TSP 不仅得到最优解是很难的, 甚至得到近似解也不总是容易的. TSP 的近似算法有构造型算法和改进型算法, 构造型算法按一定规则一次性地构造出一个解, 而改进型算法则是以某一个解作为初始解, 逐步迭代, 使解得到改进. 一般是先用构造型算法得到一个初始解, 然后再用改进型算法逐步迭代.

文献[4]介绍了一种称为二边逐次修正法的改进型算法, 并提到, 近十几年以来, 随着人工神经网络科学的发展, 出现了用神经网络解决组合优化问题的方法, TSP 模型也有了许多基于神经网络的近似算法, 如模拟退火法、弹性网法等.

这些解法都有一定难度. 我们把 TSP 模型转化成混合整数规划, 然后用 LINGO 软件来求解, 该方法的优点是程序简洁、计算速度快、适用范围广.

2.2.1　TSP 模型的数学描述

引入 0-1 整数变量 $x_{ij}(i \neq j)$: $x_{ij}=1$ 表示路线从 i 到 j, $x_{ij}=0$ 则表示不走 $i-j$

路线，则 TSP 模型可表示为：

$$\min \quad \sum_{i=1}^{n}\sum_{j=1}^{n}c_{ij}x_{ij},$$

$$\text{s.t.}\begin{cases} \sum_{j=1}^{n}x_{ij}=1, & i=1,2,\cdots,n\,,\,j\neq i,\\[2mm] \sum_{i=1}^{n}x_{ij}=1, & j=1,2,\cdots,n\,,\,i\neq j,\\[2mm] x_{ij}=0,1, & i,j=1,2,\cdots,n,\\[2mm] \text{不含子巡回.} \end{cases} \qquad (2.2.1)$$

若仅考虑前三个约束条件，则是类似于指派问题的模型，对 TSP 模型只是必要条件，并不充分. 例如，六个城市的旅行路线若为 $(1—2—3—1)$ 和 $(4—5—6—4)$，则该路线虽然满足前三个约束条件，但不构成整体巡回路线，它含有两个子巡回，为此需要增加"不含子巡回"的约束条件，如何用数学表达式实现该条件？下面介绍一种方法，增加变量 u_i $(i=1,2,\cdots,n)$，并附加约束条件：

$$u_i-u_j+nx_{ij}\leqslant n-1, u_i,u_j\geqslant 0, i=1,2,\cdots,n, j=2,3,\cdots,n,\ \text{且}\ i\neq j. \quad (2.2.2)$$

下面证明：①任何含子巡回的路线都必然不满足该约束条件(不管 u_i 如何取值)；②全部不含子巡回的整体巡回路线都可以满足该约束条件(只要 u_i 取适当值).

用反证法证明①，假设存在子巡回，则至少有两个子巡回. 那么(必然)至少有一个子巡回中不含起点城市 1，例如子巡回 $(4—5—6—4)$，式(2.2.2)用于该子巡回，必有 $u_4-u_5+n\leqslant n-1$，$u_5-u_6+n\leqslant n-1$，$u_6-u_4+n\leqslant n-1$，把这三个不等式加起来得到 $n\leqslant n-1$，这不可能，故假设不能成立. 而对整体巡回，因为附加约束中 $j\geqslant 2$，不包含起点城市 1，故不会发生矛盾.

对于整体巡回路线，只要 u_i 取适当值，都可以满足该约束条件：①对于总巡回上的边，$x_{ij}=1$，u_i 的大小取整数：起点 $u=0$，第一个到达的城市 $u=1$，每到一个城市 u 加 1. 则必有 $u_i-u_j=-1$，约束条件(2.2.2)变成：$-1+n\leqslant n-1$，必然成立；②对于非总巡回上的边，因为 $x_{ij}=0$，约束条件(2.2.2)变成：$-1\leqslant n-1$，肯定成立.

综上所述，该约束条件只限制子巡回，不影响其他，于是 TSP 模型转化为一个混合整数线性规划模型，可以用 LINGO 来求解该问题.

2.2.2　LINGO 程序设计

例 2.2.1　已知六个城市之间的距离矩阵，求从 1 出发回到 1 的 TSP 路线.
编写 LINGO 程序如下：

```
MODEL:
  SETS: city / 1..6/: u;  !定义6个城市;
        link( city, city): dist, x;
           !dist 为距离矩阵, x 为决策变量;
  ENDSETS
  DATA:
    Dist=0 702 454 842 2396 1196
          702 0 324 1093 2136 764
          454 324 0 1137 2180 798
          842 1093 1137 0 1616 1857
          2396 2136 2180 1616 0 2900
          1196 764 798 1857 2900 0;
  !这是距离矩阵的具体数据, 可改为你要解决的模型的数据;
  ENDDATA
  n=@SIZE(city);    MIN=@SUM(link: dist * x);  !目标函数;
  @FOR(city( K):   @SUM(city(I)|I#NE# K: x(I,K))=1;
                    @SUM(city(J)|J#NE#K:x(K,J))=1;);
  @FOR(city(I):    @FOR(city(J)|J#GT#1 #AND# I#NE# J:
                    u(I)-u(J)+n*x(I,J)<=n-1;  );
     @FOR(city(I):   u(I)<=n-1);
     @FOR(link: @BIN(x));   !定义 x 为 0-1 变量;
END
```

点击 SOLVE, 很快得到计算结果, 最优路线为: 1—3—6—2—5—4—1, 目标函数值为 6610. 以上程序具有通用性, 求解其他 TSP 模型时, 需要改变的只是其中的数据部分.

2.3　最小生成树和最优连线

树是图论中的一种简单而重要的图, 连通并且无圈的无向图称为树, 具有 n 个顶点的无向连通图是树的充分必要条件是它有 $n-1$ 条边. 连通图 G 的子图 T, 如果它的顶点集与 G 的顶点集相同, 且 T 为树, 则称 T 是图 G 的生成树, 又称支撑树，生成树并不唯一．如果图的边有权(对应于边的实数)，则权的总和达到最小的生成树称为最小生成树(minimal spanning tree，MST)，最小生成树不一定唯一．

最小生成树是网络优化中的一个重要问题，在网络设计中有广泛的应用，例如如何修筑一些公路把若干个城镇连接起来且总里程最短；如何架设通讯网络将若干个地区连接起来且总费用最省；如何修筑水渠将水源和若干块待灌溉的土地连接起来且总距离最短等等．这些应用问题通称为最优连线问题，其实质是寻找图的最小生成树．

求最小生成树的方法有破圈法、避圈法(Kruskal 算法)[5]和 Dijkstra 算法[3]，这些解法都是在图上手工操作，当图的规模比较大时手工操作很费时间，程序设计有一定复杂性．我们把求 MST 问题转化成整数规划，然后用 LINGO 软件求解，该方法的优点是程序简洁、计算速度快、适用范围广．

例 2.3.1　假设某电力公司计划在七个村庄之间架设电线，各村庄之间的距离如图 2.3.1 所示．试求出使电线总长度最小的架线方案．

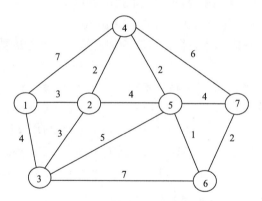

图 2.3.1　七个村庄之间的连线图

2.3.1　把最优连线问题转化成整数规划

节点 1 表示树根，点 i 到点 j 的距离用 C_{ij} 表示，当两个节点之间没有线路相通时，两点之间距离用 M(很大的实数)表示．

引入 0-1 整数变量 x_{ij}：$x_{ij} = 1$(且 $i \neq j$)表示从 i 到 j 的边在树中，$x_{ij} = 0$ 则表示该边不在树中．

目标函数：$\min \quad z = \sum_{i=1}^{n} \sum_{j=1}^{n} c_{ij} x_{ij}$．

约束条件：

(1) 除树根外的每个接点都有线路通到(且只需要一次)，表示为

$$\sum_{i=1}^{n} x_{ij} = 1, j = 2, 3, \cdots, n, i \neq j;$$

(2) 至少有一条线路从节点 1 出来 $\sum_{j=2}^{n} x_{1j} \geqslant 1$.

以上约束条件是必要条件，但不充分，需增加一个变量 u，再附加约束条件[4]：

(1) 限制 u_j 的取值范围为：$u_1 = 0, 1 \leqslant u_j \leqslant n-1, j = 2, 3, \cdots, n$；用以下不等式能达到目的：

$$u_j \geqslant 1 \text{且} u_j \leqslant n - 1 - (n-2)x_{1j}, \qquad j > 1. \qquad (2.3.1)$$

分析　如果 j 与起点 1 相连，则 $x_{ij} = 1$，上式为 $1 \leqslant u_j \leqslant 1$，只能 $u_j = 1$，否则 $1 \leqslant u_j \leqslant n-1$.

(2) 如果线路从 j 到 k，则 $u_k = u_j + 1$，为避免形成圈以及重复路线，约束条件为：

$$u_j \geqslant u_k + x_{kj} - (n-2)(1-x_{kj}) + (n-3)x_{jk}, 1 \leqslant k \leqslant n, 2 \leqslant j \leqslant n, j \neq k, \qquad (2.3.2)$$

分析　以村庄 2 和 4 为例，有三种可能性：

① $x_{24} = 1$，即 2—4 是最优连线的一条边，则 $x_{42} = 0$；

② $x_{42} = 1$，即 4—2 是最优连线的一条边，则 $x_{24} = 0$；

③ $x_{24} = x_{42} = 0$，即 2—4 和 4—2 都不是最优连线的边.

对于第①种情况，不等式(2.3.2)被执行两次，一次是 $j = 4, k = 2$，得到 $u_4 \geqslant u_2 + 1$，另一次是 $j = 2, k = 4$ 得到 $u_2 \geqslant u_4 - 1$，两个不等式都成立，只能是 $u_4 = u_2 + 1$，表示最优连线从 2—4.

对于第②种情况，不等式(2.3.2)被执行两次，一次是 $j = 2, k = 4$，得到 $u_2 \geqslant u_4 + 1$，另一次是 $j = 4, k = 2$ 得到 $u_4 \geqslant u_2 - 1$，两个不等式都成立，只能是 $u_2 = u_4 + 1$，表示最优连线从 4—2.

对于第③种情况，不等式(2.3.2)被执行两次，一次是 $j = 2, k = 4$，得到 $u_2 \geqslant u_4 - n + 2$，另一次是 $j = 4, k = 2$ 得到 $u_4 \geqslant u_2 - n + 2$，因 $1 \leqslant u_2, u_4 \leqslant n-1$，且此时 $n \geqslant 4$，故两个不等式一定都成立.

该附加约束条件还能限制：①在一条边上来回走；②产生圈. 下面给出解释(用反证法)：

① 假设在 2,4 之间来回走，则 $x_{24} = x_{42} = 1$，当 $j = 2$，$k = 4$ 时得到 $u_2 \geqslant u_4 + n - 2$，当 $j = 4$，$k = 2$ 时得到 $u_4 \geqslant u_2 + n - 2$，矛盾，不可能，只能是假设不成立.

② 假设 4—5—6—4 有一个圈，则 $u_5 = u_4 + 1$，$u_6 = u_5 + 1$，$u_4 = u_6 + 1$ 矛盾，不可能，只能是假设不成立.

综上所述，求最优连线(最小生成树)问题转化成如下整数规划[6]：

$$\min \quad z = \sum_{i=1}^{n} \sum_{j=1}^{n} c_{ij} x_{ij} , \tag{2.3.3}$$

$$\text{s.t.} \begin{cases} \sum_{i=1}^{n} x_{ij} = 1, \quad j = 2, \cdots, n, i \neq j, \\ \sum_{j=2}^{n} x_{1j} \geqslant 1, \\ u_1 = 0, \quad 1 \leqslant u_i \leqslant n-1, \quad i = 2, 3, \cdots, n, \\ u_j \geqslant u_k + x_{kj} - (n-2)(1-x_{kj}) + (n-3)x_{jk}, \ k = 1, \cdots, n, j = 2, \cdots, n, j \neq k. \end{cases}$$

其中决策变量 x 是 0-1 型，约束变量 u 是整数型.

2.3.2　LINGO 程序设计

以上整数规划模型可以用 LINGO 求解，编写程序如下：

```
MODEL:
 sets:
  city / 1..7/: u;! 定义 7 个城市;
  link( city, city): dist, x;
     !距离矩阵和决策变量;
 endsets
 n=@size( city);
 data:
 !dist 是距离矩阵;
 dist=0      3      4      7      100    100    100
      3      0      3      2      4      100    100
      4      3      0      100    5      7      100
      7      2      100    0      2      100    6
      100    4      5      2      0      1      4
      100    100    7      100    1      0      2
      100    100    100    6      4      2      0;
     !这里可改为你要解决的问题的数据;
```

```
enddata
min=@sum(link: dist*x);   !目标函数;
U(1)=0;
@for(link: @bin(x));    !定义 X 为 0\1 变量;
@for(city(K)|K #GT# 1:@sum(city(I)|I#ne# K:x(I,K))=1;
@for(city(J)| J#gt#1 #and# J #ne# K:
u(J)>=u(K)+X(K,J)-(N-2)*(1-X(K,J))+(N-3)*X(J,K); ); );
@sum(city(J)| J #GT# 1: x(1, J)) >=1;
@for(city(K) | K #gt# 1:U(K)>=1;U(K)<=N-1-(N-2)
*X(1,K););
end
```

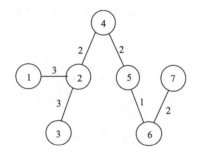

图 2.3.2　最优连线

点击 SOLVE, 很快得到计算结果, 最优连线如图 2.3.2 所示, 目标函数值为 13. 以上程序具有通用性, 求解其他 MST 问题时, 只需要改变程序中的数据部分.

2.4　最大流问题

2.4.1　问题的描述

设有一批物资, 要从 A 市通过公路网络(内含一些中转站)运往 B 市, 已知每段公路的运输能力有限制(流量限制), 问应如何安排运输方案, 才能使总运量最大? 这就是网络上的最大流问题.

假设有一个有向网络 $G = \{V, E\}$, 对应每一条弧 (v_i, v_j) 有一个非负的权 C_{ij}, 表示该弧的容量(流量限制). 图中有两个特殊顶点: 一个称为发点(又称源, 记为 s), 它只有出弧而没有入弧, 即只有流出而没有流进; 另一个称为收点(又称汇, 记为 t), 它只有入弧而没有出弧, 即只有流进而没有流出. 这样的网络称为运输网络.

定义实值函数 f ,该函数对应各弧的取值为 $f(i,j)$,表示流过弧 $i \to j$ 的流量, 假设 f 满足以下三个条件:

(1) 对每条弧, 流量不超过弧的容量, 即 $0 \leqslant f(i,j) \leqslant C_{ij}$, 称为流量限制;

(2) 发点 s 流出的总量等于收点 t 流进的总量;

(3) 对于除了发点和收点之外的其他任意中间点, 流入该点的总量等于流出该点的总量, 称为流量守恒规则.

称函数 f 为流函数, 简称流(可行流). 令 $f_v = \sum_{i \in V} f(s,i)$, 如果 f_v 达到了最大, 则称它是运输网络的最大流.

求网络最大流的算法有 Ford-Fulkerson 标号算法和 Edmonds-Karp 算法[7].

例 2.4.1　图 2.4.1 是从发货地①到目的地⑥的有向运输网络, 称点①为发点 (源), 点⑥为收点(汇), 有向边(弧)旁边的数字是该弧的流量(运输能力)限制, 求 ①—⑥的最大流.

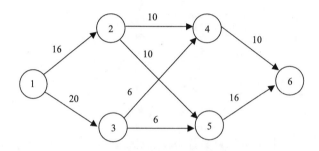

图 2.4.1　从 1 到 6 的运输网络

该网络比较简单, 不用编程就能求出结果, 把①—⑥的流量分解为若干路线, 一种方案如下: 走①—②—④—⑥, 安排流量为 6, 走①—②—⑤—⑥, 流量为 10, 走①—③—④—⑥, 流量为 4, 走①—③—⑤—⑥, 流量为 6, 合计最大流量为 26.

2.4.2　数学模型

对每一条弧(顶点 i 到 j), 定义 $f(i,j)$ 为该弧上从顶点 i 到顶点 j 的流量, 用 C_{ij} 表示其上的流量限制. 则对任意一个中转点, 流进与流出相等, 但顶点①只有流出, 顶点⑥只有流进, 并且两者大小相等(方向相反), 如果我们在图上虚拟一条从⑥—①的弧, 其流量不受限制, 并假设从①流到⑥的总量又从该虚拟弧上返回①, 整个网络系统构成一个封闭的不停流动的回路, 则对任意顶点都满足流进等于流出.

目标函数是 max　$f(n,1)$, n 是收点, 1 是发点.

约束条件有两条:

(1) 流量限制, 即 $0 \leqslant f(i,j) \leqslant C_{ij}$.

(2) 对每个顶点, 流进等于流出, 即 $\sum_{k \in V} f(k,i) = \sum_{j \in V} f(i,j)$, $i = 1,2,\cdots,n$, 等

式左边的求和是对所有以顶点 i 为终点的边进行, 右边的求和是对所有以顶点 i 为起点的边进行.

完整的模型为:

$$\max \quad f(n,1)$$

$$\text{s.t.} \begin{cases} \sum_{k \in V} f(k,i) = \sum_{j \in V} f(i,j), i = 1,2,\cdots,n, \\ 0 \leqslant f(i,j) \leqslant C_{ij}, \quad 顶点 (v_i, v_j) \in V. \end{cases} \tag{2.4.1}$$

这是线性规划模型, 可以用 LINGO 来求解, 编写 LINGO 程序如下:

```
MODEL:
  SETS:
    CHSH/1..6/;
    LINKS(CHSH,CHSH)/1,2 1,3 2,4 2,5 3,4 3,5 4,6 5,6
    6,1/:C,F;
!该集合列出有弧相连的顶点对, 与每一条弧一一对应, 6,1 是虚拟弧;
  ENDSETS
  DATA:
      C=16,20,10,10,6,6,10,16,1000;
      !虚拟弧上的流量不受限制(很大的数);
  ENDDATA
  MAX=F(6,1);  !目标函数;
  @FOR(LINKS(I,J):F(I,J)<=C(I,J));   !流量限制;
@FOR(CHSH(I):@SUM(LINKS(J,I):F(J,I))=@SUM(LINKS(I,J):
F(I,J)));
    !每个顶点的流进等于流出;
END
```

求解得到结果, 最大流为 26, 运输方案见表 2.4.1, 该方案与手工计算不同, 但目标函数值相同, 说明达到最大流时的运输方案不唯一.

表 2.4.1　最大流的运输方案

弧	1—2	1—3	2—4	2—5	3—4	3—5	4—6	5—6	虚拟弧 6—1
流量	14	12	4	10	6	6	10	16	26

2.4.3　最小费用最大流

前面介绍的网络最大流问题不涉及费用, 有时在实际问题中, 网络中各条弧(边)上的运输费用(单价)不相同, 因而在满足最大流的情况下(运输方案不唯一), 要求费用最小的最大流, 称为最小费用最大流问题. 下面看一个具体实例.

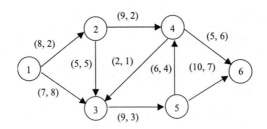

图 2.4.2　最小费用最大流问题

例 2.4.2　图 2.4.2 所示网络的每一条弧上括号内有两个数字, 前一个数字代表该弧上的最大流量, 后一个数字是单位运费. 用 u_{ij} 表示弧 (i, j) 上的最大流量, 用 c_{ij} 表示运输单价. 求费用最小的最大流.

第一步: 先用求最大流的方法求出该网络从顶点 1 到顶点 6 的最大流为 14, 运输方案见表 2.4.2.

表 2.4.2　最大流的运输方案

弧	1—2	1—3	2—3	2—4	3—5	4—3	4—6	5—4	5—6	虚拟弧 6—1
流量	7	7	2	5	9	0	5	0	9	14

第二步: 把求出的最大流作为约束条件, 即把 $f(6,1)=14$ 作为约束条件, 目标函数是求总运输费用最小, 于是得到最小费用最大流模型为

$$\min \quad z = \sum_{(i,j) \in E} c_{ij} f_{ij}, \, i < n, j = 1, 2, \cdots, n,$$

$$\text{s.t.} \begin{cases} \sum_{k \in V} f(k, i) = \sum_{k \in V} f(i, j), \, i = 1, 2, \cdots, n, \\ 0 \leqslant f(i, j) \leqslant C_{ij}, \text{ 或者 } (v_i, v_j) \in V, \\ f(n, 1) = f_v. \end{cases} \quad (2.4.2)$$

式中 f_v 是第一步求出的最大流.

编写 LINGO 程序如下：

```
MODEL:
  SETS:
    CHSH/1..6/;
    LINKS(CHSH,CHSH)/1,2 1,3 2,3 2,4 3,5 4,3 4,6 5,4 5,
    6 6,1/:C,U,F;
    !6,1 是虚拟弧，U 为流量限制，C 为费用，F 为实际流量；
  ENDSETS
  DATA:
    U=8,7,5,9,9,2,5,6,10,15;
    C=2,8,5,2,3,1,6,4,7,8;
  ENDDATA
  N=@SIZE(CHSH);
  F(6,1)=14; !把上一步求出的最大流作为约束条件；
  MIN=@SUM(LINKS(I,J)|I#LT#N:C(I,J)*F(I,J));
  @FOR(LINKS(I,J):F(I,J)<=U(I,J));
  @FOR(CHSH(I):@SUM(LINKS(J,I):F(J,I))=@SUM(LINKS(I,J):
  F(I,J)));
END
```

运行该程序，得到最小费用为 205，最小费用下的最大流运输方案见表 2.4.3.

表 2.4.3　最小费用下最大流的运输方案

弧	1—2	1—3	2—3	2—4	3—5	4—3	4—6	5—4	5—6	虚拟弧 6—1
流量	8	6	1	7	9	2	5	0	9	14

注：满足最大流时的运输方案可以有多种，表中所列方案是费用最小的方案.

习　题　二

1. 求下列图从左端点到右端点的最短路.

(1)

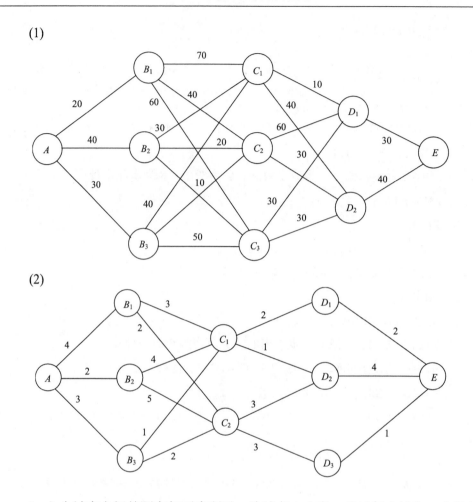

(2)

2. 六个城市之间的距离如下表所示，从城市 1 出发，经过每个城市一次且仅一次，最后回到 1，求行程最短的路线.

城市	1	2	3	4	5	6
1	0	10	20	30	40	50
2	12	0	18	30	25	21
3	23	9	0	5	10	15
4	34	32	4	0	8	16
5	45	27	11	10	0	18
6	56	22	16	20	12	0

3. 求下图的最优连线(最小生成树):

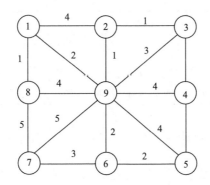

4. 求图示网络的最大流, 图中顶点旁边的数字是顶点编号, 弧旁边的数字是该弧的流量限制.

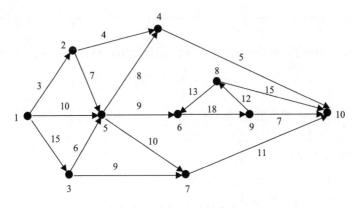

求点 1 到点 10 的最大流

5. 图中 $v_1 \sim v_7$ 是七个居民点, 在其中一个点上建一个消防站以便为这七点服务, 使它到最远一个点的距离最短, 问建在哪里?

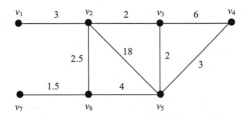

6. 某海岛上有 12 个主要居民点, 各居民点的位置(用平面坐标 x, y 表示, 单位: km)和居住的人数如下表所示, 现在准备在岛上建一个服务中心为居民提

供各种服务，问服务中心建在何处为好？

居民点	1	2	3	4	5	6	7	8	9	10	11	12
x	0	8.2	0.5	5.7	0.77	2.87	4.43	2.58	0.72	9.76	3.19	5.55
y	0	0.5	4.9	5.0	6.49	8.76	3.26	9.32	9.96	3.16	7.20	7.88
人　数	600	1000	800	1400	1200	700	600	800	1000	1200	1000	1100

7. 某公司要为客户设计一个有 9 个通信站点的局部网络，这 9 个站点的直角坐标如下表：

通信站点	1	2	3	4	5	6	7	8	9
x	0	5	16	20	33	23	35	25	10
y	15	20	24	20	25	11	7	0	3

两通信站之间的线路费用正比于两点间的直角折线距离，即

$$d = |x_1 - x_2| + |y_1 - y_2|.$$

在不允许通信线在非站点处连接的条件下，如何布线使总费用最低？

8. 图示网络中，节点 1 为唯一的源，节点 6 为唯一的汇，弧上前一个数字是容量，后一个数字是单位费用，求：

(1) 从 1—6 流量为 2 的最小费用流；

(2) 从 1—6 的最小费用最大流；

(3) 从 1—6 的费用不超过 29 的最大流.

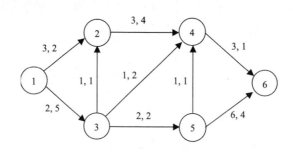

第3章 用 LINGO 求解非线性规划和多目标规划

3.1 用 LINGO 求解非线性规划

目标函数或约束条件(或两者)有非线性表达式的规划称为非线性规划. 用 LINGO 来解非线性规划是用其所长.

下面通过实例来学习其用法.

3.1.1 飞行管理问题

1. 问题的提出

这是 1995 全国大学生数学建模竞赛 A 题, 题目如下.

在约 10000m 高空的某边长 160km 的正方形区域内, 经常有若干架飞机作水平飞行. 区域内每架飞机的位置和速度均由计算机记录其数据, 以便进行飞行管理. 当一架欲进入该区域的飞机到达区域边缘, 记录其数据后, 要立即计算并判断是否会与区域内的飞机发生碰撞. 如果会碰撞, 则应计算如何调整各架(包括新进入)飞机的飞行方向角, 以避免碰撞. 现假定条件如下:

(1) 不碰撞的标准为任意两架飞机的距离大于 8km;

(2) 飞机飞行方向角调整的幅度不应超过 30°;

(3) 所有飞机飞行速度均为每小时 800km;

(4) 进入该区域的飞机在到达区域边缘时, 与区域内飞机的距离应在 60km 以上;

(5) 最多需考虑 6 架飞机;

(6) 不必考虑飞机离开此区域后的状况.

请你对这个避免碰撞的飞行管理问题建立数学模型, 列出计算步骤, 对表 3.1.1 的数据进行计算(方向角误差不超过 0.01°), 要求飞机飞行方向角调整的幅度尽量小. 设该区域 4 个顶点的坐标为 $(0,0)$, $(160,0)$, $(160,160)$, $(0,160)$.

试根据实际应用背景对你的模型进行评价与推广.

注 方向角指飞行方向与 x 轴正向的夹角.

2. 符号规定

P_i: 代表第 i 架飞机, 新进入为第 6 架;

表 3.1.1   各架飞机的位置和飞行方向

飞机编号	横坐标 x	纵坐标 y	方向角(度)
1	150	140	243
2	85	85	236
3	150	155	220.5
4	145	50	159
5	130	150	230
新进入 6	0	0	52

$x_i(t)$，$y_i(t)$：第 i 架飞机的位置坐标，它们都是时间 t 的函数；x_{i0}，y_{i0} 是它们的初始值；

v：飞行速度，本题为常数 800 km/h；

θ_i：第 i 架飞机的飞行方向角，θ_{i0} 是其初始值；

$\Delta\theta_i$：第 i 架飞机飞行方向角 θ 的调整值；

$d_{ij}(t)$：第 i 架飞机与第 j 架飞机之间的距离，它是时间 t 的函数.

3. 问题的分析

用 Matlab 画出各架飞机在时间 $t = 0$ 时的位置和飞行方向如图 3.1.1 所示.

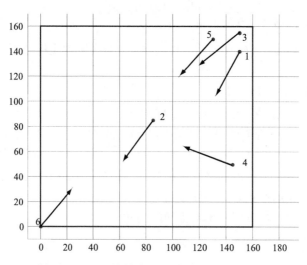

图 3.1.1 $t=0$ 时刻各架飞机的位置及飞行方向

画图程序为:
```
x=[150,85,150,145,130,0];  y=[140,85,155,50,150,0];
scatter(x,y,30,'r','filled');  axis([-10,195,-10,170]);
grid on;  hold on;
plot([0,160,160,0,0],[0,0,160,
160,0],'b');
zt=[243,236,220.5,159,230,52];  zt1=zt*pi/180;  b=40;
x1=x+b*cos(zt1);  y1=y+b*sin(zt1);
for n=1:6
   plot([x(n),x1(n)],[y(n),y1(n)],'k');
end
```
用 Matlab 进行飞行动态模拟, 画出飞行轨迹如图 3.1.2 所示.

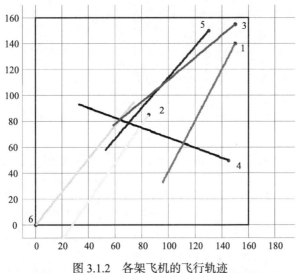

图 3.1.2　各架飞机的飞行轨迹

从模拟的结果以及计算可知, 如果不调整飞行方向, 飞机 6 和 5 先发生碰撞, 然后 6 和 3 发生碰撞.

飞行模拟的程序如下:
```
x=[150,85,150,145,130,0];y=[140,85,155,50,150,0];
c=[5,4,2,1,6,3];
axis([-10,195,-10,170]);  grid on;  hold on;
plot([0,160,160,0,0],[0,0,160,160,0],'b');
zt=[243,236,220.5,159,230,52];  zt1=zt*pi/180;  vt=1;
```

```
dx=vt*cos(zt1);  dy=vt*sin(zt1);
for n=1:120
    x1=x+dx;  y1=y+dy;
    scatter(x1,y1,10,c,'filled');
    for  j=1:5
      for  k=2:6
        if  k~=j
          tx=x1(j)-x1(k);ty=y1(j)-y1(k);
          dl=sqrt(tx*tx+ty*ty);
          if  dl<=8
            fprintf('\ni=%d  j=%d  n=%d',j,k,n);
          end
        end
      end
    end
    x=x1;y=y1;    pause(0.1);
end
```

4. 模型的建立

设飞行方向角调整量为 $\Delta\theta_i$，$i=1,2,\cdots,6$，经过调整后的飞行方向角为 $\theta_i=\theta_{i0}+\Delta\theta_i$，在 t 时刻，飞机的位置为 $\begin{cases} x_i(t)=x_{i0}+vt\cos\theta_i \\ y_i(t)=y_{i0}+vt\sin\theta_i \end{cases}$，两架飞机 i 和 j 之间距离的平方为

$$d_{ij}^2(t)=(x_{i0}-x_{j0}+vt(\cos\theta_i-\cos\theta_j))^2+(y_{i0}-y_{j0}+vt(\sin\theta_i-\sin\theta_j))^2. \quad (3.1.1)$$

题目要求飞机飞行方向角调整的幅度尽量小，调整幅度 $\Delta\theta_i$ 是向量，它有 6 个分量，衡量向量的大小可以用向量的范数或模，向量的范数有几种定义，一种是分量绝对值之和，另一种是分量平方和再开方，因而目标函数也可以有两种不同的表示方式：$\min\sum_{i=1}^{6}|\Delta\theta_i|$ 或 $\min\sum_{i=1}^{6}(\Delta\theta_i)^2$.

按题意约束条件有两条：

(1) 任意两架飞机的距离大于 8 km(平方和大于 64 km)；

(2) 飞行方向角调整的幅度不应超过 30°.

建立数学模型如下:

$$\min \quad \sum_{i=1}^{6} |\Delta\theta_i|,$$

$$\text{s.t.} \begin{cases} d_{ij}^2(t) \geqslant 64, 1 \leqslant i,j \leqslant 6, i \neq j, \\ |\Delta\theta_i| \leqslant \pi/6, i=1,2,\cdots,6. \end{cases} \tag{3.1.2}$$

式中 d_{ij}^2 用式(3.1.1)计算，$\theta_i = \theta_{i0} + \Delta\theta_i$. 模型中的目标函数是非线性的，约束条件也是非线性的，因而是非线性规划，且 d_{ij}^2 是时间的连续函数，为了简化计算，令 $vt=l$，把 l 离散化，经过预先计算可知，碰撞可能发生在 $94<l<112$ 范围内. 现在把 l 的范围放宽到 $90<l<120$. 从初步计算可知，飞机 1 和 2 不会与其他飞机发生碰撞，为减少计算量，可以不考虑飞机 1 和 2. 编写 LINGO 程序如下:

```
MODEL:
  SETS:
    FEIJI/P3..P6/:ZT,ZT0,DZT,ZT1,XI0,YI0;
    !没有考虑飞机 1 和 2;
    JULI/L1..L3001/:L;    !将 l 离散化;
  ENDSETS
  DATA:
    XI0=150,145,130,0;
    YI0=155,50,150,0;
    ZT=220.5,159,230,52;
  ENDDATA
  @FOR(JULI(I):L(I)=90+(I-1)/100);
  @FOR(FEIJI:@BND(-0.08,DZT,0.08));    !限制 Δθ 的变化范围;
  @FOR(FEIJI:ZT0=ZT*3.14159265359/180);
  @FOR(FEIJI:ZT1=ZT0+DZT);
  @FOR(JULI(I):@FOR(FEIJI(J)|J#LT#4:@FOR(FEIJI(K)|K#GT#
J:(XI0(J)-XI0(K)+L(I)*(@COS(ZT1(J))-@COS(ZT1(K))))^2+(Y
I0(J)-YI0(K)+L(I)*(@SIN(ZT1(J))-@SIN(ZT1(K))))^2>=64)));
    !两架飞机之间距离的平方大于等于 64;
  MIN=@SUM(FEIJI:@ABS(DZT));
END
```

以上模型是非线性规划，而且变量和约束条件的数目比较多，因此在求解时所需运算时间与 Options 参数设置有很大关系，如果选择 Use Global Solver 选项，则求解时间很长，若不选择该选项，则得到的是局部最优解，不能保证它一定是全局最优解，弥补的措施是设置多初始点求解程序的尝试次数(Attempts)为 3 试一试，通常可以使求得的局部最优解就等于全局最优解.

计算得到最优解为：目标函数值 $\min \sum_{i=1}^{6} |\Delta \theta_i| = 0.06334$ 弧度，$\Delta \theta_3 = 0.04954$ 弧度，$\Delta \theta_6 = 0.0138$ 弧度，其他飞机的方向角不必调整($\Delta \theta_4 = \Delta \theta_5 = 0$).

如果改变目标函数为 $\min \sum_{i=1}^{6} (\Delta \theta_i)^2$，则对程序稍作修改，计算得到一种局部最优解为：目标函数值 0.0023428，$\Delta \theta_3 = 0.04464$ 弧度，$\Delta \theta_6 = 0.0187$ 弧度.

注　在目标函数值相同的情况下，方向角调整方案不唯一.

3.1.2　火力发电厂购油计划的优化

1. 问题的提出

某火力发电厂负责一小城市的生产与生活用电的供应[8]，该厂的发电机以柴油为燃料，耗油量与发电量相关，柴油可以在市场上随时买到并运到电厂，但柴油的价格是经常波动的. 电厂必须有一定的燃料储备，以备偶然不能按时购进柴油的特殊情况，政府规定电厂至少必须储备能满足 15 天发电的柴油量. 现在是新的一年即将来临，需要为该厂制定一个经济的全年柴油购买和库存方案(即一年购油多少次，每次购多少吨)，并由此估算出该厂今年购买柴油的费用. 已知数据如下：

(1) 该厂前四年的每月耗油量(吨)见表 3.1.2.

表 3.1.2　前四年每月耗油量

月份 年份	一	二	三	四	五	六	七	八	九	十	十一	十二
第 1 年	1120	1180	1320	1290	1210	1350	1480	1480	1360	1190	1040	1180
第 2 年	1150	1260	1410	1350	1250	1490	1700	1700	1580	1330	1140	1400
第 3 年	1450	1500	1780	1630	1720	1780	1990	1990	1840	1620	1460	1660
第 4 年	1710	1800	1930	1810	1830	2180	2300	2420	2090	1910	1720	1940

(2) 前 50 周当地市场的柴油价格(元/吨).

2494,2490,2499,2505,2515,2490,2476,2488,2504,2507,2530,2537,2550,2562,2560,
2574,2640,2600,2613,2604,2616,2608,2598,2590,2589,2574,2577,2579,2574,2573,
2576,2589,2578,2577,2572,2575,2568,2575,2570,2576,2573,2575,2596,2611,2629,
2633,2628,2618,2622,2627.

(3) 每购买一次柴油需要固定费用 1 万元，运输费单价与一次购油量有关，小于 2000 吨时每吨 40 元，大于 12000 吨时每吨 30 元. 2000~12000 吨时的每吨运价为 42-0.001y(y 为一次购油量). 每吨柴油每天的存储费用为 0.5 元. 该厂油库容量限制库存量最多为 2 万吨. 如果购油，则一次最少购 1000 吨，假设该厂有比较充足的资金，无需贷款，不必考虑银行贷款利息.

2. 本年度每月柴油消耗量的预测

为了制订全年购油计划，首先必须对每月耗油量作出预测，预测的依据是前四年的耗油量数据. 我们先对这批数据作分析，画出前四年每月耗油量的散点图和曲线图如图 3.1.3 所示.

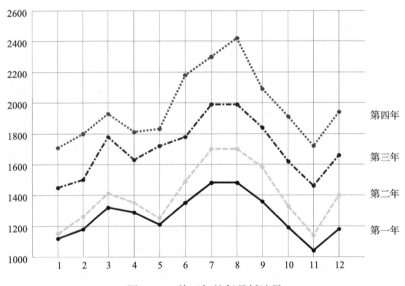

图 3.1.3　前四年的每月耗油量

从图上可得出两点规律：①每年各月的升降趋势相似；②月平均耗油量一年比一年大，呈逐年上升趋势. 由此得出初步结论：今年的月平均耗油量比去年大；耗油曲线与前几年相似，7、8 月耗油量大，5 月和 11 月较小.

以年份为横坐标，以前 4 年同一月份的耗油量为纵坐标画出 4 个点的散点图，每月画一张，各月均表现为近似的线性上升趋势，用 Excel 作线性拟合，回归方程为 $A_i = b_{0i} + b_{1i}n$ ，式中 A_i 为某月份耗油量预测值，b_{0i} 和 b_{1i} 是回归系数，n 是年份，得到结果见表 3.1.3.

表中 F 值是检验回归效果的指标，F 值越大回归效果越好. 各月份的 F 值均通过检验，9 月的回归效果最好(图 3.1.4)，1 月和 5 月的回归效果稍差.

表 3.1.3　各月耗油量预测结果

月份 项目	一	二	三	四	五	六	七	八	九	十	十一	十二
b_{0i}	840	910	1060	1060	920	1005	1180	1120	1105	900	750	910
b_{1i}	207	210	220	184	233	278	275	311	245	245	236	254
F	23.77	35	36.1	38.8	16.7	45.51	351.7	85.8	1715	88.9	54	701.2
预测今年	1875	1960	2160	1980	2085	2395	2555	2675	2330	2125	1930	2180

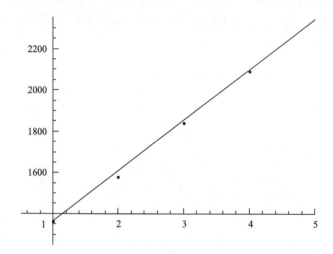

图 3.1.4　前四年九月份耗油量回归直线

　　据分析，1 月的预测耗油量有些偏低，理由是前四年数据中的 1 月耗油量一般比上年度 12 月的耗油量多一点，而去年 12 月的数字是 1940，似乎今年 1 月的耗油量应当比 1940 多一点. 从 1 月的散点图来分析，第一年的 1 月数据与另外三年相比偏离回归直线的距离比较远，如果去掉该点数据，用三个点进行线性回归，得到的结果是 b_{0i}=596.7，b_{1i}=280，F=588，F 的值明显变大，回归效果好，此时预测值为 1996.7(稍偏大)，将该值和原来的预测值 1875 按照 0.7:0.3 的权重进行组合，得到修正后的预报值 1960. 对 2 月份的预测值作类似处理，得修正后的 2 月耗油量预测值为 2030. 其他月份无需修正或者修正值与原来预测值差不多. 经过修正后的各月柴油消耗量见表 3.1.4.

表 3.1.4　修正后各月耗油量预测结果

月份	一	二	三	四	五	六	七	八	九	十	十一	十二
预测量	1960	2030	2160	1980	2085	2395	2555	2675	2330	2125	1930	2180

3. 柴油价格预测

题目给出了去年 50 周的市场柴油价格, 构成时间序列, 画出 50 周价格散点和曲线图, 不规则的小波动比较多, 这些小波动对价格预测造成随机干扰, 按照参考文献[9]介绍的移动平均法, 对每个点(除第一点和最后一点外)求前后共 3 点的平均值, 即 $\bar{b}_i = (b_{i-1} + b_i + b_{i+1})/3$, 经过平滑处理后的价格曲线图形如图 3.1.5 所示.

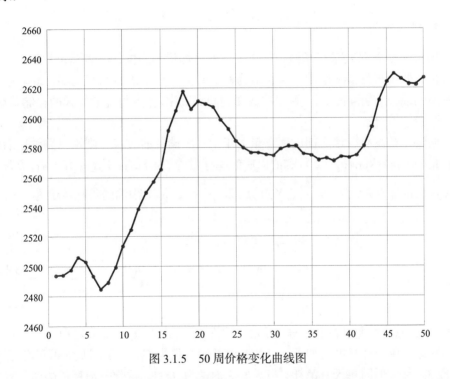

图 3.1.5   50 周价格变化曲线图

我们用该价格变化图来预测今年的价格走势, 考虑到价格总是在不断上涨, 今年的柴油价格比去年同期高, 高多少? 价格的调整通常是用百分比来计算的, 而不是调高固定多少元. 我们取 1~4 周的平均价格作为年初的油价, 以 47~50 周的平均价格作为年末的油价, 两者之差等于 126.75, 年度涨价百分比为 5.0761%, 这就是预测今年各周油价的主要依据, 把平滑以后的每周油价乘年度涨价百分比, 得到今年各周油价预测值.

柴油消耗是按月统计, 油价是按周统计, 每月大致四周, 但不是恰好四周, 全年 365 天合计 52 周, 月与周换算时会产生误差. 考虑到按周购油似乎过于频繁, 我们作全年购油计划时, 按月份规划比较合理, 因而把按周预测的油价换算成按月预测, 大致上一个月为四周, 取四周的平均价格作为该月的油价预测值, 经过计算，得出今年各月柴油价格预测值见表 3.1.5.

表 3.1.5　今年各月柴油价格预测

月份	1	2	3	4	5	6	7	8	9	10	11	12
油价预测	2624.9	2619.3	2647.2	2696.1	2742.3	2734	2710.4	2708.3	2706.6	2703.2	2722	2759.1

4. 建立模型

用 A_i 表示各月耗油量预测值，B_i 表示各月油价预测值，C_i 表示每月初的柴油库存量，假设每月最多购油一次，X_i 为 0-1 变量，$X_i=1$ 表示该月购油，$X_i=0$ 表示该月不购油，Y_i 为购油量，d 为每次购油的固定费用，g 为每吨油每天的存储费用，f 为每吨油的运价.

假设年初没有购油之前的库存量为半个月的储备油 $A_1/2$，则 1 月购油以后的库存量为 $C_1=Y_1X_1+A_1/2$，2 月购油以后的库存量为 $C_2=Y_1X_1+Y_2X_2+A_1/2-A_1$，$k$ 月份购油以后的库存量为 $C_k = \sum_{j=1}^{k} Y_j X_j + A_1/2 - \sum_{j=1}^{k-1} A_j$，每次购油的每吨运价为

$$f = \begin{cases} 40, & Y_i \leqslant 2000. \\ (42 - 0.001Y_i), & 2000 \leqslant Y_i \leqslant 12000. \\ 30, & Y_i \geqslant 12000. \end{cases} \tag{3.1.3}$$

购油一次的总费用是固定费 $d=1$ 万元、油价 gY_i、运费 fY_i 三部分之和.

存储费用的计算办法如下：月初柴油的库存量为 C_i，存到月底，假设存了 30 天(或 31 天)，但因每天有消耗，每天的用油量为 $A_i/31$，这部分消耗了的油分别少存储 1，2，…，30 天，合计为 $(1+2+\cdots+30) A_i/31=15 A_i$，故第 i 月的存储费为 $(30C_i -15A_i)e$，式中 e 为每吨每天的存储费.

关于存储量的约束条件有两条：①某月购油以后，库存油除了够本月消耗外，还要至少够下月 15 天的消耗量，即 $C_i \geqslant A_i + A_{i+1}/2$，$i=1,2,\cdots 11$；$C_{12} \geqslant 1.5A_{12}$；②库存总量不超过 20000，即 $C_i \leqslant 20000$.

关于购油量的约束：$Y_i \geqslant 1000$.

由以上分析，建立费用最省的购油计划数学模型如下：

$$\min z = \sum_{i=1}^{12} (d + Y_i B_i + f Y_i) X_i + \sum_{i=1}^{12} (30C_i + 15A_i)g,$$

$$\text{s.t.}\begin{cases} C_k = \sum_{j=1}^{k} Y_j X_j + A_1/2 - \sum_{j=1}^{k} A_{j-1}, A_0 = 0, k = 1, 2, \cdots, 12, \\ C_i \geqslant A_i + A_{i+1}/2, A_{13} = A_{12}, i = 1, 2, \cdots, 12, \\ C_i \leqslant 20000, i = 1, 2, \cdots, 12, \\ Y_i \geqslant 1000, i = 1, 2, \cdots, 12. \end{cases} \tag{3.1.4}$$

编写 LINGO 程序如下：

```
MODEL:
  SETS:
    YF/1..12/:A,B,C,X,Y;
  ENDSETS
  DATA:
    A=1875  1960  2160  1980  2085  2395  2555  2675
      2330  2125  1930  2180;  !每月耗油量;
    B=2626.15,2620.75,2647.275,2693.9,2737.775,2729.9,
      2707.425,2705.475,2703.85,2700.6,2718.5,2753.825;
      !每月柴油价格预测;
  ENDDATA
    @FOR(YF:@BIN(X)); @FOR(YF:@GIN(Y)); C(1)=Y(1)*X(1)
    +A(1)/2;
    @FOR(YF(K)|K #GE# 2:C(K)=@SUM(YF(J)|J#LE#K:Y(J)
    *X(J))+A(1)/2-@SUM(YF(I)|I#LT#K:A(I)));
    @FOR(YF(I)|I#LT#12:C(I)>=A(I)+A(I+1)/2);
    C(12)>=A(12)*1.5;d=10000;e=0.5;
    @FOR(YF(I):C(I)<=20000);  @FOR(YF(I):Y(I)>=1000);
    MIN=@SUM(YF(I):(d+Y(I)*B(I)+Y(I)*@IF(Y(I)#LE#2000,
    40,@IF(Y(I)#GE#12000,30,42-0.001*Y(I))))*X(I))
    +@SUM(YF(I):(30*C(I)-15*A(I))*e);
END
```

计算得到最优解，全年购油四次，购油的时间和数量见表 3.1.6，总费用为 7205.5300 万元.

表 3.1.6　最优购油方案

购油时间	一月	二月	九月	十月
数量(吨)	1921	15993	2227	6262

3.2　LINGO 在多目标规划和最大最小化模型中的应用

在许多实际问题中,决策者所期望的目标往往不止一个,如设计一种火箭弹,既希望射程最远,还希望射击精度最高;电力网络管理部门在制定发电计划时即希望安全系数要大,也希望发电成本要小,这一类问题称为多目标最优化问题或多目标规划问题.

3.2.1　多目标规划的常用解法

多目标规划的解法通常是根据问题的实际背景和特征,设法将多目标规划转化为单目标规划,从而获得满意解. 常用的解法有[10]:

(1) 主要目标法. 确定一个主要目标,把次要目标作为约束条件并设定适当的界限值.

(2) 线性加权求和法. 对每个目标按其重要程度赋适当权重 $\omega_i \geq 0$, 且 $\sum \omega_i = 1$,然后把 $\sum \omega_i f_i(x)$ 作为新的目标函数(其中 $f_i(x)$ $i = 1, 2, \cdots, p$,是原来的 p 个目标).

(3) 指数加权乘积法. 设 $f_i(x)$ 是原来的 p 个目标,令 $Z = \prod_{i=1}^{p} [f_i(x)]^{a_i}$,其中 a_i 为指数权重,把 Z 作为新的目标函数.

(4) 理想点法. 先分别求出 p 个单目标规划的最优解解 f_i^* ,令 $h(x) = \sqrt{\sum (f_i(x) - f_i^*)^2}$,然后把它作为新的目标函数.

(5) 分层序列法. 将所有 p 个目标按其重要程度排序,先求出第一个最重要的目标的最优解,然后在保证前一个目标最优解的前提条件依次求下一个目标的最优解,一直求到最后一个目标为止.

这些方法各有其优点和适用的场合,但并非总是有效,有些方法存在一些不足之处,例如,线性加权求和法确定权重系数时有一定主观性,权重系数取值不同,结果也就不一样;线性加权求和法、指数加权乘积法和理想点法通常只能用在两个目标的单位(量纲)相同的情况,如投资时希望收益要大、风险要小,这是双目标规划,若收益和风险的物理单位(元或百分比)相同,可以考虑用线性加权求和法、指数加权乘积法或理想点法把它们组合起来,化双目标规划为单目标规划. 如果两个目标是不同的物理量, 它们的量纲不相同, 数量级相差很大, 将它们相加或比较是不合适的, 如火箭弹射程的单位是米或千米, 且数量级比较大, 而射击精度通常用样本方差来表示, 其量纲是平方米, 且数量级小, 将两者比较、相加或者求理想点是没有意义的.

3.2.2　最大最小化模型

在一些实际问题中, 决策者所期望的目标是使若干目标函数中最大的一个达到最小(或多个目标函数中最小的一个达到最大), 例如, 城市规划中需确定急救中心的位置, 希望该中心到服务区域内所有居民点的距离中的最大值达到最小, 称为最大最小化模型[2], 这种确定目标函数的准则称为最大最小化原则, 在控制论、逼近论和决策论中也有使用.

最大最小化模型的目标函数可写成

或

$$\min_{X} \max \{f_1(X), f_2(X), \cdots, f_p(X)\}$$

$$\min_{X} \max \{f_1(X), f_2(X), \cdots, f_p(X)\},$$

(3.2.1)

式中 $X = (x_1, x_2, \cdots, x_n)^{\mathrm{T}}$ 是决策变量. 模型的约束条件可以包含线性、非线性的等式和不等式约束. 这一类模型的求解可视具体情况采用适当的方法. 例如, 软件 Matlab 的优化工具箱[11]中提供了一个能求解最大最小化问题的函数 fminimax, 它采用序列二次规划法进行计算, 要求目标函数必须连续, 约束条件比较规范, 且需要给出决策变量的初始值, 该函数较难用于决策变量为 0-1 变量或整数变量的情况, 适用范围有较大局限性.

3.2.3　用 LINGO 求解多目标规划和最大最小化模型

1. 解多目标规划

用 LINGO 求解多目标规划的基本方法是先确定一个目标函数, 求出它的最优解, 然后把此最优值作为约束条件, 求其他目标函数的最优解. 如果将所有目标函数都改成约束条件, 则此时的优化问题退化为一个含等式和不等式的方程组 (混合组). LINGO 能够求解像这样没有目标函数只有约束条件的混合组的可行解. 有些组合优化问题和网络优化问题, 因为变量多, 需要很长运算时间才能算出结果, 如果设定一个期望的目标值, 把目标函数改成约束条件, 则几分钟就能得到一个可行解, 多试几个目标值, 很快就能找到最优解. 对于多目标规划, 同样可以把多个目标中的一部分乃至全部改成约束条件, 取适当的限制值, 然后用 LINGO 求解, 从中找出理想的最优解. 这样处理的最大优势是求解速度快, 节省时间.

2. 解最大最小化问题

第一步：先把原来较复杂的目标函数式(3.2.1)改写为一个简单的目标函数 min C 以及 p 个约束条件：$f_1(X) \leqslant C$，$f_2(X) \leqslant C$，$\cdots$，$f_P(X) \leqslant C$，其他原有的约束条件不变. 改写后仍然是一个规划，只是增加了 p 个约束条件，目标函数的形式较为简单. 如果能用 LINGO 求出它的解，则问题已经解决. 如果求解困难，可转入下一步.

第二步：取消目标函数，保留上一步由目标函数改成的 p 个约束条件和所有原来的约束条件，预设 C 值为某个常数，此时原规划模型不再是规划，它仅仅包含等式(方程)和不等式，没有目标函数，是许多约束条件的组合，可以称它为"混合组". 求解该混合组的解，其实质是求满足所有约束条件并且使目标函数等于给定值的一组决策变量的值，求出来的结果是可行解，它未必是最优解. 在存在可行解的前提下，使目标函数值小的可行解优于使目标函数值大的可行解，使目标函数值越小的可行解越接近最优解.

第三步：对具体问题作出分析，对目标函数可能达到的最小值(即 C 的最小值)作适当估计，然后在此估计值的基础上由大到小改变 C 的值进行试算，使可行解越来越接近最优解. 对于目标函数值离散的情况，不难找到最优解.

LINGO 的强项是求解规划模型，但它对混合组也有很强的求解能力，无需给出变量的初始值，只要存在可行解，它能在很短时间内找到其中的一组(可行解可能并不唯一). 下面举一个实例.

例 3.2.1 工件的安装与排序问题(2005 年苏北地区数学建模竞赛题).

某设备由 24 个工件组成，安装时需要按工艺要求重新排序.

I. 设备的 24 个工件均匀分布在等分成六个扇形区域的一圆盘的边缘上，放在每个扇形区域的 4 个工件总重量与相邻区域的 4 个工件总重量之差不允许超过一定值(如 4g)；

II. 工件的排序不仅要对重量差有一定的要求，还要满足体积的要求，即两相邻工件的体积差应尽量大，使得相邻工件体积差不小于一定值(如 3cm^3)；

III. 当工件确实不满足上述要求时，允许更换少量工件.

问题 1. 按重量排序算法；

问题 2. 按重量和体积排序算法；

问题 3. 当工件不满足要求时，指出所更换工件及新工件的重量和体积值范围，并输出排序结果.

请按表 3.2.1 中的两组工件数据(重量单位：g，体积单位：cm^3)进行实时计算.

表 3.2.1　两组工件的重量和体积数据

序号	重量	体积	序号	重量	体积
1	348	101.5	1	358.5	103
2	352	102	2	357.5	103
3	347	105	3	355	103
4	349	105.5	4	351	103.5
5	347.5	106	5	355.5	103
6	347	104	6	357	102
7	330	94	7	341	96
8	329	98	8	342	96.5
9	329	100.5	9	340	95.5
10	327.5	98.5	10	344	97
11	329	98	11	342.5	95.1
12	331.5	99	12	343.5	96.5
13	348.5	104.5	13	357.5	102.5
14	347	105	14	355	103
15	346.5	107.5	15	353.5	103.5
16	348	104.5	16	356.5	103.5
17	347.5	104	17	356	103.5
18	348	104.5	18	352.5	104
19	333	97	19	342.5	98
20	330	97	20	344	96.5
21	332.5	99	21	339.5	98
22	331.5	98	22	341.5	96
23	331.5	96.5	23	341	96
24	332	94.5	24	345	97

解　对问题 1 和 2 分别求解.

(1) 对问题 1，仅考虑重量(暂时不考虑体积)进行排序.

用 $i = 1, 2, \cdots, 24$ 表示 24 个工件，W_i 表示各工件的重量，$j = 1, 2, \cdots, 6$ 表示圆盘上的 6 个扇区，D_j 表示各扇区上 4 个工件的总重量，X_{ij} 是 0-1 型决策变量，表示工件 i 是否放在扇区 j 上，$X_{ij} = 1$ 表示放，$X_{ij} = 0$ 表示不放.

每个工件必须且只能放到一个位置上，每个位置放一个且仅放一个工件，每个扇区放 4 个工件，重量之和为 D_j. 目标函数是：相邻扇区上的 D_j 之差的(绝对值)最大值达到最小. 建立 0-1 规划模型如下：

$$\min \quad \max_{1 \leqslant k \leqslant 6} \{|D_{k+1} - D_k|\}$$

$$\text{s.t.} \begin{cases} \sum_{i=1}^{24} X_{ij} = 4, \ j = 1, 2, \cdots, 6, \\[2ex] \sum_{j=1}^{6} X_{ij} = 1, \ i = 1, 2, \cdots, 24, \\[2ex] D_j = \sum_{i=1}^{24} W_i \cdot X_{ij}, \ j = 1, 2, \cdots, 6, D_7 = D_1, \\[2ex] X_{ij} = 0 \ 或 1. \end{cases} \quad (3.2.2)$$

模型中的 D_7 是虚拟的，$D_7 = D_1$ 使得 1—6—1 扇区构成圆盘，引入 D_7 的目的只是使目标函数的表达式简洁. 该 0-1 规划模型的目标函数是相邻扇区上的 D_j 之差(绝对值)的最大值达到最小，属于最大最小化模型.

按照前面所述把规划模型转化为混合组的步骤，去掉目标函数，增加约束条件：

$$|D_{j+1} - D_j| \leqslant C \quad , \quad j = 1, 2, \cdots, 6$$

保留原来的约束条件，并令 C 为某个常数，原规划就转化成了一个包含 150 个变量、36 个等式约束、6 个不等式约束的非线性混合组.

由于 24 个工件的重量数据多数为整数，部分有小数，小数的最小计数单位为 0.5. 故相邻扇区重量之差的基本计数单位是 0.5，即 $|D_{j+1} - D_j|$ 的可能取值是离散的：0，0.5，1，1.5，2，…. 令 C 取 0，0.5，1，1.5，2，…中的具体值(C 值越小越好). 用 LINGO 编程求解，不难求得当 C=0.5 时有可行解，因 C=0 时无可行解，故 C=0.5 时的可行解就是最优解.

用第一组工件的重量数据，编写 LINGO 程序如下：

```
MODEL:
SETS:
  GJ/1..24/: W;
  SHQ/1..6/:D;
  BL(GJ, SHQ): X;
```

```
ENDSETS
DATA:
W=348 352 347 349 347.5 347 330 329 329 327.5 329 331.5 348.5
347 346.5 348 347.5 348 333 330 332.5 331.5 331.5 332;
ENDDATA
  @FOR(BL : @BIN(X));
  C=0.5;
  !常数 C 可以设定为不同的数值试一试，本题 C<0.5 时找不到可行解；
  @FOR(GJ(I): @SUM(SHQ(J): X(I,J))=1);
  @FOR(SHQ(J): @SUM(GJ(I): X(I,J))=4);
  @FOR(SHQ(J):D(J)=@SUM(GJ(I): W(I)*X(I,J)));
  @FOR(SHQ(J)|J#LT#6:D(J+1)-D(J)<=C);
  @FOR(SHQ(J)|J#LT#6:D(J+1)-D(J)>=-C);
  D( 1 )-D( 6 )<=C; D( 1 )-D( 6 )>=-C;
END
```

该程序无目标函数，求出的结果是可行解. 程序运行的速度很快，由它求出来的一种放置方案(答案不唯一)见表 3.2.2.

表 3.2.2　一种最优放置方案

扇区	一	二	三	四	五	六
工件	6,17, 20,21	1,11, 18,24	4,10, 12,13	3,9, 16,19	5,14, 22,23	2,7, 8,15
总重量	1357	1357	1356.5	1357	1357.5	1357.5

(2) 对问题 2，既考虑重量，也考虑体积进行排序.

符号规定与问题 1 略有不同，j 是圆盘上的位置序号，k 是扇区编号，每个扇区有 4 个位置，V_i 表示各工件体积，D_k 表示各扇区上 4 个工件的总重量，T_j 表示第 j 个位置上所放工件的体积. X_{ij} 是 0-1 型决策变量，表示工件 i 是否放在位置 j 上，$X_{ij}=1$ 表示放，$X_{ij}=0$ 表示不放.

每个工件必须且只能放到一个位置上，每个位置放一个且仅放一个工件，每个扇区放 4 个工件，重量之和为 D_k. 目标函数有两个：①相邻扇区上的 D_k 之差的最大值达到最小；②相邻位置上工件的体积之差的最小值达到最大.

建立双目标规划模型如下：

$$\text{目标函数：} \begin{cases} \min \max\{|D_{k+1}-D_k|, k=1,2,\cdots,5, |D_6-D_1|\} \\ \max \min\{|T_{j+1}-T_j|, j=1,2,\cdots,23, |T_{24}-T_1|\} \end{cases}$$

$$\begin{cases}
\sum_{i=1}^{24} X_{ij} = 1, \; j = 1, 2, \cdots, 24 \\[2ex]
\sum_{j=1}^{24} X_{ij} = 1, \; i = 1, 2, \cdots, 24 \\[2ex]
D_k = \sum_{j=4k-3}^{4k} \sum_{i=1}^{24} W_i \cdot X_{ij}, \; k = 1, 2, \cdots, 6 \\[2ex]
T_j = \sum_{i=1}^{24} V_j \cdot X_{ij}, \; j = 1, 2, \cdots, 24. \; X_{ij} = 0 \text{ 或 } 1
\end{cases}$$

约束条件：　　　　　　　　　　　　　　　　　　　　　　　　　　(3.2.3)

把问题 1 的计算结果作为约束条件，即增加约束条件：D_i=1357, i=1, 2,$\cdots$,5. 然后考虑第二个目标：相邻位置上工件的体积之差(绝对值)的最小值达到最大，把这个目标也改成约束条件，即再增加约束条件：

$$|T_{j+1} - T_j| \geqslant H, \quad j = 1, 2, \cdots 23, \quad |T_{24} - T_1| \geqslant H,$$

H 是希望达到的目标函数的值，式(3.2.3)的双目标规划就变成了没有目标函数，仅含有等式和不等式的混合组. 这样处理的最大优点是计算速度快.

编写程序如下：

```
MODEL:
SETS:
  GJ/1..24/: W,V;
  !代表 24 个工件，W 代表重量，V 代表体积；
  SHQ/1..6/:D;
  POSITION/1..24/:T,WD;
  BL( GJ, POSITION): X;
  ! 如果 X(I, J)=1，则表示第 I 个工件放在第 J 个位置上；
ENDSETS
DATA:
  W=348 352 347 349 347.5 347 330 329 329 327.5 329 331.5
    348.5 347 346.5 348 347.5 348 333 330 332.5 331.5 331.5
    332;
  V=101.5 102 105 105.5 106 104 94 98 100.5 98.5 98 99 104.5
    105 107.5 104.5 104 104.5 97 97 99 98 96.5 94.5;
  @OLE('GJ.xls','PAIXU')=X;   !把计算结果写入 Excel 文件；
ENDDATA
```

```
@FOR(BL:@BIN(X));    !指定 X(I, J)为 0/1 变量;
!每一个工件必须放到一个扇区;
@FOR(GJ(I): @SUM(POSITION(J): X(I, J))=1);
!每一个位置上放一个工件;
@FOR(POSITION(J):@SUM(GJ(I):X(I,J))=1);
@FOR(POSITION(J):T(J)=@SUM(GJ(I):V(I)*X(I,J)));
@FOR(POSITION(J):WD(J)=@SUM(GJ(I):W(I)*X(I,J)));
D(1)=WD(1)+WD(2)+WD(3)+WD(4);
D(2)=WD(5)+WD(6)+WD(7)+WD(8);
D(3)=WD(9)+WD(10)+WD(11)+WD(12);
D(4)=WD(13)+WD(14)+WD(15)+WD(16);
D(5)=WD(17)+WD(18)+WD(19)+WD(20);
D(6)=WD(21)+WD(22)+WD(23)+WD(24);
@FOR(SHQ(J)|J#NE#6:D(J)=1357);
H=4.5;    !H 是假设的目标函数值, H 越大越优;
!常数 H 可以设定为不同的数值试一试, 本题 H≥5 时没有找到可行解;
T(1)-T(2)>=H;   T(3)-T(4)>=H;   T(5)-T(6)>=H;
T(7)-T(8)>=H;   T(9)-T(10)>=H;   T(11)-T(12)>=H;
T(13)-T(14)>=H;   T(15)-T(16)>=H;   T(17)-T(18)>=H;
T(19)-T(20)>=H;   T(21)-T(22)>=H;   T(23)-T(24)>=H;
T(3)-T(2)>=H;   T(5)-T(4)>=H;   T(7)-T(6)>=H;
T(9)-T(8)>=H;   T(11)-T(10)>=H;   T(13)-T(12)>=H;
T(15)-T(14)>=H;   T(17)-T(16)>=H;   T(19)-T(18)>=H;
T(21)-T(20)>=H;   T(23)-T(22)>=H;   T(1)-T(24)>=H;
END
```

运行以上程序, 当 H=4.5 时, 找到可行解, 工件排序见表 3.2.3.

表 3.2.3　工件排序

扇　区	一	二	三	四	五	六
工　件	14,23,6,22	4,10,5,19	1,24,16,11	18,8,13,12	17,21,3,20	2,7,15,9
总重量	1357	1357	1357	1357	1357	1357.5

　　注意　解答不唯一, 且不能肯定这一定是最优解. 如果在 LINGO 求解的基础上作一些手工调整, 可得到如表 3.2.4 所示排序方案, 该方案相邻工件的体积差大于等于 5.

表 3.2.4　24 个工件的优化排序

扇　区	一	二	三	四	五	六
工　件	12,4,9,5	8,18,22,13	11,14,19,16	7,1,24,3	20,6,21,17	10,15,23,2
总重量	1357	1357	1357	1357	1357	1357.5

习　题　三

1. 在飞行管理问题中，把目标函数改成 $\min \sum_{i=1}^{n}(\Delta\theta_i)^2$，然后编写 LINGO 程序求最优解，并与已知结果作比较.

2. 在火力发电厂购油计划的优化问题中，以周为考虑问题的单位，制订购油的优化方案，即全年分成 50 周，每周都可以决策是否购油.

3. 试用例 3.2.1 中的第二组数据来进行计算.

4. 某工厂有工人 300 名，生产 A，B，C，D 四种产品，要求每人每周工作时间在 40~48 小时内，C 的产量每周至少 150 件，而每周至多 20 吨煤，其他数据见下表：

产品	最大产量 (件/周)	销售量 (件/周)	成本 (元/件)	售价 (元/件)	能耗 (吨煤/百件)	生产时间 (小时/件)
A	270	300	190	200	1.5	13
B	240	300	210	230	2	13.5
C	460	600	148	160	1.8	14
D	130	200	100	114	1.1	11.5

问应如何安排每周生产，才能使利润最高，而能耗最少？

5. 现有四个工人加工 4 种零件，其收益如下表所示，试安排每个工人加工 1 种零件，使收益最低者的收益最大.

工人　　零件	B_1	B_2	B_2	B_4
A_1	5	9	2	7
A_2	3	4	8	5
A_3	6	7	7	3
A_4	6	10	3	4

第 4 章　LINGO 与外部文件之间的数据传递

人们经常会遇到一种情况：LINGO 程序运行时需要用到的大量数据保存在其他文件中，如在 Word、Matlab、Excel 或 Access 等文件中，为了避免逐个输入的麻烦，通常的做法是利用 Windows 剪贴板(即用编辑菜单中的"复制"以及"粘贴"命令，或者用 Ctrl+C 和 Ctrl+V 快捷键)把需要的数据从其他软件拷贝到剪贴板，然后粘贴到 LINGO 程序中. 但是，有些情况下这种做法并不方便，一种情况是人们想让同一 LINGO 程序使用多种不同数据来计算，如果每次变换数据都要重新剪贴，略显麻烦；另一种情况是数据量很大，如 2005 数学建模竞赛 B 题的数据共 10 万个，计算结果也有 10 万个，如果数据都放到 LINGO 程序中，则程序的语句虽然不多，数据却很长，似乎有点喧宾夺主. 计算结果多达 10 万个，若要自己作统计，则很不方便. 能否将 LINGO 程序与它所用到的数据分开，让程序运行时读取其他文件中的数据并把计算结果直接写入其他软件？

4.1　通过 Windows 剪贴板传递数据

有时候实际问题的数据在 Word 或 Excel 文件中(通常出现在表格中)，在编写 LINGO 程序时可以通过剪贴板把表格连同数据传递到 LINGO 中. 下面用实例来说明具体操作方法.

例 4.1.1　水资源分配问题[2]. 某水库可分配的水资源量为 7 个单位，分配给 3 个用户，各用户在分配一定单位水资源以后产生的效益如表 4.1.1 所示，求最优分配方案.

表 4.1.1　用户分配一定水资源量以后的效益

水资源量	1	2	3	4	5	6	7
用户 1	5	15	40	80	90	95	100
用户 2	5	15	40	60	70	73	75
用户 3	4	26	40	45	50	51	53

解　用 C_{ij} 表示表 4.1.1 所示的效益矩阵，引入决策矩阵 X 表示水资源分配情况，其元素 X_{ij} 的取值为 0 或 1，$X_{ij}=1$ 表示给用户 i 分配 j 单位水资源. 则目标函数是分配方案的总效益最大，约束条件有两条：①水资源总量 7 个单位；②每个

用户得到的水资源数量只能是从 0 到 7 共八个数字中的一个，即 $\sum\limits_{j=1}^{7} X_{ij} \leqslant 1$, $i=1,2,3$，等价于矩阵 X 的每一行元素之和不能超过 1. 于是建立本问题的 0-1 规划模型如下：

$$\max z = \sum_{i=1}^{3}\sum_{j=1}^{7} C_{ij}X_{ij},$$

$$\begin{cases} \sum\limits_{j=1}^{7} X_{ij} \leqslant 1, i=1,2,3, \\ \sum\limits_{i=1}^{3}\sum\limits_{j=1}^{7} j \cdot X_{ij} = 7, i=1,2,3, j=1,2,\cdots,7, \\ X_{ij} = 0 \text{ 或 } 1, i=1,2,3, j=1,2,\cdots,7. \end{cases} \tag{4.1.1}$$

要想通过 Windows 的剪贴板把数据传入 LINGO 程序的数据段，应当先在 Word 或 Excel 中用鼠标选中表格中的数据块，点击菜单中的复制(或按快捷键 Ctrl+c)，然后在 LINGO 中点击 Edit 菜单中的 Paste(或按快捷键 Ctrl+v)，则数据连同表格一起出现在 LINGO 程序中，如下所示：

```
MODEL:
  SETS:
    USER/1..3/;
    WA/1..7/:SL;
    FP(USER,WA):C,X;
  ENDSETS
  DATA:
    C=
```

5	15	40	80	90	95	100
5	15	40	60	70	73	75
4	26	40	45	50	51	53

```
    ;   !以上表格从 Word 中剪贴过来;
    SL=1 2 3 4 5 6 7;  !水资源数量等级;
  ENDDATA
    MAX=@SUM(FP:C*X);    !目标函数;
    @FOR(FP:@BIN(X));    !X 是 0-1 变量;
    @SUM(FP(I,J):X(I,J)*SL(J))=7;  !水资源总量为 7;
```

```
     @FOR(USER(I):@SUM(FP(I,J):X(I,J))<=1);
       !每个用户最多得到一种水资源数量等级;
END
```

　　程序的数据段出现从 Word(或 Excel)中剪贴过来的表格,LINGO 能否正确识别这些表格并正确地给变量赋值? 点击求解,LINGO 正常运行,求得最优分配方案为: 三个用户分别得到水资源 4、3、0 单位,总效益为 120.

4.2　LINGO 与文本文件之间的数据传递

4.2.1　从文本文件读取数据

　　函数@FILE 的功能是从文件读取信息,使用格式为:

```
            @FILE(fname);
```

　　该语句通常放在数据段,其中参数 fname 是存放数据的文件名,文件名可以包含目录路径,如果不含目录路径,则默认在当前目录. 该文件必须是纯文本(ASCII 码)文件,可以用 Windows 附件中的写字板或记事本创建,文件中可以包含不同的数据段,数据段之间用"~"分开,数据段内的多个数据之间用逗号或空格分开. 数据结束时不要加";"号. 举例如下:

```
SETS:
    MYSET/@FILE(myfile.txt)/:@FILE(myfile.txt);
ENDSETS
DATA:
    COST=@FILE(myfile.txt);
    NEED=@FILE(myfile.txt);
ENDDATA
```

文件 myfile.txt 中的内容格式为

```
Seattle,Detroit,Chicago,Denvtr~
COST,NEED~
12,28,15,20~
1600,1800,1200,1000
```

该文件中第一行的四个字符串将成为集合 MYSET 的 4 个成员,第二行的两个字符串 COST 和 NEED 将成为集合 MYSET 的属性,第三行的 4 个数据将成为属性 COST 的初始值,第四行的 4 个数据将成为属性 NEED 的初始值.

4.2.2　把数据(计算结果)写入文本文件

　　用函数@TEXT 可以把计算结果写入文本文件,使用格式是:

　　　　　　　　@TEXT('jg.txt')=变量名;

　　该语句通常放在数据段, 其中参数'jg.txt'是文件名, 它可以由用户按自己的意愿随意起个名字, 如果文件不存在, 则在当前目录下生成这个文件, 如果文件已经存在, 则其中的内容将会被覆盖. 文件名可以包含完整的目录路径名, 如果没有指定路径, 则默认路径是 LINGO 的当前工作目录. 下面举例说明@FILE 和 @TEXT 的用法.

　　例 4.2.1　以例 2.4.2 的最小费用最大流问题为例, 我们把数据放在文本文件中, 文件内容如图 4.2.1 所示, 以某个文件名(如 "最小费用最大流.txt")存盘.

图 4.2.1　文件 "最小费用最大流.txt" 中的内容

数据与数据之间用 "~" 隔开, 文件末尾的数据后面不加标点符号.

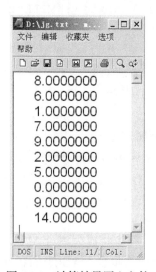

图 4.2.2　计算结果写入文件

　　在 LINGO 程序中用@FILE 函数从该文本文件读取数据, 用@TEXT 函数把计算结果写入文本文件, 程序如下:

```
MODEL:
  SETS:
    CHSH/1..6/;
    LINKS(CHSH,CHSH)/@FILE(最小费用最大流.txt)/:C,U,F;
     !用@FILE 从文件读取集合成员;
  ENDSETS
  DATA:
    U=@FILE(最小费用最大流.txt);
    C=@FILE(最小费用最大流.txt);
     !用@FEIL 函数从文件读取 U 和 C 的数据;
    @TEXT('jg.txt')=F;
     !用@TEXT 函数把 F 值的计算结果写入文件;
  ENDDATA
  N=@SIZE(CHSH);    F(6,1)=14;
MIN=@SUM(LINKS(I,J)|I#LT#N:C(I,J)*F(I,J));
@FOR(LINKS(I,J):F(I,J)<=U(I,J));
@FOR(CHSH(I):@SUM(LINKS(J,I):F(J,I))=@SUM(LINKS(I,J)
:F(I,J)));
END
```

程序中有三条@FILE 语句, 运行时三次读取文件 "最小费用最大流.txt" 中的数据, 该文件有三行数据, 其内容正好一一对应地被三个@FILE 读取.

语句@TEXT('jg.txt')=F; 把计算所得变量 F 的数据写入文件 jg.txt, 如果文件不存在, 则在当前目录下生成这个文件, 如果文件已经存在, 则其中的内容将会被覆盖. 程序运行后, 可以发现, LINGO 的当前工作目录中已经生成了一个名为 jg.txt 的文件, 其内容如图 4.2.2 所示. 这些数据代表各条弧上的流量值.

4.3　LINGO 与 Excel 文件之间的数据传递

LINGO 通过@OLE 函数实现与 Excel 文件传递数据, 使用@OLE 函数既可以从 Excel 文件中导入数据, 也能把计算结果写入 Excel 文件.

4.3.1　从 Excel 文件中导入数据

@OLE 函数只能用在模型的集合定义段、数据段和初始段. 使用格式可以

分成以下几种类型:

(1) 变量名 1, 变量名 2=@OLE('文件名', '数据块名称 1', '数据块名称 2');

从指定的 Excel 文件读取数据, 文件名可以包括扩展名(.XLS), 还可以包含完整的路径目录名称, 如果没有指定路径, 则默认路径是 LINGO 的当前工作目录. 该文件中定义了两个数据块, 其中的数据分别用来对变量 1 和变量 2 初始化. 如果变量名是属性, 则对应数据块应该是文本格式表示的集合成员名, 如果变量名是集合的属性, 则对应数据块应该是一系列数字, 并且, 若变量是初始集合的属性, 则对应的数据块应当是一列数据, 若变量是二维衍生集合的属性, 则对应数据块应当是二维矩形数据区域. @OLE 函数无法读取三维数据区域.

(2) 变量名 1, 变量名 2=@OLE('文件名', '数据块名称');

左边的两个变量必须定义在同一个集合中, @OLE 的参数仅指定一个数据块名称, 该数据块应当包含类型相同的两列数据, 第一列赋值给变量 1, 第二列赋值给变量 2.

(3) 变量名 1, 变量名 2=@OLE('文件名');

没有指定数据块名称, 默认使用 Excel 文件中与变量名同名的数据块.

4.3.2　将计算结果导出到 Excel 文件中

使用@OLE 函数能把计算结果写入 Excel 文件, 使用格式也有以下三种:

(1) @OLE('文件名', '数据块名称 1', '数据块名称 2') =变量名 1, 变量名 2;

将两个变量的内容分别写入指定文件的两个预先已经定义了名称的数据块, 数据块的长度(大小)不应小于变量所包含的数据, 如果数据块原来有数据, 则@OLE 写入语句运行后原来的数据将被新的数据覆盖.

(2) @OLE('文件名', '数据块名称')=变量名 1, 变量名 2;

两个变量的数据写入同一数据块(不止 1 列), 先写变量 1, 变量 2 写入另外 1 列.

(3) @OLE('文件名',) = 变量名 1, 变量名 2;

不指定数据块的名称, 默认使用 Excel 文件中与变量名同名的数据块.

下面举例说明函数@OLE 的用法.

例 4.3.1　投资组合问题[1]. 美国某三种股票(A, B, C)12 年(1943~1954)的投资收益率 R_i (i = 1,2,3) (收益率=(本金+收益)/本金)如表 4.3.1 所示(表中还列出各年度 500 种股票的指数供参考). 假设你在 1955 年有一笔资金打算投资这三种股票, 希望年收益率达到 1.15, 试给出风险最小的投资方案.

表 4.3.1　美国三种股票 1943~1954 的收益率

年　份	股票 A	股票 B	股票 C	股票指数
1943	1.3	1.225	1.149	1.258997
1944	1.103	1.29	1.26	1.197526
1945	1.216	1.216	1.419	1.364361
1946	0.954	0.728	0.922	0.919287
1947	0.929	1.144	1.169	1.057080
1948	1.056	1.107	0.965	1.055012
1949	1.038	1.321	1.133	1.187925
1950	1.089	1.305	1.732	1.317130
1951	1.09	1.195	1.021	1.240164
1952	1.083	1.39	1.131	1.183675
1953	1.035	0.928	1.006	0.990108
1954	1.176	1.715	1.908	1.526236
平　均	1.0891	1.2137	1.2346	

分析　设投资三种股票的资金份额分别为 $x_i(i=1,2,3)$ ，则有

$$0 \leqslant x_i \leqslant 1 ，且 \sum_{i=1}^{3} x_i = 1 . \tag{4.3.1}$$

投资的年收益率为 $Y = \sum_{i=1}^{3} x_i R_i$ ．其中 R_i 是第 i 种股票的年收益率，它是随机变量，用每种股票 12 年的平均收益率 $\overline{R}_i$ 代表该股票年收益率的数学期望 $E(R_i)$ ，则 Y 的数学期望为

$$E(Y) = E(\sum_{i=1}^{3} x_i R_i) = \sum_{i=1}^{3} x_i E(R_i) = \sum_{i=1}^{3} x_i \overline{R}_i . \tag{4.3.2}$$

投资者希望年收益率达到 1.15，数学表达式为

$$\sum_{i=1}^{3} x_i \overline{R}_i \geqslant 1.15 . \tag{4.3.3}$$

用什么来衡量投资的风险呢？Markowitz 建议用收益率的方差或标准差来衡量，即方差越大则风险越大，反之则风险小.

按概率论知识，Y 的方差为

$$D(Y) = D(\sum_{i=1}^{3} x_i R_i) = \sum_{i=1}^{3} x_i^2 D(R_i)$$
$$+ 2x_1 x_2 \text{cov}(R_1, R_2) + 2x_1 x_3 \text{cov}(R_1, R_3) + 2x_2 x_3 \text{cov}(R_2, R_3),$$

式中 $\text{cov}(R_i, R_j)$ 是随机变量 R_i 和 R_j 之间的协方差，当 $i = j$ 时，协方差即方差，于是上式可以写成

$$D(Y) = \sum_{i=1}^{3} \sum_{j=1}^{3} x_i x_j \text{cov}(R_i, R_j). \tag{4.3.4}$$

当 $i=1\sim3$，$j=1\sim3$ 时，$\text{cov}(R_i, R_j)$ 构成一个 3×3 对称矩阵，称为协方差矩阵，它的主对角线 3 个元素分别是 R_1，R_2 和 R_3 的方差. 把求式(4.3.4)的最小值作为目标函数，将式(4.3.1)和式(4.3.3)作为约束条件，建立规划模型如下：

$$\min \quad Z = \sum_{i=1}^{3} \sum_{j=1}^{3} x_i x_j \text{cov}(R_i, R_j),$$

$$\begin{cases} \sum_{i=1}^{3} x_i \bar{R}_i \geqslant 1.15, \\ 0 \leqslant x_i \leqslant 1, \sum_{i=1}^{3} x_i = 1. \end{cases} \tag{4.3.5}$$

均值和协方差矩阵的计算可以在 Excel 中完成，然后通过@OLE 函数让 LINGO 程序读取 Excel 中的数据. 具体做法是先把题目所给三种股票 12 年的收益率数据输入到 Excel 中，点击"工具"→"数据分析"，弹出"数据分析"对话框，选中"协方差"，点击"确定"，弹出"协方差"对话框，在"输入区域"栏目内输入 A1:C13，或用鼠标选中该区域(这是原始数据所在区域，其中第一行是表头，也称"标志")，选中"标志位于第一行"，在输出选项中选择"新工作表组"，点击"确定"，见图 4.3.1.

图 4.3.1　Excel 中的"协方差"对话框

协方差矩阵的计算结果如图 4.3.2 所示，它是对称矩阵.

	A	B	C	D
1		A	B	C
2	A	0.009907		
3	B	0.011373	0.053526	
4	C	0.011986	0.050808	0.086375

图 4.3.2　协方差的计算结果

样本均值(数学期望)的计算由 Excel 函数 AVERAGE 完成，方法是先把光标放在表格的空白格，点击"插入"→"函数"，或者点击工具栏中 f_x 图标，弹出插入函数对话框，如图 4.3.3 所示. 对话框的"选择类别"栏目中显示函数类别，点击栏目右侧的向下三角形▼，将能看到所有类别. 选择"统计"类别，再选择"AVERAGE"函数，然后点击"确定"，弹出函数参数对话框，列出需要输入的参数，对话框中有必要的文字说明. 如果在参数栏目内输入 A2:A13，并点击"确定"，则计算第一列 A2 至 A13 共 12 个数据的均值. 该结果将被写入表中的当前位置(光标所在的位置).

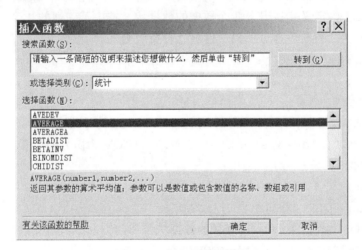

图 4.3.3　插入函数对话框

计算得到三种股票的平均收益率分别为

$$\overline{R}_1 = 1.089082, \qquad \overline{R}_2 = 1.213667, \qquad \overline{R}_2 = 1.234583.$$

LINGO 与 Excel 的数据交换通过函数@OLE 实现，为此先在 Excel 中给数据所在区域命名，具体做法是先用鼠标选中数据区域，例如，选中 COV 数据所在的区域 B2:D4，从菜单上选择"插入"→"名称"定义，弹出"定义名称"对话框，输入适当的名称，例如"COV"，然后点击确定，则该数据块(3×3 矩阵)被命名为"COV"，如图 4.3.4 所示. 按照类似办法，将三个均值数据所在的区域(1×3 矩阵)命名为 MEAN. LINGO 的@OLE 函数按照名称读取 Excel 数据并赋值给相应的变量.

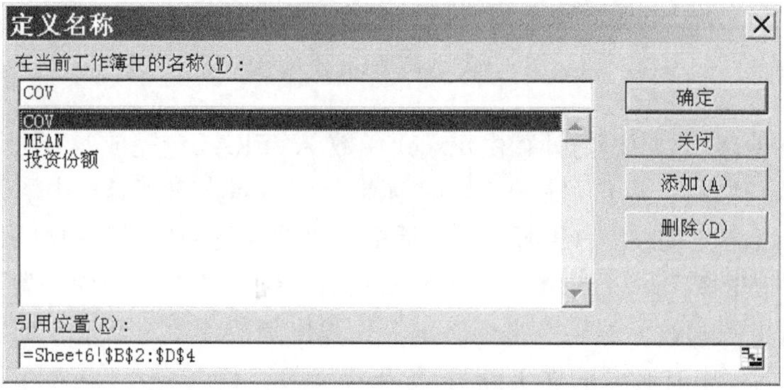

图 4.3.4　给 Excel 中的数据块命名

计算结果中的决策变量 X 有三个分量，我们准备把它写入 Excel 文件，为此预先在 Excel 中定义能写得下 3 个数据的数据块，选中某一列的 3 个格子，把它的名称定义为"投资份额". 以文件名"投资组合.xls"存盘.

编写 LINGO 程序如下：

```
MODEL:
  SETS:
    STOCKS/A,B,C/:Mean,X;              !定义三种股票;
    STST(Stocks,stocks): COV;    !COV 为协方差矩阵;
ENDSETS
DATA:
  Mean=@OLE('投资组合','MEAN');
!用@OLE 函数从 Excel 中定义的数据块读取数据并赋值给变量 Mean;
  COV=@OLE('投资组合','COV');
!用@OLE 函数从 Excel 中的'COV'数据块读取数据并赋值给变量 COV;
@OLE('投资组合','投资份额')=X;
!用@OLE 函数把变量 X 的计算结果写入 Excel 中的'投资份额'数据块;
ENDDATA
  MIN=@sum(STST(i,j): COV(i,j)*x(i)*x(j));
    !目标函数是使投资组合的方差最小;
  @SUM(STOCKS: X)=1;!约束条件之一是投资份额的总和为 1;
```

```
@SUM(stocks: mean*x) >=1.15;
```
　!约束条件之二是收益率的期望满足投资者的要求;
```
END
```
运行结果如下:
```
Global optimal solution found at iteration:        23
Objective value:                         0.2054596E-01
     Variable          Value          Reduced Cost
       X(A)          0.5300926         0.000000
       X(B)          0.3564075         0.000000
       X(C)          0.1134999         0.000000
```
　　三种股票的投资份额分别为 0.5300926, 0.3564075 和 0.1134999. 此时再看 Excel 文件,可以发现名为'投资组合'的数据块已经不再是空白的了,而是写入了数据(变量 X 的值),如图 4.3.5 所示.

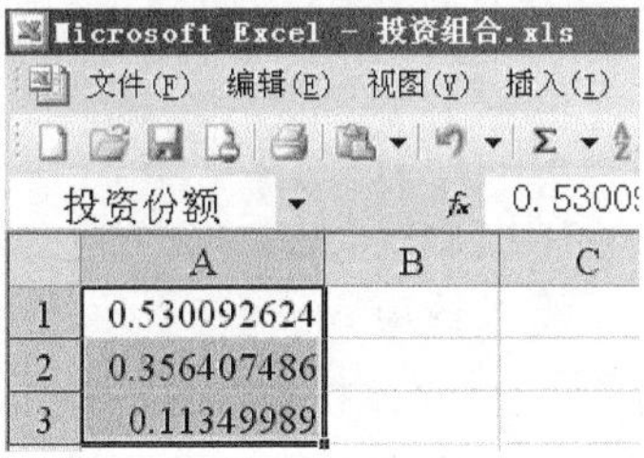

图 4.3.5　"投资份额"数据块写入了数据

　　@OLE 语句只能用在集合定义段、数据段和初始段. 建议 Excel 数据文件放在当前运行 LINGO 程序所在的目录中,如果运行时找不到要打开的文件,请核对文件名是否正确,如果文件名无误,仍然找不到文件,可以试试先打开 Excel 文件,然后再运行 LINGO 程序.

4.4　LINGO 与数据库的接口

　　数据库管理系统(data base management system,DBMS)在数据库建立、运行和维护时对数据库进行统一控制,以保证数据的完整性、安全性,并在多用户同时使用数据库时进行并发控制,在故障发生后对系统进行恢复,它是处理大规模数据的最好工具,许多部门的业务数据大多保存在数据库中. 开放式数据库连接(open data base connectivity,ODBC)为 DBMS 定义了一个标准化接口,其他软件可以通过这个接口访问任何 ODBC 支持的数据库. LINGO 为 Access、DBase、Excel、FoxPro、Oracle、Paradox、SQL Sever 和 Text Files 安装了驱动程序,能与这些类型的数据库文件交换数据.

LINGO 提供的名为 @ODBC 函数能够实现从 ODBC 数据源导出数据或将计算结果导入 ODBC 数据源中.

4.4.1　LINGO 与 Access 数据库之间的数据传递

1. 实例

例 4.4.1　下面是一个标准运输问题的模型，该模型的文件名是 TRANDB.LG4，可以在目录\LINGO\Samples\中找到，其内容为

```
MODEL:
    TITLE Transportation;
    SETS:
        PLANTS:CAPACITY;
        CUSTOMERS:DEMAND;
        ARCS(PLANTS,CUSTOMERS):COST,VOLUME;
    ENDSETS
    [OBJ]MIN=@SUM(ARCS:COST*VOLUME);    !目标函数;
    @FOR(CUSTOMERS(C):@SUM(PLANTS(P):VOLUME(P,C))
    =DEMAND(C));      !需求约束;
    @FOR(PLANTS(P):  @SUM(CUSTOMERS(C):VOLUME(P,C))
    <=CAPACITY(P));   !供给能力约束;
    DATA:
    PLANTS,CAPACITY=@ODBC();
    !通过 ODBC 得到集合 PLANTS 的成员及其属性 CAPACITY(供给能力)
     的具体数值;
    CUSTOMERS,DEMAND=@ODBC();
    !通过 ODBC 得到集合 CUSTOMERS 的成员及其属性 DEMAND(需求量)
     的具体数值;
    ARCS,COST=@ODBC();
    !通过 ODBC 得到衍生集合 ARCS 的属性 COST(运输单价)的具体数值;
    @ODBC()  =VOLUME;
    !通过 ODBC 把计算得到的 VOLUME(运输量)写入数据库文件中;
    ENDDATA
END
```

该模型的标题(TITLE)为 Transportation. 它与第 1 章所讲述的运输模型有两点重要区别：

(1) 两个初始集合(PLANTS 和 CUSTOMERS，工厂和客户)在定义时只有名称而没有明确给出集合的成员；

(2) 在数据段，所有数据都通过@ODBC 函数从数据库中读取，计算结果通过@ODBC 函数写入同一数据库中.

为了使 LINGO 模型在运行时能够自动找到 ODBC 数据源并正确赋值，必须满足以下三个条件：

(1) 将数据源文件在 Windows 的 ODBC 数据源管理器中进行注册；

(2) 注册的用户数据源名称与 LINGO 模型的标题相同；

(3) 对于模型中的每一条@ODBC 语句，数据源文件中存在与之相对应的表项.

2. 在 Windows 的 ODBC 数据源管理器中注册数据源

可用于本例的数据源文件有两个：TRANDB.mdb 和 TRANDB2.mdb，它们都存放在\LINGO\Samples\文件夹中，前者数据量小，内含 3 个工厂的供货能力、4 个客户的要货量以及各工厂到各客户的运输单价数据资料，后者数据量大，内含 50 个工厂和 200 个客户的同类数据. 无论用哪一个数据库文件作为 LINGO 程序的数据源，都必须首先将数据源文件在 Windows 的 ODBC 数据源管理器中进行注册. 注册的步骤如下：

(1) 在 Windows XP 中依次打开"控制面板"→"管理工具"→"数据源(ODBC)"出现图 4.4.1 所示对话框；

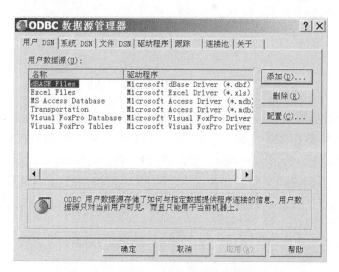

图 4.4.1　ODBC 数据源管理器对话框

(2) 单击对话框中的"添加"按钮弹出图 4.4.2 所示"创建新数据源"窗口，

选择其中"Microsoft Access Driver(*.mdb)"选项并点击"完成"，弹出图 4.4.3 所示"ODBC Microsoft Access 按装"对话框；

图 4.4.2　创建新数据源对话框

图 4.4.3　ODBC 数据源按装对话框

(3) 在"数据源名"栏目内输入数据源文件的注册名，该名称是 LINGO 程序运行时找到对应数据源的依据，它必须与 LINGO 模型的标题(TITLE)相同，因例 4.4.1 程序的标题是 Transportation，故在该栏目内输入 Transportation，在"说明"栏目内输入必要的说明文字，如输入"LINGO 运输模型数据"(也可省略不填)，然后点击"选择"按钮，从弹出的对话框中转到数据源文件所在的文件夹并找到具体的文件名，点击"确定"；

(4) 连续点击"确定"关闭 ODBC 数据源管理器所有对话框.

3. 数据源文件中的数据结构

对 LINGO 程序中的每一条通过@ODBC 函数进行读或写操作的语句,数据源文件中都应当存在相应的数据，例 4.4.1 中的 LINGO 程序只给出了集合的名称以及相应属性(变量)的名称，而没有指明集合的具体成员，在数据段通过@ODBC 函数得到集合的成员以及属性的具体值．对于语句

```
PLANTS, CAPACITY=@ODBC();
```

数据源文件 TRANDB.mdb 中存在名为 Plants 的表(图 4.4.4)，表中有标题分别为 Plants 和 Capacity 的两列，其中 Plants 列含有 3 个成员：Plant1、Plant2 和 Plant3，对应的 Capacity 分别为 30、25 和 21．@ODBC 函数运行后，集合 PLANTS 不再为空，而是有了 3 个具体成员：Plant1、Plant2 和 Plant3，它们的供货能力 Capacity 分别为 30、25 和 21.

Plants : 表

Plants	Capacity
Plant1	30
Plant2	25
Plant3	21
	0

图 4.4.4　表 Plants 中的内容

对于语句

```
ARCS,COST=@ODBC();
```

数据文件 TRANDB.mdb 中存在名为 Arcs 的表(图 4.4.5)，表中列出了 3 个工厂到 4 个客户之间的运输单价 Cost 的具体数值(已知值)和运输量 Volume(待计算)．语句运行后，LINGO 用 Arcs 数据表中的 Cost 列对应的具体数据对属性 Cost 进行初始化.

Arcs : 表

Plants	Customers	Cost	Volume
Plant1	Cust1	6	
Plant1	Cust2	2	
Plant1	Cust3	6	
Plant1	Cust4	7	
Plant2	Cust1	4	
Plant2	Cust2	9	
Plant2	Cust3	5	
Plant2	Cust4	3	
Plant3	Cust1	8	
Plant3	Cust2	8	
Plant3	Cust3	1	
Plant3	Cust4	5	
		0	0

图 4.4.5　表 Arcs 中的内容

运行本例的 LINGO 程序，得到表 4.4.1 所列出的最优运输方案.

程序中的语句@ODBC()=VOLUME;

把最优解(运输量 VOLUME 的值)写进表中标题为 Volume 的一列中的对应位置. 你立即就可以看到文件中表 Arcs 的 Volume 列写入了新的数值.

表 4.4.1　最优运输方案

	Cust1	Cust2	Cust3	Cust4	合计
Plant1	2	17	1	0	20
Plant1	13	0	0	12	25
Plant1	0	0	21	0	21
合计	15	17	22	12	

不改变 LINGO 程序而仅仅注册另外的数据源文件, 即可换其他数据进行计算, 如文件 TRANDB2.mdb, 也放在\LINGO\Samples\文件夹中, 它内含的数据量大, 有 50 个工厂和 200 个客户的同类数据. 类似地, 用 ODBC 数据源管理器将它以名称 Transportation2 注册为新的数据源, 并把例 4.4.1 程序中的标题改为 Transportation2, 然后运行它, 就能够用新的数据源重新计算. 这体现了程序与数据分开的优点.

4.4.2　@ODBC 函数的使用格式

@ODBC 函数只能用在数据段中, LINGO 程序可以通过它从数据源文件读取数据, 也可以通过它把计算结果(最优解)写入文件.

1. 利用@ODBC 函数从数据源文件读取数据

利用@ODBC 函数可以从数据文件读取以下两种类型数据:
(1) 集合的元素. 文件中的集合元素必须是文本格式;
(2) 集合属性的具体数值. 文件中的属性数据必须是数字格式.
用@ODBC 函数从数据文件读取数据的通用格式为:
对象列表 = @ODBC('数据源名称', '数据表名称', '列名 1', '列名 2',…);
几点说明:
(1) 对象列表可以包含集合名、属性名、变量名, 各对象之间用逗号分隔. 对象列表至多可以包含一个集合(初始集合或衍生集合)名, 可以包含一个以上属性名, 但是它们必须在同一个集合中定义(如果对象列表中有集合名, 则它们就在该集合中定义);
(2) 数据源名称必须是在 ODBC 数据源管理器中注册过的名称, 如果省略数

据源名称, 则默认名称与模型的标题(TITLE)一致;

(3) 如果省略数据表名称, 则默认数据表名称与对象列表中的集合名一致, 如果对象列表中没有集合名, 则默认数据表名称与对象列表中的属性所对应的集合名一致;

(4) 列名参数指明数据所在列的列名(字段名), 如果省略列名参数, LINGO将根据对象列表中的集合名称或属性名称选择默认列名, 对于初始集合, 成员列表可以存放在数据表的一列中, 每个属性数据也占一列, 此时对象列表中的名称即为默认列名. 如果对象列表中的集合是衍生集合, 则其成员存放在数据表的两列中(每一列对应一个初始集合, 见图 4.4.5), 此时 LINGO 将根据定义衍生集合的两个初始集合名确定默认列名, 在例 4.4.1 中衍生集合 ARCS 由初始集合 PLANTS和 CUSTOMERS 所衍生, 语句

$$ARCS,\ COST\ =\ @ODBC();$$

省略了列名参数, 按照确定默认列名的规则, 程序运行时将从数据源文件中名称为 ARCS 的表中, 列名为 PLANTS 和 CUSTOMERS 的两列得到衍生集合 ARCS的成员列表, 从列名为 COST 的一列数据得到属性 COST 的初始值.

(5) 只有在省略列名参数的前提下才可以省略数据表名参数, 并且只有在省略数据表名参数和列名参数的前提下才可以省略数据源名称参数.

例 4.4.2　在目录\LINGO\Samples\中有文件名为 PERTODBC.lg4 模型, 其中集合定义和数据段中的部分语句为:

```
MODEL:
SETS:
   TASKS:TIME,ES,LS,SLACK;
   PRED(TASKS,TASKS);
ENDSETS
DATA:
   TASKS=@ODBC('PERTODBC','TASKS','TASKS');
   PRED=@ODBC('PERTODBC','PRECEDENCE','BEFORE',
   'AFTER');
   TIME=@ODBC('PERTODBC');
   @ODBC('PERTODBC','SOLUTION','TASKS',
     'EARLIEST START','LATEST START')=TASKS,ES,LS;
ENDDATA
```

该模型定义了初始集合 TASKS 以及它的 4 个属性 TIME, ES, LS, SLACK, 定义衍生集合 PRED, 它的每一维都是 TASKS.

在\LINGO\Samples\文件夹中有数据源文件 PERTODBC.mdb，用控制面板中的 ODBC 数据源管理器将它注册，注册名称为"PERTODBC"．语句

```
TASKS=@ODBC( 'PERTODBC', 'TASKS', 'TASKS');
```

从名称为 PERTODBC 的数据源中找到名称为 TASKS 的数据表，再找到列名为 TASKS 的一列，该列的 7 个成员(图 4.4.6)即成为集合 TASKS 的成员．

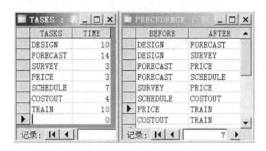

图 4.4.6　TASKS 和 PRECEDENCE 数据表

语句

```
PRED=@ODBC('PERTODBC','PRECEDENCE','BEFORE','AFTER');
```

从名称为 PERTODBC 的数据源中找到名称为 PRECEDENCE 的数据表，再找到列名分别为 BEFORE 和 AFTER 的两列(图 4.4.6)，用这两列数据形成衍生集合 PRED 的 8 对成员(稀疏集合).

语句

```
TIME=@ODBC('PERTODBC');
```

省略了数据表名和列名，TIME 是集合 TASKS 的属性，所以默认数据表名即为 TASKS，默认列名即对象列表的属性名称 TIME.

2. 利用@ODBC 函数把计算结果写入文件

@ODBC 函数既可以从数据源文件读取数据，也可以将集合成员和属性的值导出到数据源文件．在模型的数据段，利用@ODBC 函数可以把计算结果写入文件，使用格式为：

@ODBC('数据源名称', '数据表名称', '列名 1', '列名 2',…) = 对象列表;

其中各参数的含义和注意事项如前所述.

在例 4.4.2 的数据段有语句

```
@ODBC('PERTODBC','SOLUTION','TASKS','EARLIEST START',
'LATEST START')=TASKS,ES,LS;
```

该语句将集合 TASKS 的成员以及计算所得到的属性 ES 和 LS 的值分别写进名为 PERTODBC 的数据源文件中的名为 SOLUTION 的数据表中的 3 列，列名分

别为 TASKS、EARLIEST START 和 LATEST START，结果见图 4.4.7.

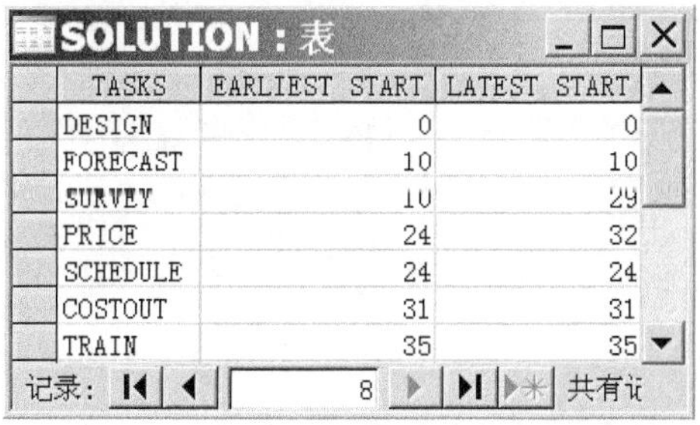

SOLUTION : 表

TASKS	EARLIEST START	LATEST START
DESIGN	0	0
FORECAST	10	10
SURVEY	10	29
PRICE	24	32
SCHEDULE	24	24
COSTOUT	31	31
TRAIN	35	35

记录: 8 共有记

图 4.4.7　表 SLOUTION 中的数据

3. 输出总结报告

如果程序中利用@ODBC 函数导出数据，则在解的报告窗口出现名为 Export Summary Report 的运行情况报告，例 4.4.2 的程序运行后的报告为：

```
Export Summary Report
    ----------------------
    Transfer Method(传输方法):          ODBC BASED
    ODBC Data Source(数据源):          PERTODBC
    Data Table Name(数据表名):          SOLUTION

    Columns Specified:                 3(列的个数和各列名称)
        TASKS
        EARLIEST START
        LATEST START
    LINGO Column Length(LINGO模型的属性长度):        7
    Database Column Length(数据表数据列的长度):      7
```

注　以上两个长度应当相同.

习　题　四

1. 10 个点 $D_i(i=1,2,\cdots,10)$之间的距离矩阵如下表所示，试编写 LINGO 程序求这 10 个点组成的网络的最小生成树和最短旅行回路(点 1 为起点)，要求从 Excel 读取数据，并把结果写入 Excel 文件.

	D_1	D_2	D_3	D_4	D_5	D_6	D_7	D_8	D_9	D_{10}
D_1	0	8	5	9	12	14	12	16	17	22
D_2	8	0	9	15	16	8	11	18	14	22
D_3	5	9	0	7	9	11	7	12	12	17
D_4	9	15	7	0	3	17	10	7	15	15
D_5	12	16	9	3	0	8	10	6	15	15
D_6	14	8	11	17	8	0	9	14	8	16
D_7	12	11	7	10	10	9	0	8	6	11
D_8	16	18	12	7	6	14	8	0	11	11
D_9	17	14	12	15	15	8	6	11	0	10
D_{10}	22	22	17	15	15	16	11	11	10	0

2. 把 2.3 节中例 2.3.1 的 LINGO 程序改成从文件中读取数据，并把计算结果写到文件中去.

第 5 章　Excel 在数学建模中的应用

Excel 是 Microsoft Office 套件中的电子表格软件，它的应用很广泛，许多人把它当作一般的制作表格和图表的软件，而不清楚它的强大数据运算能力. 其实，Excel 内置了数百个函数供用户调用，还允许用户根据自己的需要随意定义自己的函数，Excel 无需编程就能够实现其他软件需要编程才能完成的复杂计算，能进行各种数据的统计、运算、处理和绘制统计图形，只要善于开发，Excel 一定能够在数学建模中发挥出更大的作用.

5.1　Excel 的数据处理功能

在实际问题中，经常会遇到各种数据需要处理，有时数据量比较大，还有各种统计图表需要绘制，如果不熟悉数据处理的方法和统计软件的使用，则可能面对大量数据而束手无策，或者处理起来效率低，耗费大量时间. Excel 擅长数据统计，用它来处理数据能够节省大量时间，提高效率.

Excel 的数据处理功能主要有两大块：

1) 计算功能

Excel 有强大的计算能力，它提供了 300 多个内部函数给用户使用，还允许自定义函数. 当大批数据都要用同一个公式计算结果时，只要用鼠标拖动而不需要编程. 如果你能熟练应用此项功能，你会感到惊喜，原来 Execl 有如此强大的运算能力! 你将获得事半功倍的效果.

2) 数据分析功能

Excel 提供了 "数据分析" 工具包，内含方差分析、回归分析、协方差和相关系数、傅里叶分析、t 检验等分析工具.

5.1.1　Excel 的函数

Excel 2000 提供了 12 类(类别有常用、财务、日期与时间、数学与三角函数、统计、查找与引用、数据库、文本、逻辑、信息、工程、用户定义)共 300 多个各种内部函数，其中用得比较多的是常用、数学与三角函数以及统计类中的函数.

函数由函数名、参数组成. 不同函数对其参数有不同要求，若参数为数值，则可用单元格取代(如 A2，A 代表第 A 列，2 代表第 2 行，A2 代表 A2 格子内的一个数)，有些函数的参数是多个数(数组)，则可用区域取代(如 B2:B9，代表 B 列从第 2 行到第 9 行的 8 个数，构成一个数组)，有些函数的参数是矩阵，则可用矩形区域取代(如 A2 : C4，其内的数字构成矩阵).

先把光标放在表格的空白格，点击"插入"→"函数"，或者点击工具栏中 f_x 图标，弹出插入函数对话框，如图 5.1.1 所示. 对话框的"选择类别"栏目中显示函数类别，点击栏目右侧的向下三角形▼，将能看到所有类别.

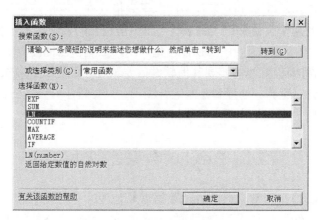

图 5.1.1　插入函数对话框

1. 常用函数

当插入函数对话框的选择类别中显示"常用函数"时，共有十多个函数供选择，它们的功能和参数如表 5.1.1 所示.

表 5.1.1　Excel 的常用函数

函 数 名	功　能	参　数
EXP	计算 e^x	任意实数
SUM	求和	数组，如 A2:A10
LN	求自然对数 $\ln x$	正实数
COUNTIF	统计满足某种条件的数据个数	数据区域和条件
AVERAGE	求算术平均值	数组
IF	由条件决定返回值	一个条件，两个结果
COUNT	统计个数	数组
MAX	求最大值	数组
SIN	正弦	以弧度表示的角度
SUMIF	满足某种条件的所有数据的和	数据区域和条件
HYPERLINK	创建一个快捷方式或链接	路径和文件名、标识符

选择其中一个函数，然后点"确定"，弹出函数参数对话框(图 5.1.2)，列出需要输入的参数，对话框中有必要的文字说明. 如果在参数栏目内输入符合要求的参数，则立即显示计算结果，点"确定"，则该结果将被写入表中的当前位置(光标所在的位置).

图 5.1.2　函数参数输入对话框

2. 数学与三角函数

数学与三角函数是数值计算时经常用到的函数. 在插入函数对话框中选择数学与三角函数，则显示出 58 种函数供选择，其中常用的函数见表 5.1.2.

表 5.1.2　常用的数学与三角函数

函 数 名	功 能	参 数
三角函数 SIN,COS,TAN	求三角函数值	以弧度表示的角度
反三角函数 ASIN,ACOS,ATAN	求反三角函数值	定义域内的数
双曲函数 SINH,COSH,TANH	求双曲函数值	实数
反双曲函数 ASINH,ACOSH,ATANH	求反双曲函数值	定义域内的实数
POWER	x 的 y 次方	两个数 x 和 y
EXP	e^x	数 x 或单元格
SQRT	x 的平方根	同上
LOG	给定底的对数	真数和底数
LOG10	10 为底的对数	真数或单元格
LN	自然对数	真数或单元格

续表

函数名	功　能	参　数
ABS	x 的绝对值	数 x 或单元格
FACT	计算 n 阶乘	整数 n
COMBIN	组合数 C_n^r	n 和 r 两个整数
MDETERM	求行列式的值	n 行 n 列数据
MINVERSE	求逆矩阵	n 行 n 列数据
MMULT	两个矩阵相乘	两个矩阵数据
SUMSQ	计算平方和	数组(向量)
MOD	整除求余数	两个整数
PRODUCT	连乘积	若干个数
PI	圆周率	无
DEGREES	弧度转换成度	弧度
RADIANS	度转换成弧度	度
LCM	最小公倍数	若干个数
GCD	最大公约数	若干个数
RAND	0-1 之间均匀分布随机数	无
RANDBETWEEN	两个数之间的随机数	两个数
SUMXMY2	两个数组对应数值差的平方和	两个数组
SERIESSUM	求幂级数的和	满足要求的四个数
SIGN	符号函数	实数

还有一些舍入或取整函数没有一一列出，如 INT，功能是向下取整.

例 5.1.1　计算 e^{-2}.

解　把光标放在表格的空白格，点击"插入"→"函数"，或者点击工具栏中 f_x 图标，弹出插入函数对话框，选择常用类别或数学与三角函数类别中的 EXP，点击"确定"，弹出 EXP 函数的对话框，在 Number 栏目内输入–2，点击"确定"，则光标处的原空白格内显示计算结果 0.135333528….

例 5.1.2　计算 $\sqrt{2} + \ln 3$ 的值.

解　点击任一空白单元格，输入=SQRT(2)+LN(3)，鼠标点击其他地方，则公式所在的单元格内显示计算结果 2.51282585…. 实际上本例的函数 SQRT(2)+LN(3) 是两个内部函数相加，属于自定义函数.

例 5.1.3　求矩阵 $A = \begin{bmatrix} 1 & 1 & 0 & 1 \\ 1 & 2 & 2 & 2 \\ 2 & -2 & 2 & 1 \\ 3 & -1 & 5 & 3 \end{bmatrix}$ 的逆矩阵.

解　求逆矩阵的函数名为 MINVERSE，它的自变量(参数)要求是矩阵，其结果也是矩阵，为此有一些特殊之处. 首先在 4 行 4 列空白区域(如 A1 至 D4)内输入矩阵 A，点击空白格(如 A6)，输入=MINVERSE(A1:D4)，或按照例 5.1.1 中插入函数的方法，选择数学类别中的 MINVERSE，在输入参数栏目内输入 A1:D4，然后点击"确定"，结果只显示了一个数字-4，没有显示完整的逆矩阵，要显示完整逆矩阵的方法是：用鼠标选中 A6 至 D9 一块 4×4 区(恰好能容纳 A 的逆矩阵16 个数字)，先按 F2 键，再同时按下 Shift+Ctrl+Enter 三个键，则选定的区域内出现逆矩阵的计算结果，如图 5.1.3 所示.

	A	B	C	D
1	1	1	0	1
2	1	2	2	2
3	2	-2	2	1
4	3	-1	5	3
5				
6	-4	7	8	-6
7	-3	5	5	-4
8	-3	4	4	-3
9	8	-12	-13	10

图 5.1.3　求逆矩阵的计算结果

3. 统计函数

在插入函数对话框中选择统计函数，则显示出 76 种函数供选择. 其中常用的统计函数见表 5.1.3.

表 5.1.3　常用的统计函数

函 数 名	参　数	功　能(返回值)
AVERAGE	n 个数	求算术平均值
VAR	n 个数	样本方差 $\dfrac{\sum x_i^2 - n\bar{x}^2}{n-1}$
VARP	n 个数	总体方差 $\dfrac{\sum x_i^2 - n\bar{x}^2}{n}$
STDEV	n 个数	VAR 的平方根
STDEVP	n 个数	VARP 的平方根

函 数 名	参　数	功　能(返回值)
DEVSQ	n 个数	$\sum_{i=1}^{n}(x_i-\bar{x})^2=\sum x_i^2-n\bar{x}^2$
AVEDV	n 个数	$\dfrac{\sum\|x-\bar{x}\|}{n}$
NORMSDIST	数 x	标准正态分布的分布函数值
NORMDIST	$x,\mu,\sigma,1$ 或 0	正态分布，1：返回分布函数，0：返回概率密度
NORMINV	α，μ，σ	正态分布概率为 α 时的 x 值
NORMSINV	α	标准正态分布由 α 得 x
CHIDIST	x，自由度 n	χ^2 分布 $P\{X>x\}$
CHIINV	α，n	χ^2 分布，由 α 查 x
CHITEST	两组数据	两组数据同分布的概率
POISSON	$k,\lambda,1$ 或 0	0：返回对应 k 的泊松分布概率 1：返回累积概率
BINOMDIST	$k,n,p,1$ 或 0	0：返回二项分布的概率值 $C_n^k p^k q^{n-k}$ 1：返回累积概率
EXPONDIST	$x,\lambda,1$ 或 0	指数分布，1：返回分布函数值，0：返回概率密度
TDIST	$x,n,1$ 或 0	t 分布，1：返回分布函数，0：返回概率密度
TINV	α,n	t 分布满足 $P\{T<\alpha\}$ 的 T 值
FDIST	x,自由度 $n1,n2$	F 分布满足 $P\{F<x\}$ 的 F 值
FINV	$\alpha,n1,n2$	由 α 查 F 分布临界值
CONFIDENCE	α,μ,n(数据个数)	总体均值的置信区间(半长度)
COVAR	两组数	协方差
CORREL	两组数	相关系数
FTEST	两组数据	两组数方差相等的概率
CRITBINOM	n,p,α	二项分布的临界值(分位数)
SLOPE	两组数	线性回归 $y=a+bx$ 中的 b
INTERCEPT	两组数	线性回归 $y=a+bx$ 中的 a
LINEST	数组 y，多维数组 x，以及逻辑值 c,s	多元线性回归 $y=a+\sum b_i x_i$，$c=0$ 时强制 $a=0$，$s=1$ 时返回附加回归统计值
LOGEST	同上	指数回归 $y=b\prod_{i=1}^{k} m_i^{x_i}$ 中的 b,m_i
GEOMEAN	n 个数	几何平均数
HARMEAN	n 个数	调和平均数(倒数平均值的倒数)
MIN	n 个数	n 个数中的最小值

以上概率统计函数中,有些函数的名称有一定规律性,凡是后 4 个字母为 DIST 的函数,如 NORMDIST、CHIDIST、FDIST、TDIST 等,功能是返回某种分布的分布函数值或概率密度值(如果函数的最后一个参数是逻辑值 1 或 0,则该值为 1 时返回分布函数值或累积概率,为 0 时返回概率密度或分布律的值);如果把前面所说函数名称中的 DIST 改成 INV,如 NORMINV、CHIINV、FINV、TINV 等,它们是对应 DIST 函数的反函数,功能是给定概率反查自变量的值.

4. 自定义函数

能利用现成的库函数当然应当尽量利用,从而省时省力,但实际计算过程中库函数难以完全满足用户的愿望,需要自己定义函数,称为自定义函数. 任何一个计算软件,如果不具备允许用户按自己的意愿定义函数的功能,则该计算软件的使用范围很有限.

Excel 允许用户自己定义任意带参数函数,方法是:把光标放在空白处(点击空白格子),先输入一个等号=,然后输入自定义函数的表达式. 表达式可以由常量、变量、内部函数和运算符组成,其中运算符包括算术运算符(-,*,/,^,%,+,-)、比较运算符(=, <, >, <=, >=, <>)和连接符&. 举例如下:

例 5.1.4 当 $x = 3, 2, 1, 0, -1, -2, -3$ 时,计算分段函数 $y = \begin{cases} x\sin x, & x > 0, \\ e^x \cos x, & x \leqslant 0 \end{cases}$ 的值.

步骤　(1) 选一个空白列(如 D 列)输入自变量 x 的值,在第一行(位置编号为 D1,称为一个单元格)输入 3,点击第二行(单元格 D2),输入=D1-1,鼠标点击其他单元格,则 D2 单元格内显示 D1-1 的计算结果 2,再点击 D2 单元格,则它的边框出现加粗的黑色且右下角有一个黑点,如图 5.1.4 所示. 用鼠标拉着该黑点向下拖动一直到 D7 单元格,放开鼠标,则 D3 至 D7 单元格内的计算结果依次显示为 1, 0, -1, -1, -3,如果你继续向下拖动黑点(称为复制公式),则每个单元格的数字是上一行数字依次减 1,即拖动公式(函数所在的单元格)时,如果公式中的自变量是单元格的名称(编号),则随着拖动,公式的自变量作相应变化,计算结果也跟着变化,其变化规律是:纵向拖动(复制)公式时,行号跟着变化而列标不变;横向拖动(复制)公式时,列标跟着变化而行号不变.

图 5.1.4　边框右下角的黑点

(2) 选另外一个空白列,如标号为 E 的一列,点击第一行 E1 单元格,输入 =IF(D1>0,D1*SIN(D1),EXP(D1)*COS(D1)),这是分段函数的表达式,注意公式中的自变量为 D1,表示用 D1 中的数字作为函数的自变量. 鼠标点击其他单元格,则 E2 单元格内显示自定义函数的计算结果, 再点击 E2 单元格, 拉着它的边框右下角的黑点, 向下拖动到 E7 放开, 则 E3 至 E7 单元格内依次得到自定义函数当自变量分别为 D3 至 D7 时的值, 如图 5.1.5 所示.

f_x	=IF(D4>0,D4*SIN(D4),EXP(D4)*COS(D4))
D	E
3	0.423360024
2	1.818594854
1	0.841470985
0	1
-1	0.19876611
-2	-0.05631935
-3	-0.049288824

图 5.1.5　自定义函数的计算结果

5. 利用自定义函数完成较复杂的计算

从例 5.1.4 我们已经看到, 表达式(自定义函数)可以复制(拖动), 且函数的自变量能够自动改变, 我们利用该功能就能够完成大批量数据计算以及各种较复杂的计算(用其他软件通常需要编程才能进行的计算), 举例如下:

例 5.1.5　用迭代法能求非线性方程 $x - \cos x = 0$ 的数值解, 迭代公式是 $x_k = \cos(x_{k-1})$, 取 $x_0 = 1$, 试用 Excel 计算, 要求精度达到 10^{-12} .

解　在某一空白列(如 A 列)的第一个位置(A1)处输入初始值 1, 点击单元格 A2, 输入=COS(A1), 得到计算结果 0.540302306, 然后连续向下拖动黑边框右下角的小黑点, 产生的效果是按迭代公式 A_k=COS(A_{k-1})不断进行迭代, 放开鼠标就能看见计算结果, 此时单元格内显示的数字格式为小数点后面 9 位, A55 之后的数字不再变化, 说明迭代 55 次之后计算结果的精度达到 10^{-9} . 为了显示小数点后面更多位数, 先选择该列从 A2 开始的单元格, 然后从主菜单选择"格式"—"单元格", 弹出"单元格格式"对话框, 点数字栏目, 选"数值", 把小数位数栏目内的数字改为 16, 如图 5.1.6 所示, 点击"确定", 则数字的显示格式变成小数点后面 16 位.

此时继续向下拖动表达式, 可以观察到迭代结果的精度变化, 如果要求精度达 10^{-12} , 则大约需要迭代 75 次, 结果为 0.739085133215; 如果要求精度达到 10^{-16} , 则大约需要迭代 92 次, 结果为 0.7390851332151610. Excel 的计算精度通常最多能有 16 位有效数字, 继续增加小数点后面位数将无效.

从本例的计算过程我们可以发现, Excel 用于复杂计算有两大优点:

(1) 不需要编写程序, 这对不熟悉编程, 但急需计算的人员比较实用;

(2) 显示结果比较直观, 能看见中间结果, 便于数据分析.

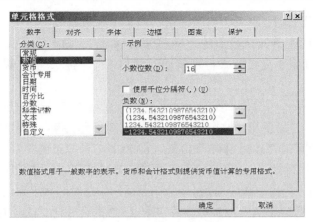

图 5.1.6　设置单元格格式

例 5.1.6　利用公式 $\dfrac{\pi}{2}=1+\dfrac{1}{3}+\dfrac{1}{3}\dfrac{2}{5}+\dfrac{1}{3}\dfrac{2}{5}\dfrac{3}{7}+\dfrac{1}{3}\dfrac{2}{5}\dfrac{3}{7}\dfrac{4}{9}+\cdots$ 计算 π 的近似值，使误差小于 10^{-14}.

解　设变量的初始值为 n=1；m=3；t=1；p=1；然后在循环中运算：n=n+1；m=m+2；t=t*n/m；p=p+t；pi=p*2. 在 Excel 中的计算方法：在第一行前 4 列依次输入：n、m、1、1，在第二行的前 5 列依次输入 1、3、=A2/B2*C1、C2+D1、D2*2，在第三行的前 2 列依次输入 A2+1、B2+2，然后从第一列开始把每一列的公式依次向下拖动，第 5 列的计算结果就是 π 的值，设置第 5 列的数值显示格式为小数点后面 15 位. 可以看出从第 46 行开始，计算结果稳定在 3.14159265358979，见图 5.1.7，此时计算精度已经达到 10^{-14}，看来这是本例能达到的最高精度.

37	36	73	2.13E-12	1.570796327	3.141592653585650
38	37	75	1.05E-12	1.570796327	3.141592653587750
39	38	77	5.18E-13	1.570796327	3.141592653588780
40	39	79	2.56E-13	1.570796327	3.141592653589290
41	40	81	1.26E-13	1.570796327	3.141592653589550
42	41	83	6.24E-14	1.570796327	3.141592653589670
43	42	85	3.08E-14	1.570796327	3.141592653589730
44	43	87	1.52E-14	1.570796327	3.141592653589760
45	44	89	7.53E-15	1.570796327	3.141592653589780
46	45	91	3.72E-15	1.570796327	3.141592653589790
47	46	93	1.84E-15	1.570796327	3.141592653589790

图 5.1.7　计算 π 的近似值

归纳　如果公式中的自变量是单元格的名称(编号)，则随着表达式的拖动，公式的自变量作相应变化，计算结果也跟着变化，其变化规律是：纵向拖动(复制)公式时，行号跟着变化而列标不变；横向拖动(复制)公式时，列标跟着变化而行号不变.

　　如果复制公式时,不希望参数改变,即某个参数是固定某个单元格中的数,为此在公式中代表单元格数值的列标前加$,如$A,则不管公式被复制到什么位置上,列标固定不变,如果行号前加$,如 B$3,则公式被复制时,行号固定不变.

　　例 5.1.7　某公司给员工发奖金,奖金一方面与销售额挂钩(按销售额的一定比例提成),另一方面还与其他指标挂钩(提成比例分为三等:一等 1.5%,二等 1%,三等 0.5%),计算销售额为 2000,3000,···,6000 时三种等级的应发奖金数.

　　解　如图 5.1.8 所示,A3—A7 是销售额,B2,C2,D2 是 3 种等级,B3—D7 是计算出来的奖金数,其中 B3—B7 每个数字是 A3—A7 对应数字乘以 B2 的百分比,而 C3—C7 每个数字是 A3—A7 对应数字乘以 C2 的百分比,D3—D7 每个数字是 A3—A7 对应数字乘以 D2 的百分比,在 B3 单元格内输入自定义计算公式 =$A3*B$2,公式中$A 的作用是不管公式复制到何处,均以 A 列为基数,$2 的作用是奖金等级始终以第二行的百分比计算. B3 的结果计算出来之后,只需把 B3 单元格右下角的黑点向下并且向右拖动到 D7,则表内所有应发奖金数都能正确计算出来.

　　注　B3—D7 的单元格数字显示格式设置为:数值,小数点位数 0.

	A	B	C	D
1		一等	二等	三等
2	销售额	1.50%	1%	0.50%
3	2000	=$A3*B$2	20	10
4	3000	45	30	15
5	4000	60	40	20
6	5000	75	50	25
7	6000	90	60	30

图 5.1.8　标号加$则不变

　　例 5.1.8　连续复利问题.

　　假设银行活期存款年利率为 r(如 $r=1.8\%$),若某储户存 10000 元活期存款,那么满一年后,他可以得到利息 10000r,本息合计 10000$(1+r)$元,因为银行允许活期存款随便什么时候支取,如果储户满半年就结算一次,此时的本息合计为 10000$(1+r/2)$,把本息取出来以后立即把本息一起再存活期,半年后再次结算,则全年的本息合计为 10000$(1+r/2)^2$,因 $(1+r/2)^2 = 1+r+r^2/4 > 1+r$,我们发现每半年结算一次的获利比一年结算一次多.试计算每季度、每月、每半月、每天结算一次并立即把本息再存活期情况下的全年获利,你可以发现:**活期存款存期越短(即结算越频繁)获利越多**!假如活期存款的利息可以按小时,甚至按分钟来结算,那么当储户连续不断地取款再存款,他能依靠这种方式来发大财吗?

解　设 n 为一年中的结算次数，a_k 为第 k 次结算时的本息，$a_0=10000$ 元是首次存入的本金，则每次结算时的应得利率为 r/n，第一次结算时的本息为 $a_1=(1+r/n)a_0$，第二次结算时的本息为 $a_2=(1+r/n)a_1=(1+r/n)^2 a_0$，以此类推可得全年本息为 $a_n=(1+r/n)^n a_0$. 如果定义：收益比=本息/本金，则当一年结算一次时年度收益比为 $1+r$，而一年结算 n 次时年度收益比为 $(1+r/n)^n$.

当全年结算次数 n 分别等于 1、2、4、12、24、365 时，在 Excel 中计算(图 5.1.9)得到年度收益比分别为 1.018、1.018081、…、1.018162525. 规律是：结算次数越多，收益比越大，即获利越多，但不会无限增多，因 $\lim\limits_{n\to\infty}(1+r/n)^n=e^r$，故即使一年中结算无数次，收益比存在极限，最多为 $e^{0.018}=1.018162976$，与一年结算一次的收益比 1.018 相比较，多出来 0.000162976，在本金 10000 元的情况下，利息只多出 1.63 元，所以依靠增加结算次数的方式虽然能增加收益比，但是发不了大财.

	A	B	C
1	10000		
2	0.018		
3			
4	1	=(1+A2/A4)^A4	10180
5	2	1.018081	10180.81
6	4	1.018121865	10181.21865
7	12	1.018149245	10181.49245
8	24	1.018156107	10181.56107
9	365	1.018162525	10181.62525
10	8760	1.018162958	10181.62958

图 5.1.9　连续复利问题

上述利率的计算方法称为连续复利率，连续复利率的极限为 e^r，其中 r 为某种基准利率(如活期存款年利率 1.8%)，如果按连续复利率存 k 年，则收益比为 e^{kr}.

5.1.2　Excel 的数据分析功能

Excel 提供了一组称作"数据分析"的统计分析工具包，内含方差分析、回归分析、协方差和相关系数、傅里叶分析等分析工具，使用这组分析工具，可以大大提高工作效率和质量.

在默认安装下，Excel 并不直接提供数据分析工具包，首次使用时需要进行安装，方法如下：

(1) 点击"工具"—"加载宏"；

(2) 在弹出对话框中列出各种可以加载的项目，按照需要选择"分析工具库"、

"规划求解"、"与 Access 链接"等等项目，点"确定"；

(3) 如果需要，把 Office 光盘放入光驱，然后按提示进行安装.

安装完成后，"工具"菜单中多出了"数据分析"子菜单，点击它，弹出对话框，显示各种数据分析工具. 该工具包含有 19 个工具，大致可分成 5 类，见表5.1.4.

表 5.1.4　Excel 的数据分析工具

基础分析	检验分析	相关，回归	方差分析	其　他
描述统计	z 检验	协方差	单因素	指数平滑
直方图	F 检验	相关系数	双因素	傅立叶分析
排位	t 检验	回归分析	无重复双因素	随机数发生器
抽样分析				移动平均

下面介绍几种数据分析功能和用法.

1. 描述统计

主要统计数据的平均值、中位数、标准差、方差等等统计量，举例说明其用法.

例 5.1.9　某炼钢厂测了 120 炉钢中的 Si 含量，得数据如下：

0.86, 0.83, 0.77, 0.81, 0.81, 0.8, 0.79, 0.82, 0.82, 0.81, 0.81, 0.87, 0.79, 0.82, 0.78, 0.8, 0.81, 0.87, 0.81, 0.77, 0.78, 0.77, 0.78, 0.77, 0.77, 0.77, 0.71, 0.95, 0.78, 0.81, 0.8, 0.77, 0.76, 0.82, 0.8, 0.82, 0.84, 0.79, 0.9, 0.82, 0.79, 0.82, 0.79, 0.86, 0.76, 0.78, 0.83, 0.75, 0.82, 0.78, 0.73, 0.83, 0.81, 0.81, 0.83, 0.89, 0.81, 0.86, 0.82, 0.82, 0.78, 0.84, 0.84, 0.84, 0.81, 0.81, 0.74, 0.78, 0.78, 0.8, 0.74, 0.78, 0.75, 0.79, 0.85, 0.75, 0.74, 0.71, 0.88, 0.82, 0.76, 0.85, 0.73, 0.78, 0.81, 0.79, 0.77, 0.78, 0.81, 0.87, 0.83, 0.65, 0.64, 0.78, 0.75, 0.82, 0.8, 0.8, 0.77, 0.81, 0.75, 0.83, 0.9, 0.8, 0.85, 0.81, 0.77, 0.78, 0.82, 0.84, 0.85, 0.84, 0.82, 0.85, 0.84, 0.82, 0.85, 0.84, 0.78, 0.78.

解　在 Excel 中的 A2—A121 区域内输入 120 个原始数据(或打开数据文件)，然后从菜单上选"工具"—"数据分析"，在弹出对话框中选择"描述统计"，弹出如图 5.1.10 所示描述统计对话框.

在输入区域填入 A1：A121，表示第 A 列第 1 行至第 121 行是需要分析的原始数据，因第一行是表头(标志)，故在对话框的"标志位于第一行"上打上"√"，输出区域定位于 C1，平均数置信度打上"√"，用默认的 95% 或根据需要改成其他百分比，点击"确定"，得到分析结果，如图 5.1.11 所示. 主要结果有平均值、中位数、标准差、方差、峰度、偏度等，具体含义请参阅概率统计教科书的相关内容.

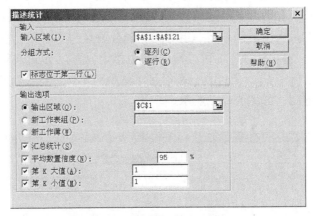

图 5.1.10　描述统计对话框

	A	B	C	D
1	钢的Si含量		钢的Si含量	
2	0.86			
3	0.83		平均	0.8025
4	0.77		标准误差	0.0041069
5	0.81		中位数	0.81
6	0.81		众数	0.81
7	0.8		标准差	0.0449883
8	0.79		方差	0.0020239
9	0.82		峰度	2.195563
10	0.82		偏度	-0.3228812
11	0.81		区域	0.31
12	0.81		最小值	0.64
13	0.87		最大值	0.95
14	0.79		求和	96.3
15	0.82		观测数	120
16	0.78		最大(1)	0.95
17	0.8		最小(1)	0.64
18	0.81		置信度(95.0%)	0.008132

图 5.1.11　描述统计的结果

2. 直方图

直方图是一大批数据的频率分布图, 由直方图可以观察和分析数据的概率分布. 画直方图的步骤如下:

(1) (在 A 列)输入原始数据, 进行描述分析, 确定数据的最小值和最大值, 把数据所在区域分成若干个小区间, 确定分段点, 如例 5.1.9 的数据, 最小值为 0.64, 最大值为 0.95, 假如把该区域分成 16 个小区间(等间隔, 允许不等间隔), 每个小区间的长度为 0.02, 则分段点依次为 0.655,0.675,…,0.955(按由小到大排列). 然后在 B 列输入这些分段点数据. 此处分段点比原始数据多一位小数, 保证数据不会恰好落在小区间边界(分段点)上.

(2) 点"工具"—"数据分析"—"直方图", 弹出直方图对话框, 如图 5.1.12

所示. 其中"输入区域"是指原始数据所在的区域，这里是 A1:A121，"接收区域"是指分段点所在的列，这里填入 B1:B17，如果空白不填，则 Excel 会自动在数据的最小值与最大值之间确定一组等间隔的分段点. 因第一行是表头，故在"标志"上打"√"，输出选项中，可选输出区域(指定位置)，也可选新工作表组，在"图表输出"上打"√"，累计百分率栏目可选也可不选，点"确定". 得到数据统计结果和直方图，如图 5.1.13 所示.

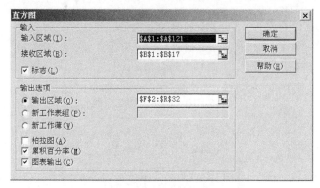

图 5.1.12　直方图对话框

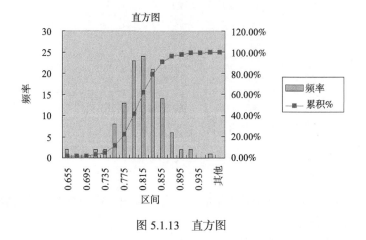

图 5.1.13　直方图

5.2　用 Excel 绘制图表

图表是一种直观有效的常用工具，通过图表，可以把大量的数据转换成各种格式的直观图形，便于用户快速地分析数据之间的对比、关联、变化趋势等相互关系. Excel 提供强大的图表绘制功能，可以非常简便地建立各种统计图表，如直方图、柱形图、散点图、饼图、条形图、折线图等. 对话框以向导的方式引导用户使用，既直观又方便. 即使初次使用，也能很快掌握.

5.2.1　创建图表的步骤

创建一个图表通常要 4 个主要步骤:

1. 准备数据

数据是图表的依据，要创建图表必须先准备好数据. 例如，2004 年数学建模竞赛 A 题(奥运会临时超市网点设计)中的原始数据，经过统计得到如图 5.2.1 所示统计表.

	A	B	C	D	E	F
1	交通工具	人数	消费金额	人数	用餐方式	人数
2	公交(南北)	1774	0-100	2060	中餐	2382
3	公交(东西)	1828	100-200	2629	西餐	5567
4	出租车	2010	200-300	4668	商场餐饮	2651
5	私家车	958	300-400	983	合计	10600
6	地铁(东)	2006	400-500	157		
7	地铁(西)	2023	500以上	103		
8	合计	10599	合计	10600		

图 5.2.1　奥运会临时超市网点设计中的统计结果

2. 打开"图表向导"

从菜单选"插入"—"图表"，或者工具栏中的 ![按钮] 按钮，即可启动"图表向导"，向导中有"标准类型"和"自定义类型"两种类型供选择.

(1) 标准类型. 有柱形图、条形图、折线图、饼图、XY 散点图、面积图、圆环图、雷达图、曲面图、气泡图、股价图、圆柱图、圆锥图和棱锥图共 14 类型，每种类型又包含若干个子类，每个子类均用图形表示，如图 5.2.2 所示. 你可以选

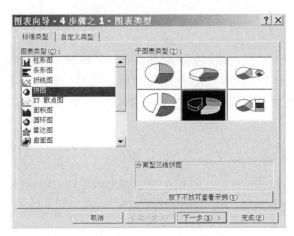

图 5.2.2　图表向导中的标准类型

择合适的图表类别及子类，然后点击"下一步".

(2) 自定义类型. 在图表向导中选择自定义类型，出现"内部"和"自定义"两种选择，若选"内部"则出现内置的 20 种图形类型供挑选：彩色堆积图、彩色折线图、带深度的柱形图、对数图、分裂的饼图、管状图、黑白饼图、黑白面积图、黑白折线图、黑白柱形图、蜡笔图、蓝色饼图、两轴线-柱图、两轴折线图、平滑直线图、线柱图、悬浮的条形图、圆锥图、柱状-面积图、自然条形图，如图 5.2.3 所示，选择合适的类型，点击"下一步"，出现"图表源数据"对话框.

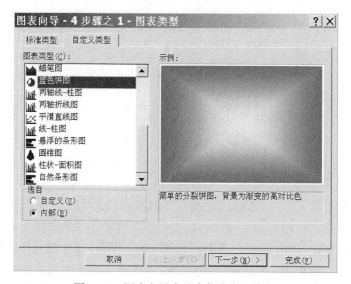

图 5.2.3　图表向导中的内部自定义类型

3. 指定数据位置

在"数据区域"栏目内输入数据所在位置，例如输入 A1 : B7，该区域的第一行和第一列是表头(文字说明)，数据按列摆放，故对"系列产生在"栏目的两个选项"行"和"列"作出选择"列"(图 5.2.4)，点击"下一步"，出现"图表选项"对话框.

4. 设定图表选项

"图表选项"对话框(图 5.2.5)用来设定图表的标题、坐标轴、网格线、图例、数据标志、数据表等项目，具体功能说明如下.

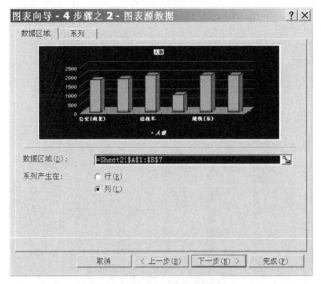

图 5.2.4　确定图表源数据

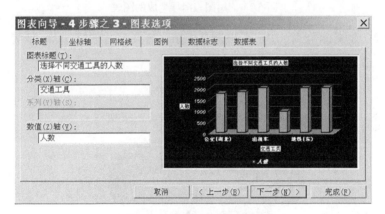

图 5.2.5　图表选项对话框

(1) 标题选项. 设置图表的标题、坐标轴的文字说明.

(2) 坐标轴选项. 设置是否显示坐标轴及其刻度.

(3) 网格线选项. 设定是否显示网格线.

(4) 图例选项. 设定是否显示图例及其位置.

(5) 数据标志选项. 设置是否显示数据的名称、数据值等标志.

(6) 数据表选项. 设置是否显示数据列表.

以上选项的设定有直观图形显示在对话框的右半部分，所见即所得，立即能看见效果，用户可根据需要和爱好决定如何设置.

全部选项设置好以后，点击"下一步"，出现图表位置对话框.

5. 设定图表位置

选择"作为新工作表插入"或者"作为其中的对象插入"均可. 点击"完成",
出现"选择不同交通工具人数"的柱形图, 如图 5.2.6 所示.

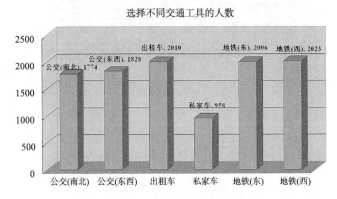

图 5.2.6　用图表向导生成的图表

图 5.2.7 是饼图范例, 用户可根据具体情况选择合适的统计图, 或者创建自定
义类型.

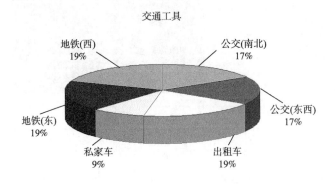

图 5.2.7　饼图范例

5.2.2　编辑和修改图表

在使用图表向导时, 可以对图表的标题、坐标轴、网格线、图例、数据标志、
数据表等图表组成部分(称为图表的元素或对象)进行设置, 但这种设置是粗略的
框架, 它一般不涉及字体、字型、字号、前景色、背景色、坐标刻度、线条颜色
等细节. 图表向导生成的图形通常不够美观, 一些细节往往不中意, 需要进行编
辑、修改、美化和完善.

1. 图表的组成

图表由各种元素(部件)组成，以图 5.2.8 的柱形图为例，其组成部分有图表区、绘图区、标题、坐标轴(分类轴和数据轴)、背景墙、网格线、数据标志和数据系列，当鼠标在图上移动时，会弹出相应的元素名称. 图 5.2.8 标出了各元素的具体位置，这些元素均可以分别进行设置或修改.

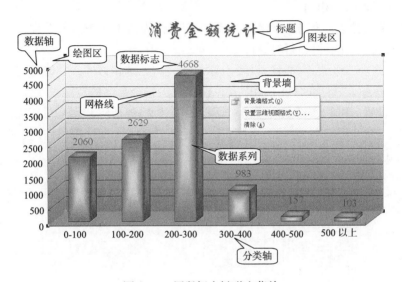

图 5.2.8　用鼠标右键弹出菜单

2. 图表的编辑

主菜单的"图表"项目下有"图表类型"、"源数据"、"图表选项"、"位置"、"添加数据"、"设置三维视图"等二级菜单，如图 5.2.9 所示. 先选中(点击)某个已经创建的图表，点击主菜单"图表"，在二级菜单中选择其中任一选项，都会弹出一个对话框. 二级菜单各项目的主要功能说明如下：

图 5.2.9　图表二级菜单

(1) 图表类型. 功能与图表向导中的"图表类型"对话框(图 5.2.2)类似, 用来更改已创建的当前图表的类型.

(2) 源数据. 用于重新指定源数据的位置, 功能及设置方法与图表向导中的"图表源数据"对话框(图 5.2.4)类似.

(3) 图表选项. 对话框与图表向导中的"图表选项"对话框(图 5.2.5)相似, 用来更改图表的标题、坐标轴、网格线、图例、数据标志、数据表等项目, 具体设置方法与图表向导相同.

(4) 图表位置. 用来更改图表位置, 有"作为新工作表插入"或者"作为其中的对象插入"两种设置供选择.

以上四个二级菜单项目的设置内容与图表向导是相似的, 功能是在图表生成之后用来重新设置(更改)原来的设置, 使图表更符合自己的意愿.

(5) 设置三维视图格式. 弹出对话框如图 5.2.10 所示. 用来对三维视图上下转动和左右旋转, 左上方的两个箭头用来上下转动, 中间下部的向左、向右两个弯箭头用于左右转动图形.

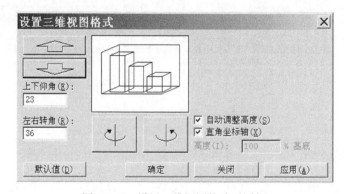

图 5.2.10　设置三维视图格式对话框

3. 图表元素的修改(美化)

使用图表向导时无法对字体、字型、字号、前景色、背景色、坐标刻度、线条颜色等细节进行预先设置, 通常采用默认形态, 生成的图形只能算成粗样图表, 元素的一些细节不够美观, 需要进行编辑、修改、美化和完善.

把鼠标移到某个元素上并按右键(称为右键点击, 简称右击), 将弹出一个快捷菜单(图 5.2.8 中显示了右击背景墙以后的弹出菜单), 点击的元素不同, 则弹出菜单的项目也有所不同, 但至少都会包括"××项格式"和"清除"两项. 若选"清除"则从图表中删除该元素, 而"格式"项则用来修改该元素的颜色、图案、线条、字体、字号、格式、刻度等等. 下面举例说明修改方法.

1) 标题的修改

有两种办法可以调出"图表标题格式"对话框, 一种是鼠标移到标题上然后按左键(称为点击, 或称单击), 此时标题四周出现边框(表示标题被选中), 此时可用鼠标拉着标题移动到别处放开(移动定位), 若点击主菜单"格式", 二级菜单第一项即为"图表标题", 点击它, 则弹出"图表标题格式"对话框; 另一种办法是把鼠标移到标题上并按右键(称为右键点击, 简称右击), 出现弹出菜单, 它有"图表标题格式"和"清除"两个选项, 选择"图表标题格式", 则弹出对话框, 如图 5.2.11 所示.

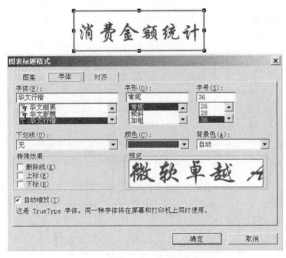

图 5.2.11　图表标题格式对话框

该对话框有"图案"、"总体"、"对齐"三个选项, 图中显示"字体"选项, 用来设置标题的字体、字形、字号、颜色、特殊效果等. "图案"选项内又有两个选项, 一个是"边框", 用于设置边框的颜色、宽度、图案、是否有阴影等; 另一个是"区域", 用于设置背景部分的颜色和特殊效果等, 点击其中的"填充效果"又会弹出一个对话框, 如图 5.2.12 所示.

该对话框用来设置标题背景的填充效果, 有"渐变"、"纹理"、"图案"、"图片"四个选项, 设置方法与 Office 套件中的其他软件(如 Word, PowerPoint)相类似, 你可以根据自己的喜爱进行设置. 图 5.2.13 是经过修饰的标题示例.

2) 设置数据系列格式

点击图中的柱体, 使每个柱体都被选中(各柱体的四角都出现控制标记), 然后点击主菜单的"格式"或者右击柱体, 出现二级菜单或者弹出式菜单, 都有"数据系列格式"选项, 选择它, 则弹出数据系列格式对话框, 如图 5.2.14 所示. 对话框里面有"图案"、"形状"、"数据标志"、"系列次序"、"选项"共 5

个选项. 其中"图案"用于设置柱体表面的颜色和图案效果, 设置方法与标题的背景相同. "形状"选项由于设置柱体的形状, 提供方形柱体、圆柱体、圆锥体、棱锥体、梯形柱体等 6 种形状给用户挑选. "数据标志"的功能和设置方法与图表向导相同(图 5.2.5). "选项"用来设置柱体的间隔、宽度、透视深度等尺寸.

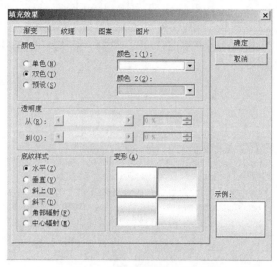

图 5.2.12　填充效果对话框

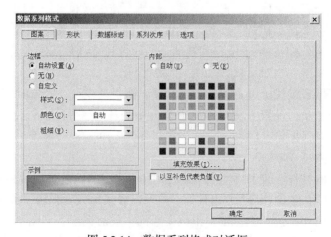

图 5.2.13　修饰后的标题

图 5.2.14　数据系列格式对话框

3) 修改背景

右击背景区, 在弹出菜单中选"背景墙格式", 弹出背景墙格式对话框, 见图 5.2.15, 点击对话框中的填充效果, 又弹出一个对话框(与图 5.2.12 相同), 在颜色栏目里选择"预设", 预设颜色栏目内有多种预设方案供选择, 点击栏目右边的▼按钮, 列出各种预设方案的名称, 你可以从中选择一种试试, 如选择"茵茵绿原", 见图 5.2.16. 在"底纹样式"项目中选择一种, 例如选择"中心辐射", 在"变形"栏目中选择一种, 单击"确定"返回上一个对话框, 再点击"确定", 即可看到你设置的背景效果.

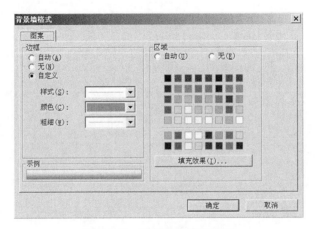

图 5.2.15　背景墙格式对话框

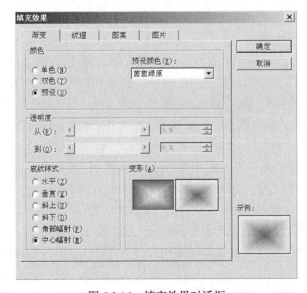

图 5.2.16　填充效果对话框

也可以在填充效果对话框的"颜色"栏目内选择"双色",颜色 1 栏目选一种浅色(如白色),颜色 2 栏目可以选青绿色或浅青色等亮一些的冷色调,在"底纹样式"项目中选择"水平",在"变形"栏目中上白下青样式,点击"确定"即可看到上白下青逐渐过渡的图表背景.

4) 修改坐标轴格式

右击坐标轴区域,弹出"坐标轴格式"对话框,如图 5.2.17 所示. 该对话框中有"图案"、"刻度"、"字体"、"数字"、"对齐"5 个选项. 分别说明如下:

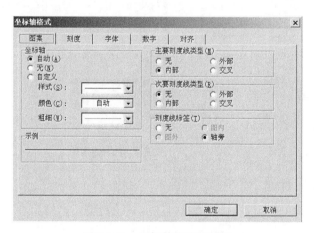

图 5.2.17　坐标轴格式对话框

(1) "图案"选项用来设置坐标轴的样式、颜色和粗细以及刻度线的类型和是否标注坐标数字(标签).

(2) "刻度"选项包含设置最小值、最大值、刻度的单位、两个坐标轴的交点位置、显示单位等功能,其中刻度的单位能调节刻度之间的间隔,例如刻度的最小值为 0,最大值为 5000,如果刻度单位为 500,则每隔 500 显示坐标刻度,共显示 11 个刻度,若设置刻度的单位为 1000,则每隔 1000 显示刻度,共显示 6 个刻度. "显示单位"栏目内有"无"、"百"、"千"、"万"、"十万"等等选择,如果选择"无"则刻度 5000 旁边显示数字"5000",如果选择"千"则刻度旁边显示数字"5",坐标轴上方可显示刻度的单位——"千"字.

(3) "字体"选项用来设置坐标刻度数字的字体、字形、字号、前景色、背景色和特殊效果. 选择自己满意的形态,点击"确定"即可.

(4) "数字"选项用来设置坐标轴刻度(又称标签)的显示类型和格式,有常规、数值、货币、会计专用、日期、时间、百分比、分数、科学记数、文本、特殊和自定义等类型供选择. 用户可根据实际情况作出选择,如果坐标轴的单位是数字,则选择"数值", 如图 5.2.18 所示, 出现"小数位数", 其内的数字代表小数点后面多少位. 如果数字的小数点后面位数太多, 标签的数字太长, 可以少设几位, 如设 0 位, 则仅显示整数部分.

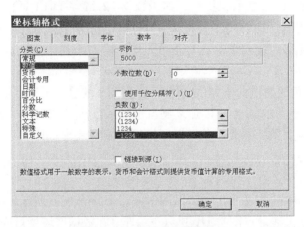

图 5.2.18　坐标轴标签的格式

(5) "对齐"选项设置标签文字的排版方向(角度), 见图 5.2.19. 用鼠标可以拉着右边文本的指针转动(图上显示转到了 30 度的位置), 如果点确定, 则坐标标签(刻度)是倾斜的.

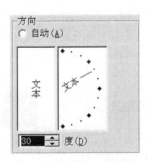

图 5.2.19　对齐选项的设置

其他可以修饰的图表元素还有"数据标志格式"、"网格线格式"、"图表区格式"和"绘图区格式"等等, 操作方法与上面介绍的几种大同小异, 读者可模仿介绍的内容自己进行摸索, 通过实践不难掌握, 此处不再一一介绍.

5.2.3　绘图实例——用 Excel 绘制任意一元函数的图像

用 Matlab 和 Mathematica 不难画出任意一元函数的图像, 但需要编写一小段程序, 或者至少要一条语句, 用 Excel 也可以绘制任意一元函数的图像, 其优点

是不需要编写任何程序或语句. 下面介绍其操作步骤:

1. 准备数据

确定自变量 x 的范围和步长, 如函数 $y = 2\sin x - \ln(1 + x^2)$, 打算画出区间 $-4 \leqslant x \leqslant 8$ 内的图像, 可以设步长定为 0.1(也可以定为 0.05), 在 A1 单元格内输入字符 x, B1 单元格内输入字符 y, A2 单元格内输入-4(初始值), A3 单元格内输入公式=A2+0.1, 在 B2 单元格内输入自定义函数=2*SIN(A2)-LN(1+A2^2), 然后把 A3 单元格右下角的黑点向下拉(复制公式), 直到 x 的值等于终点值 8 为止(A122), 把 B2 单元格右下角的黑点向下拉(复制自定义函数)直至 B122(与 A1 相对应), 此时 A 列是自变量 x 的一系列数值, B 列是相对应的函数 y 值.

2. 用图表向导生成图像

点击工具栏中的 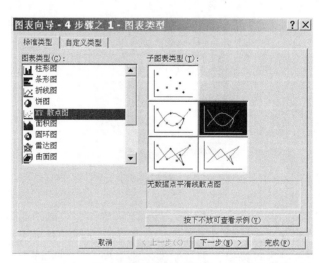 按钮, 启动图表向导, 如图 5.2.20 所示, 选择 XY 散点图中的无数据点平滑线散点图类型, 进入下一步, 在数据区域栏目内输入 A1:B122, 点击下一步, 出现 "图表选项" 对话框, 不选网格线和图例, 去掉它们的符号√, 点击下一步, 出现 "图表位置" 对话框, 选择 "作为其中的对象插入"(也可选 "作为新工作表插入"), 生成函数的图像, 该图像的元素多数采用默认设置, 不美观, 需要进行修饰(美化).

图 5.2.20　选 XY 散点图中无数据点平滑线散点图

3. 对图像进行修饰(美化)

先放大图像, 方法是选中(点击)图像, 用鼠标拉动图形区的四个角上黑点 "■"

中的一个到合适的位置放开，图形区即被放大．然后做以下工作：

1) 修改标题

按照前面介绍的方法，移到标题的位置，更改标题文字内容，启动"图表标题格式"对话框，设置标题的字体、字形、字号和颜色(前景色和背景色)，直至满意为止．

2) 修改坐标轴

按前面的方法调出"坐标轴格式"对话框．默认 x 轴的两边空白区比较多，本例 x 的取值范围是$-4\sim8$，但画出来的图中 x 的范围是$-6\sim10$，两边各增加了 2 个单位的空白区，似乎空白太多，可以设置 x 轴最小值-5，最大值 9，留一个单位的空白就够了．默认坐标刻度的数字的字号比较大，可以设置为 $8\sim10$ 即可，选择一种美观的字体．对刻度间隔(对话框中的"主要刻度单位")作适当设定，对坐标轴的线宽和颜色也可进行设置，点击"确定"生效．

3) 修改曲线的颜色

默认曲线的颜色和线宽不一定符合自己的要求，可根据自己的喜欢作修饰，右击图中曲线，调出"数据系列格式"对话框，选择其中"图案"选项，其中一个栏目是"线形"，见图 5.2.21，选项"自定义"，点击"颜色"右边的▼，选择自己想要的颜色．对"粗细"栏目，选择中等粗细(比默认线宽粗一些)，点击"确定"．

图 5.2.21　线形的设置

图 5.2.22　设置图表区格式

4) 修改图表区格式

调出图表区格式对话框，选择"图案"选项，选中"阴影"和"圆角"，见图 5.2.22．点击"填充效果"按钮，弹出"填充效果"对话框(图 5.2.12)，选择双色，白—青绿从上向下，水平过渡，确定．然后调出"绘图区格式"对话框，其中"边框"和"区域"都选"无"，然后点击"确定"．

5) 调整坐标轴标记

观察图像，发现坐标轴的标识 x 和 y 的位置、字体、大小，方向需要调整，字符 y 是横躺着的，需要转过来. 右击坐标轴标记字符，调出"坐标轴标题格式"对话框，如图 5.2.23 所示. 设置适当的字体、字号，选择"对齐"选项，显示默认对齐方向是 90°，用鼠标把文本方向转到 0°，确定.

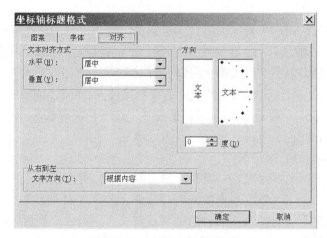

图 5.2.23　设置坐标轴标题

修饰完成以后的图像见图 5.2.24. 图上没有画网格线，如果想加上网格线，可以通过"图表选项"→"网格线"加上网格线，再调出"网格线格式"对话框，设置网格线的线形、粗细和颜色，通常可把网格线的线宽设置细一些，颜色设置浅一些，线形为虚线.

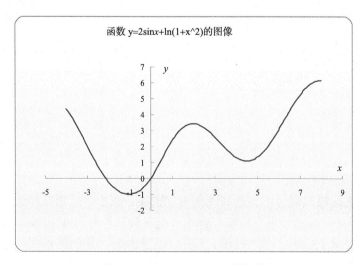

图 5.2.24　用 Excel 画出函数图像

以上介绍的画函数图像的方法虽然是以某个指定函数为特例进行的，但是只要更改 B2 单元格内的自定义函数，就可以生成任意函数的图像，其方法和步骤具有通用性.

5.3　总体分布的假设检验

假设有一批数据是某个随机变量的观测结果，怎样根据这批数据来确定该随机变量所服从的分布呢？是正态分布还是其他分布？这就是总体分布的假设检验问题，常用方法是 χ^2 检验法.

5.3.1　χ^2 检验法的基本思路

原假设 H_0：总体 X 的分布函数为 $F(x)$.

若 X 为离散型，则 H_0 等价于总体 X 的分布律为 $P\{X=t_i\}=p_i$；若 X 为连续型，则 H_0 等价于总体 X 的概率密度为 $f(x)$. 如果 $F(x)$ 中有未知参数，则先用极大似然法作出估计.

1. 分区间(组)

χ^2 检验法通常要求数据的样本容量 $n>50$，将实际数据的取值范围分成 k 个区间(k 按 n 的大小来定)，假设各区间表示为 $(t_{i-1}, t_i]$，$i = 1, 2, \cdots, k$，如果原假设成立，则 X 落入区间 $(t_{i-1}, t_i]$ 内的概率(理论计算值)可以用下式计算：

$$\hat{p}_i = P\{t_{i-1} < X \leqslant t_i\} = F(t_i) - F(t_{i-1}), \tag{5.3.1}$$

对离散型 X，可通过分布律求得该理论值，对连续型 X，则 $\hat{p}_i = \int_{t_{i-1}}^{t_i} f(x)\,\mathrm{d}x$. 理论上 n 个观测值中落入区间 $(t_{i-1}, t_i]$ 内的个数为 $n\hat{p}_i$，用 m_i 表示落入区间 $(t_{i-1}, t_i]$ 内的样本点(数据)个数.

2. χ^2 检验法的思路

如果原假设成立，则 m_i 与 $n\hat{p}_i$ 比较接近，因此 $(m_i - n\hat{p}_i)^2$ 应当比较小，令统计量 $\chi^2 = \sum_{i=1}^{k} \dfrac{(m_i - n\hat{p}_i)^2}{n\hat{p}_i}$，则在原假设成立的情况下，该统计量的值比较小，我们可以根据它的大小来决定是接受还是拒绝原假设.

定理　若 n 充分大，则当原假设 H_0 成立时，统计量 χ^2 近似服从 $\chi^2(k-r-1)$ 分布，其中 k 是小区间(分组)个数，r 是被估参数个数.

3. 作出判别

由具体数据计算出统计量 $\chi^2 = \sum_{i=1}^{k} \frac{(m_i - n\hat{p}_i)^2}{n\hat{p}_i}$ 的值，如果此值过大就否定原假设，具体量化：对给定的 α，查表得到 $\chi^2_\alpha(k-r-1)$，若 $\chi^2 > \chi^2_\alpha(k-r-1)$，则拒绝 H_0，否则接受 H_0.

5.3.2 方法步骤

下面通过实例介绍 χ^2 检验法的步骤.

例 5.3.1 表 5.3.1 的数据来自于 1999 年数学建模竞赛 A 题——自动化车床管理，问这批数据服从什么样的分布？

表 5.3.1 100 次刀具故障记录(完成的零件数)

459	362	624	542	509	584	433	748	815	505	612	452	434	982	640
742	565	706	593	680	926	653	164	487	734	608	428	1153	593	844
527	552	513	781	474	388	824	538	862	659	775	859	755	649	697
515	628	954	771	609	402	960	885	610	292	837	473	677	358	638
699	634	555	570	84	416	606	1062	484	120	447	654	564	339	280
246	687	539	790	581	621	724	531	512	577	496	468	499	544	64
764	558	378	765	666	763	217	715	310	851					

2		
3	平均	600
4	标准误差	19.66292
5	中位数	599.5
6	众数	593
7	标准差	196.6292
8	方差	38663.03
9	峰度	0.441398
10	偏度	-0.01117
11	区域	1069
12	最小值	84
13	最大值	1153
14	求和	60000
15	观测数	100
16	最大(1)	1153
17	最小(1)	84
18	置信度(95	39.01549

图 5.3.1 描述统计结果

解 用 X 表示发生刀具故障时已生产的零件数，则 X 是随机变量，以上 100 次刀具故障记录数据是来之于总体 X 的样本，现在要检验总体 X 服从的分布.

1. 数据分析

在 Excel 的 A 列从 A2 开始输入这 100 个数据，B 列 B2—B101 是 A 列数据的复制，选中 B2-B101 点击工具栏上 🔼 图标，对 B 列数据按由小到大升序排列，先对数据作描述分析，从主菜单点击"工具"—"数据分析"—"描述统计"—"确定"，弹出描述统计对话框(图 5.1.10)，在"输入区域"填入 B1:B101，在"标志位于第一行"上打上"√"，输出位置选"新工作表组". 点击"确定", 得到描述统计的结果如图 5.3.1 所示. 由此可知, 数据的最小值为 84, 最大值为 1153, 跨度 1069, 平均值 600, 标准差为 196.62917.

2. 数据分组

1) 确定分组数 k

考虑数据的跨度 1069≈1100, 如果分成 11 组, 恰好组距为 100, 所以取分组数 k=11, 由此得 11 个区间为: <150, (150,250], (250,350], (350,450], (450,550], (550,650], (650,750], (750,850], (850,950], (950,1050], >1050.

2) 统计各组频数, 画直方图

统计各区间内的数据个数 m_i 为: 2,3,4,10,20,24,15,12,5,3,2. 各区间的频率 $f_i = m_i / n$ 为: 0.02,0.03,0.04,0.1,0.2,0.24,0.15,0.12,0.05,0.03,0.02. 画出直方图, 如图 5.3.2 所示.

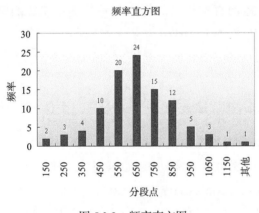

图 5.3.2　频率直方图

从直方图可以看出刀具故障记录数据比较接近正态分布. 所以我们先假设 X 服从正态分布, 其数学期望的无偏估计为 $\mu = \bar{x} = 600$. 对总体方差的估计有两种公式, 一种是矩法估计 $\hat{\sigma}^2 = \sum_{i=1}^{n} (X_i - \bar{X})^2 / n$, 另外一种是样本方差 $\hat{\sigma}^2 = S^2 = \sum_{i=1}^{n} (X_i - \bar{X})^2 / (n-1)$, 标准差(均方差)是方差估计的平方根 $\hat{\sigma} = \sqrt{\hat{\sigma}^2}$. 这两种估计可以在 Excel 内调用函数 STDEVP 或 STDEV 来计算, 在弹出对话框内输入数据所在的区域 B1:B101, 结果分别为 195.64355 和 196.62917. 采用其中任意一个都可以.

3. 计算各区间理论频率

假如原假设 $X \sim N(\mu,\sigma^2)$ 成立，则 X 落入区间 $(t_{i-1},t_i]$ 内的理论概率为 $\hat{p}_i = P\{t_{i-1} < X \leqslant t_i\} = F(t_i) - F(t_{i-1})$，这可以用 Excel 的函数 NORMDIST 函数来计算，该函数相当于查正态分布表，它需要 4 个参数：x，μ，σ，1，其中 x 是分布函数 $F(x)$ 的自变量，μ 是数学期望，此处用估计值 $\mu=600$，σ 是标准差，采用矩法估计量 $\sigma = 195.6436$．求得各区间上的理论概率 $\hat{p}$ 之后，再计算各区间理论频数 $n\hat{p}_i$．

4. 计算统计量 $\chi^2 = \sum_{i=1}^{k} \dfrac{(m_i - n\hat{p}_i)^2}{n\hat{p}_i}$

其中 m_i 是 n 个样本中落入区间 $(t_{i-1},t_i]$ 内的样本个数．计算方法是利用自定义带参数计算公式，公式中的参数相当于自变量．点击空白列的数据区第二行，先输入一个等号=(任何公式都以等号开始)，然后输入自定义公式．假设 m_i 数据在 D 列，$n\hat{p}_i$ 数据在 I 列，则输入=(D2-I2)^2/I2，该单元格显示计算结果为 0.803032，然后把该公式向下拖动直到第 12 行，每一行的结果就自动计算出来了，用 SUM(J2:J12) 可以求出 $\chi^2 = 4.71647$．

5. 根据 χ^2 值作出判断

按照 χ^2 检验理论，统计量 $\chi^2 = \sum_{i=1}^{k} \dfrac{(m_i - n\hat{p}_i)^2}{n\hat{p}_i} \sim \chi^2(k - r - 1)$，式中 k 是分组(区间)个数，r 是被估计的参数个数，本例 $k=11$，$r=2$，故 $\chi^2 \sim \chi^2(8)$．查 χ^2 分布表得临界值为 $\chi^2_{0.05}(8) = 15.5073$，该值也可以通过 Excel 函数 CHINV 得到，参数 $\alpha = 0.05$，自由度为 8，CHINV(0.05,8)=15.5073．由于 $\chi^2 = 4.71647$，小于临界值，故接受原假设：总体 X 服从正态分布．图 5.3.3 是在 Excel 中进行总体分布假设检验的统计和计算表．

	A	B	C	D	E	F	G	H	I	J
1	刀具故障	排序	分组	频数 m_i	频率	分段点	F(x)	概率 p i	理论频数 npi	χ^2
2	459	84	<150	2	0.02	150	0.01072	0.01072	1.072126	0.803032
3	362	120	(150,250]	3	0.03	250	0.03681	0.02609	2.608879	0.058637
4	624	164	(250,350]	4	0.04	350	0.10065	0.06384	6.384398	0.890507
5	542	217	(350,450]	10	0.1	450	0.22163	0.12098	12.09759	0.363698
6	509	246	(450,550]	20	0.2	550	0.39914	0.17751	17.75128	0.284866
7	584	280	(550,650]	24	0.24	650	0.60086	0.20171	20.17146	0.726656
8	433	292	(650,750]	15	0.15	750	0.77837	0.17751	17.75128	0.426423
9	748	310	(750,850]	12	0.12	850	0.89935	0.12098	12.09759	0.000787
10	815	339	(850,950]	5	0.05	950	0.96319	0.06384	6.384398	0.300194
11	505	358	(950,1050]	3	0.03	1050	0.98928	0.02609	2.608879	0.058637
12	612	362	>1050	2	0.02	1150	0.99753	0.01072	1.072126	0.803032
13	452	378							卡方值	4.716468
14	434	388							临界值	15.50731

图 5.3.3　用 Excel 作总体分布假设检验

6. 计算χ^2值的另一种方法

在 Excel 中还有另一种计算统计量χ^2值的方法: 用函数 CHITEST, 它需要两组参数, 一组是各小区间内样本点的个数, 即图 5.3.3 所示 Excel 表格中 D 列的数据: 2,3,4,10,20,24,15,12,5,3,2, 另一组是理论频数, 即表中第 I 列的数据. 用 CHITEST 函数, 它需要两个参数: 在 Actual_range 栏目内输入 D2:D12, 在 Expected_range 栏目内输入 I2:I12, 得到的结果是 0.90929593(图 5.3.4). Excel 规定的自由度为 $k-1$, 这里 $k-1=10$. 以上结果表示的含义是: $P\{\chi^2(10) > \chi^2\} = 0.90929593$, 由上式可以求出统计量$\chi^2$的值, 方法是用 CHINV 函数, 它需要两个参数, 在 Probability 栏目内输入刚才的结果 0.90929593(鼠标点一下刚才的结果即可), 在 Deg_freedom(自由度)栏目内输入 10, 得到结果 4.716468, 这就是统计量χ^2的值, 与前面求出的结果相同.

图 5.3.4　调用 Excel 中 CHITEST 函数

说明　本例分组(区间)的结果前两个组和最后两个组的数据个数比较少, 可以将前两个区间合并成一个区间$(-\infty, 250)$, 将最后两个区间也合并成一个区间$(950, +\infty)$. 此时 $k=9$, 检验结果不变.

5.4　回 归 分 析

5.4.1　回归分析的概念

1. 回归分析研究的问题

回归分析研究因变量与自变量的相关关系, 因变量是随机变量, 自变量是可以控制或测量的变量(非随机变量, 也称因素变量), 例如, 成人的血压与年龄的关系、商品销售量与价格的关系、农作物的产量与降雨量以及施肥量的关系, 等等.

回归分析通常解决以下问题, 第一, 确定因变量与一个或多个自变量之间的近似表达式，称为回归方程或经验公式；第二，用求得的回归方程对因变量进行预测或控制；第三，进行因素分析，区别重要因素和次要因素.

2. 回归的分类

按自变量的数量来分，可分成：

(1) 一元回归：随机变量 Y 与单个自变量 x 的相关关系；

(2) 多元回归：随机变量 Y 与几个自变量 x_i 之间的关系.

按回归方程的形式来分，可分成：

(1) 线性回归：回归方程的形式是线性表达式；

(2) 非线性回归：回归方程的形式是非线性表达式.

5.4.2　一元线性回归

设观测数据为 (x_i, y_i)，$i = 1, 2, \cdots, n$．回归方程的形式为 $y = a + bx$．

例 5.4.1　表 5.4.1 给出了某化学反应中温度 x 与产品得率(产出率)y 的观测数据，试研究 y 与 x 的回归关系.

表 5.4.1　温度与产品得率的观测数据

温度 x	100	110	120	130	140	150	160	170	180	190
得率 y	45	51	54	61	66	70	74	78	85	89

解　以 x 为横坐标，y 为纵坐标，将上表数据 (x_i, y_i) 画成散点图，如图 5.4.1 所示，从图上可以看出，y 与 x 近似存在线性关系.

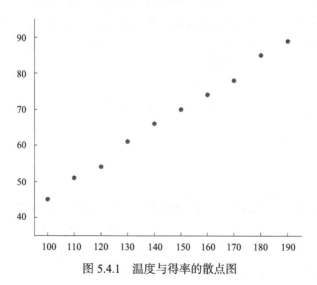

图 5.4.1　温度与得率的散点图

Excel 提供了一组称作"数据分析"的统计分析工具包,内含方差分析、回归分析、协方差和相关系数、傅立叶分析等分析工具,使用这组分析工具,可以大大提高工作效率和质量.

在默认安装下,Excel 并不直接提供数据分析工具包,如果是第一次使用这类工具,则"工具"菜单中没有"数据分析"子菜单,需要按照 5.1 节介绍的方法进行安装. 安装完成之后,点击"工具"菜单中的"数据分析"子菜单,弹出对话框,显示各种数据分析工具.

在进行回归分析之前先输入数据,如图 5.4.2 所示. 然后点击"工具"→"数据分析"→"回归"→"确定",弹出"回归分析"对话框,如图 5.4.3 所示.

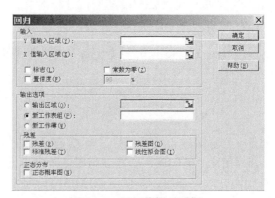

	A	B
1	温度	得率
2	100	45
3	110	51
4	120	54
5	130	61
6	140	66
7	150	70
8	160	74
9	170	78
10	180	85
11	190	89

图 5.4.2　输入数据　　　　　图 5.4.3　回归分析对话框

在 Y 值输入区域填入 B1:B11,表示 B 列第 1 行至第 11 行是因变量 y 的数据,在 X 值输入区域填入 A1:A11,表示 A 列第 1 行至第 11 行是自变量 x 的数据,因第一行是表头(标志),故在对话框的标志上打上"√",见图 5.4.3,置信度打上"√",用默认的 95%或根据需要改成其他百分比. 输出选项可选"新工作表组",残差项目可选,也可不选,正态概率图一般不选. 点击"确定",立即得到回归分析的结果,如图 5.4.4 所示.

回归统计	
Multiple R	0.9981287
R Square	0.9962609
Adjusted R	0.9957936
标准误差	0.9502791
观测值	10

方差分析

	df	SS	MS	F	Significance F
回归分析	1	1924.876	1924.876	2131.574	5.35253E-11
残差	8	7.224242	0.90303		
总计	9	1932.1			

	Coefficients	标准误差	t Stat	P-value	Lower 95%
Intercept	-2.7393939	1.5465	-1.77135	0.11445	-6.305629201
温度	0.4830303	0.010462	46.16897	5.35E-11	0.458904362

图 5.4.4　回归分析的结果

结果中的项目比较多，其中"回归统计"表中的主要项目解释如下：

(1) Multiple R：相关系数 r，其值 $|r| \leqslant 1$，越接近 1 线性关系越显著；

(2) R Square：相关系数 r 的平方，越接近 1 线性关系越显著；

(3) 标准误差：均方差的估计值 $\hat{\sigma}$.

方差分析表的主要项目见表 5.4.2，其中 df 是统计量所服从的 χ^2 分布的自由度，Q_e 是残差的平方和：$Q_e = \sum_{i=1}^{n}(y_i - \hat{a} - \hat{b}x_i)^2$，式中 $\hat{a}$ 和 $\hat{b}$ 是回归系数. $\hat{\sigma}^2 = Q_e/(n-2)$ 是总体 X 的方差 σ^2 的无偏估计. 若令统计量 $S_{xx} = \sum(x_i - \bar{x})^2$，$S_{yy} = \sum(y_i - \bar{y})^2$，$S_{xy} = \sum(x_i - \bar{x})(y_i - \bar{y})$，则 $Q_e = S_{yy} - S_{xx}^2/S_{xy}$，令 $S_{回} = S_{xx}^2/S_{xy}$，则 $Q_e = S_{yy} - S_{回}$. 由回归分析的理论可知，$Q_e/\sigma^2 \sim \chi^2(n-2)$，$S_{yy}/\sigma^2 \sim \chi^2(n-1)$，$S_{回}/\sigma^2 \sim \chi^2(1)$. 根据 F 分布的定义，统计量

$$F = \frac{S_{回}/1}{Q_e/(n-2)} \sim F(1, n-2). \tag{5.4.1}$$

如果 y 与 x 的线性关系越好，则 Q_e 越小，$\hat{\sigma}^2$ 也越小，F 值越大，回归效果越显著. 如果给定 $\alpha = 0.05$，查 F 分布表得分位点 $F_{\alpha}(1, n-2) = F_{0.05}(1,8) = 5.318$，若 $F > F_{\alpha}$ 则回归效果显著，本例 $F = 2131.574$，远大于分位点 F_{α}，故回归效果很好.

表 5.4.2　方差分析表的重要项目

	df(自由度)	SS	MS	F 值
回归分析	1	1924.876($S_{回}$)	1924.876($S_{回}/1$)	2131.574
残　差	8	7.22424(Q_e)	0.90303($Q_e/8$)	
总　计	9	1932.1(S_{yy})		

图 5.4.4 中由 Excel 得到的回归系数为 $\hat{a} = -2.7393939$，$\hat{b} = 0.48030303$，回归方程为 $y = -2.7393939 + 0.48030303x$. 回归结果中 t Stat 和温度所对应的栏目内的数值 46.16879 是统计量 t 的值，$t = \dfrac{S_{xy}}{\hat{\sigma}\sqrt{S_{xx}}} \sim t(n-2)$. 如果给定 α，查 t 分布表得分位点 $t_{\alpha/2}(n-2)$，若 $|t| > t_{\alpha/2}(n-2)$ 则回归效果显著.

5.4.3　多元线性回归

在实际问题中，大多数情况下随机变量 y 往往与多个变量 $x_1, x_2, \cdots, x_k$ 有关，这是多元回归问题，多元线性回归是其中最基本的类型.

1. 多元线性回归模型

假设 y 的数学期望 $E(y)$ 是 k 个自变量：$x_1, x_2, \cdots, x_k$ 的线性函数，写成 $E(y) = b_0 + b_1 x_1 + b_2 x_2 + \cdots + b_k x_k$，于是多元回归模型为

$$y = b_0 + b_1 x_1 + b_2 x_2 + \cdots + b_k x_k + \varepsilon, \quad \varepsilon \sim N(0, \sigma^2). \tag{5.4.2}$$

其中 $b_0, b_1, b_2, \cdots, b_k$ 是回归系数，σ^2 是待估参数.

用最小二乘法求出回归系数的估计值 $\hat{b}_0, \hat{b}_1, \cdots, \hat{b}_k$，得到多元线性回归方程

$$\hat{y} = \hat{b}_0 + \hat{b}_1 x_1 + \hat{b}_2 x_2 + \cdots + \hat{b}_k x_k, \tag{5.4.3}$$

由该式求出的 $\hat{y}$ 称为 y 的预报值. 在回归系数求出来以后，Q_e 的值为 $Q_e = \sum_{i=1}^{n} (y_i - \hat{y}_i)^2$，理论上 $Q_e / \sigma^2 \sim \chi^2(n-k-1)$，由此可得 $\hat{\sigma}^2 = \dfrac{Q_e}{n-k-1}$ 是 σ^2 的无偏估计.

2. 多元线性假设的显著性检验

与一元线性回归相类似，多元线性回归的显著性检验等价于检验假设：

原假设 H_0：$b_1 = b_2 = \cdots = b_k = 0$ (回归效果差)；

对立假设 H_1：至少有一个 $b_j \neq 0$ (回归效果好).

先考察几个量之间的关系，已知 $Q_e = \sum_{i=1}^{n} (y_i - \hat{y}_i)^2$，$S_{yy} = \sum (y_i - \overline{y})^2$，令 $S_{回} = \sum_{i=1}^{n} (\hat{y}_i - \overline{y})^2$，式中 $\hat{y}_i$ 由式(5.4.3)计算得到. 这三个量之间的关系为：$Q_e = S_{yy} - S_{回}$.

理论上可以证明 $Q_e / \sigma^2 \sim \chi^2(n-k-1)$，$S_{yy} / \sigma^2 \sim \chi^2(n-1)$，由 χ^2 分布的可加性得到 $S_{回} / \sigma^2 \sim \chi^2(k)$. 根据 F 分布的定义，统计量

$$F = \frac{S_{回} / k}{Q_e / (n-k-1)} \sim F(k, n-k-1). \tag{5.4.4}$$

若 F 值越大，则回归效果越好. 如果给定 α，查 F 分布表得分位点 $F_\alpha(k, n-k-1)$，若 $F > F_\alpha(k, n-k-1)$，则拒绝 H_0，回归效果好；否则接受原假设 H_0，回归效果差.

由于 $Q_e = S_{yy} - S_{回}$，S_{yy} 是定值，$S_{回}$ 越大，则 Q_e 越小，从而 F 值越大，线性

关系越显著, 反之亦然.

3. 用 Excel 进行多元线性回归分析

下面通过实例说明用 Excel 进行多元线性回归分析的方法和步骤.

例 5.4.2　某种水泥在凝固时放出的热量与水泥中的下列四种化学成分的含量(%)有关 x_1:3Cao.Al$_2$O$_3$, x_2:3Cao.SiO$_2$, x_3:4Cao. Al$_2$O$_3$.Fe$_2$O$_3$, x_4:2Cao.SiO$_2$. 数据见表 5.4.3.

表 5.4.3　测试数据

编号	1	2	3	4	5	6	7	8	9	10	11	12	13
x_1	7	1	11	11	7	11	3	1	2	21	1	11	10
x_2	26	29	56	31	52	55	71	31	54	47	40	66	68
x_3	6	15	8	8	6	9	17	22	18	4	23	9	8
x_4	60	52	20	47	33	22	6	44	22	26	34	12	12
y	78.5	74.3	104.3	87.6	95.9	109.2	102.7	72.5	93.1	115.9	83.8	113.3	109.4

解　首先在 Excel 中输入数据, 如图 5.4.5 所示, x_1, x_2, x_3, x_4 是自变量, y 是因变量. 回归方程形式为 $y = b_0 + b_1x_1 + b_2x_2 + b_3x_3 + b_4x_4$.

	A	B	C	D	E
1	x1	x2	x3	x4	y
2	7	26	6	60	78.5
3	1	29	15	52	74.3
4	11	56	8	20	104
5	11	31	8	47	87.6
6	7	52	6	33	95.9
7	11	55	9	22	109
8	3	71	17	6	103
9	1	31	22	44	72.5
10	2	54	18	22	93.1
11	21	47	4	26	116
12	1	40	23	34	83.8
13	11	66	9	12	113
14	10	68	8	12	109

图 5.4.5　输入数据

然后点击 "工具" → "数据分析" → "回归" → "确定", 弹出回归对话框, 在该对话框的 "Y 值输入区域" 填入 E1:E14, "X 值输入区域" 填入 A1:D14, 然后点击 "确定", 立即得到回归结果, 见图 5.4.6.

对结果的说明:

Multiple: 相关系数 R, 越接近 1 越好;

R Square: R 的平方;

标准误差: 即 σ 的估计值.

方差分析表中的重要数据:

df 是自由度; SS 是 $S_{回}$ (2667.899); 残差是 Q_e(47.86364); F 值 111.4792 是判别线性假设是否成立的依据, F 值越大越好. 本例临界值为 FINV(0.05,4,8) = 3.8379, 由于 F 值大于临界值, 所以认为线性回归效果好.

Coefficient 所在的一列表示回归系数, 其中 $b_0 = 62.40537$, $b_1 = 1.551103$, $b_2 = 0.510168$, $b_3 = 0.101909$, $b_4 = -0.14406$.

	A	B	C	D	E	F	G	H	I
4	Multiple R	0.991149							
5	R Square	0.982376							
6	Adjusted R	0.973563							
7	标准误差	2.446008							
8	观测值	13							
9									
10	方差分析								
11		df	SS	MS	F	Significance F	3.8378534		
12	回归分析	4	2667.899	666.9749	111.4792	4.75618E-07			
13	残差	8	47.86364	5.982955					
14	总计	12	2715.763						
15									
16		Coefficient	标准误差	t Stat	P-value	Lower 95%	Upper 95%	下限 95.0%	上限 95.0%
17	Intercept	62.40537	70.07096	0.890602	0.399134	-99.17855226	223.98929	-99.17855	223.989291
18	x1	1.551103	0.74477	2.08266	0.070822	-0.166339744	3.268545	-0.16634	3.26854504
19	x2	0.510168	0.723788	0.704858	0.500901	-1.158890544	2.1792257	-1.158891	2.1792257
20	x3	0.101909	0.754709	0.135031	0.895923	-1.638452774	1.8422716	-1.638453	1.84227158
21	x4	-0.14406	0.709052	-0.20317	0.844071	-1.779138018	1.491016	-1.779138	1.49101596

图 5.4.6　多元线性回归分析的结果

4. 因素主次的判别

在变量 x_1, x_2, $\cdots$, x_k 中，各变量是否都同等重要呢？哪些变量是重要的(影响大)？哪些变量不太重要(影响小)？能否把影响较小的次要变量剔除？剔除之后有什么影响？某个变量 j 对应的回归系数 $\hat{b}_j$ 越小，则该变量对 y 的影响越小，以例 5.4.2 为例，x_3 对应的回归系数 $\hat{b}_j = 0.1019$ 是绝对值最小者，剔除 x_3 试一试，此时还有 3 个自变量，改动数据，其他不变，重新用 Excel 进行回归分析，得到回归方程为：

$$\hat{y} = 71.6483 + 1.45194 x_1 + 0.41611 x_2 - 0.23654 x_4.$$

此时的 $S_回$ 为 2667.79，比原来的 $S_回 = 2667.90$ 稍微小一点点，其差值记为 u_j，此值越小，说明变量 x_j 的作用越不明显. $u_3 = 0.11$，说明变量 x_3 的作用较小.

下面介绍具体量化方法，u_j 小到什么程度可以剔除变量 x_j.

原假设 H_0: $b_j = 0$，变量 x_j 的作用不显著(可以剔除)；

对立假设 H_1: $b_j \neq 0$，变量 x_j 的作用显著.

理论上 $u_j / \sigma^2 \sim \chi^2(1)$，根据 F 分布的定义，统计量

$$F_j = \frac{u_j}{Q_e(n-k-1)} \sim F(1, n-k-1). \qquad (5.4.5)$$

给定 α，查 F 分布表得分位点 $F_\alpha(1, n-k-1)$，若 $F_j > F_\alpha(1, n-k-1)$，则拒绝 H_0，变量 x_j 的作用显著；否则接受原假设 H_0，变量 x_j 的作用不显著(可以剔除)，F_j 越小，变量 x_j 的作用越不显著.

本例 $F_3=0.0184$，临界值为 $F_{0.05}(1,8)=5.32$，$F_3<F_{0.05}$，接受 H_0，即变量 x_3 的作用不显著，可以剔除.

5.4.4　可化为线性的非线性回归

在实际问题中，线性关系仅是一种最简单、最基本的情况，更多的是非线性关系. 解决非线性回归的做法可以有两种：

(1) 通过适当的变换，化为线性问题；

(2) 直接用最小二乘法.

常用方法是通过变量代换把非线性关系化成线性关系，然后用线性回归方法求出回归系数，再返回原来的函数关系，得到符合要求的回归方程. 表 5.4.4 列出常见的可化为线性方程的非线性方程.

表 5.4.4　常见的可化为线性方程的非线性方程

非线性方程		变换公式	变换后的线性方程
双曲线　$1/y = a + b/x$		$y^* = 1/y, x^* = 1/x$	$y^* = a + bx^*$
幂函数 $y = cx^b, c>0, x>0$		取对数得 $\ln y = \ln c + b\ln x$ 令 $y^* = \ln y, x^* = \ln x, a = \ln c$	$y^* = a + bx^*$
指数 函数	$y = ce^{bx}, c>0$	取对数得 $\ln y = \ln c + bx$ 令 $y^* = \ln y, a = \ln c$	$y^* = a + bx$
	$y = ce^{b/x}, c>0$	取对数得 $\ln y = \ln c + b/x$ 令 $y^* = \ln y, a = \ln c, x^* = 1/x$	$y^* = a + bx^*$
对数函数 $y = a + b\ln x$		令 $x^* = \ln x$	$y = a + bx^*$
S 型曲线 $y = \dfrac{1}{a + be^{-x}}$		$y^* = 1/y, x^* = e^{-x}$	$y^* = a + bx^*$
抛物线 $y = b_0 + b_1x + b_2x^2$		$x_1 = x, x_2 = x^2$	$y = b_0 + b_1x_1 + b_2x_2$
多项式 $y = b_0 + b_1x + b_2x^2 + \cdots + b_kx^k$		$x_1 = x, x_2 = x^2 \cdots, x_k = x^k$	$y = b_0 + b_1x_1 + \cdots + b_kx_k$

例 5.4.3　混凝土的抗压强度 x 较容易测定，而抗剪强度 y 不易测定，工程中希望建立一种能由 x 推算 y 的经验公式. 表 5.4.5 列出了现有 9 对数据.

表 5.4.5　混凝土的抗压强度和抗剪强度数据

x	141	152	168	182	195	204	223	254	277
y	23.1	24.2	27.2	27.8	28.7	31.4	32.5	34.8	36.2

试分别按以下三种形式建立 y 对 x 的回归方程，并根据 F 值选最优模型.

(1) $y = a + b\sqrt{x}$;

(2) $y = a + b\ln x$;

(3) $y = cx^b$.

解　对于(1)，令 $x^* = \sqrt{x}$ ；对于(2)，令 $x^* = \ln x$ ；对于(3)两边取对数得 $\ln y = \ln c + b\ln x$ ，令 $y^* = \ln y, x^* = \ln x, a = \ln c$ ，三种情况下都有 $y^* = a + bx^*$.

在 Excel 中输入 x, y 原始数据并计算 $\sqrt{x}, \ln x, \ln y$ 等数据(图 5.4.7)，调用回归分析工具，分别得到三种形式下的回归方程.

	A	B	C	D	E
1	x	y	$\sqrt{x}$	$ln\ x$	$ln\ y$
2	141	23.1	11.87434	4.94876	3.13983
3	152	24.2	12.32883	5.02388	3.18635
4	168	27.2	12.96148	5.12396	3.30322
5	182	27.8	13.49074	5.20401	3.32504
6	195	28.7	13.96424	5.27300	3.35690
7	204	31.4	14.28286	5.31812	3.44681
8	223	32.5	14.93318	5.40717	3.48124
9	254	34.8	15.93738	5.53733	3.54962
10	277	36.2	16.64332	5.62402	3.58906

图 5.4.7　混凝土强度数据

(1) 方程形式 $y = a + b\sqrt{x}$.

结果：$a=-9.88055$，$b=2.8068$，$F=335.61609$，相关系数 $R=0.989732$，回归方程为：

$$y = -0.988055 + 2.8068\sqrt{x}.$$

(2) 方程形式 $y = a + b\ln x$.

结果：$a=-75.284446$，$b=19.87895$，$F=451.7927$，相关系数 $R=0.992342$，回归方程为 $y = -75.284446 + 19.87895\ln x$.

(3) 方程形式 $y = cx^b$.

结果：$a=-0.20053$，$b=0.6781$，$c=e^a=0.8183$，$F=301.72$，相关系数 $R=0.9886$，回归方程为 $y = 0.8183x^{0.6781}$.

对以上三种形式经验公式的计算结果进行比较，第二种经验公式的 F 值最大为 451.7927，相关系数也最大，所以第二种经验公式 $y = -75.284446 + 19.87895\ln x$ 是最优模型，画出散点图和三种经验公式(回归方程)的曲线图形，见图 5.4.8，图中以第二种经验公式拟合程度最好.

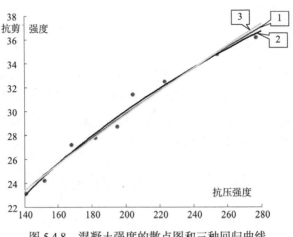

图 5.4.8　混凝土强度的散点图和三种回归曲线

习　题　五

1. 用迭代法能求任意正实数 x 的平方根，迭代公式为 $a_n = \dfrac{1}{2}\left(a_{n-1} + \dfrac{x}{a_{n-1}}\right)$，令 $a_0 = 1.0$，则有 $\lim\limits_{n \to \infty} a_n = \sqrt{x}$，用该方法在 Excel 内计算 5 的平方根，要求计算结果的精度达到 10^{-12}.

2. 试把方程 $x + 2^x - 4 = 0$ 改写成收敛的迭代形式，用 Excel 求该方程在区间 $(1, 2)$ 内的根，要求计算结果的精度达到 10^{-12}.

3. 求方程 $3x - e^x = 0$ 在区间 $(0, 1)$ 内的实数根，精度达到 10^{-12}.

4. 利用公式 $e^x = 1 + x + \dfrac{1}{2!}x^2 + \dfrac{1}{3!}x^3 + \cdots + \dfrac{1}{n!}x^n + \cdots$，在 Excel 内计算 e 和 e^2 的值，要求误差小于 10^{-12}.

5. 拉马努金(Ranmaunujan)在 1916 年提出公式：

$$\frac{1}{\pi} = \frac{2\sqrt{2}}{9801} \sum_{n=1}^{\infty} \frac{(4n)!}{(n!)^4} \cdot \frac{1103 + 26390n}{396^{4n}},$$

试用该式在 Excel 内计算 π 的近似值，要求计算结果的误差小于 10^{-14}.

6. 测量了 50 颗滚珠的直经，得数据如下：

15.8,15.2,15.1,15.9,14.7,14.8,15.5,15.6,15.3,15.1,15.3,15,15.6,15.7,14.8,14.5, 14.2,14.9,14.9,15.2,15,15.3,15.6,15.1,14.9,14.2,14.6,15.8,15.2,15.9,15.2,15,14.9, 14.8,14.5,15.1,15.5,15.5,15.1,15.1,15,15.3,14.7,14.5,15.5,15,14,14.7,14.2,15.0.

试对以上数据作描述统计，并画出直方图.

7. 设有如下表格数据：

项　目	应到位数	实际到位数	实际到位率
预 算 拨 款	100	80	
基 金 拨 款	100	70	
资 本 金 拨 款	50	20	
设 备 转 帐	50	35	
器 材 转 帐	100	70	
其 他 拨 款	200	150	

试求实际到位率，并就实际到位数和实际到位率画出三维柱形图和三维饼图，对图表进行修饰，使之尽可能美观.

8. 用 Excel 画出函数 $y = \cos x - e^{-x^2/4}\ln(1+x^2)$ 在区间[1, 6]上的图像，在该区间内有无极小值？极小值是多少？

9. 用 Excel 画出函数 $f(x) = 10x + e^x - 2$ 在区间[−2, 4]上的图像，并求解：

(1) 函数 $f(x)$ 在该区间内的极大值是多少？

(2) 方程 $f(x) = 0$ 在该区间内有几个根？试把该方程改写成收敛的迭代形式，取适当的初始值，求出它的根.

10. 用 Excel 画出函数 $f(x) = e^{-x}(5\sin x + \ln(1+x^2))$ 在区间[0, 9]内的图像，有几个极小值？几个极大值？试用 Execl 求出这些极值点和极值，并求出方程 $f(x)=0$ 在区间[2, 6]内的所有实数根.

11. 某罐头食品厂某天检查了某型号罐头 100 个，得到净重数据(单位 g)如下：

```
342  341  348  346  343  342  346  341  344  348  346  346  341
344  342  344  345  340  344  344  343  344  342  342  343  345
339  350  337  345  349  336  348  344  345  332  342  341  350
343  347  340  344  353  341  340  353  346  345  346  341  339
342  352  342  350  348  344  350  335  340  338  345  345  349
336  342  338  343  343  341  347  341  347  344  339  347  358
343  347  346  344  345  350  341  338  343  339  343  346  342
339  343  350  341  346  341  345  344  342
```

试画出直方图，并检验总体是否服从正态分布($\alpha = 0.05$).

12. 测量合金强度 y(kg/mm^2)与其中的含碳量(%)，得到数据如下表所示，试求 y 对 x 的线性回归方程，并检验回归效果.

x	0.1	0.11	0.12	0.13	0.14	0.15	0.16	0.17	0.18	0.20	0.21	0.23
y	42.0	41.5	45.0	45.5	45.0	47.5	49.0	55.0	50.0	55.0	55.5	60.5

13. 已知数据如下：

序号	x_1	x_2	x_3	y	序号	x_1	x_2	x_3	y
1	0.4	53	158	64	10	12.6	58	112	51
2	0.4	23	163	60	11	10.9	37	111	76
3	3.1	19	37	71	12	23.1	46	114	96
4	0.6	34	157	61	13	23.1	50	134	77
5	4.7	24	59	54	14	21.6	44	73	93
6	1.7	65	123	77	15	23.1	56	168	95
7	9.4	44	46	81	16	1.9	36	143	54
8	10.1	31	117	93	17	26.8	58	202	168
9	11.6	29	173	93	18	29.9	51	124	99

试求 y 对 x_1，x_2 和 x_3 的线性回归方程并检验回归效果，能否剔除一个变量？

14. 炼钢厂出钢时所用的盛钢水的钢包，由于钢水对耐火材料的侵蚀作用，随着使用次数的增加，容积不断增大，实测得到 15 组数据如下：

使用次数 x	2	3	4	5	6	7	8	9
增大容积 y	6.70	8.20	9.58	9.50	9.70	10.00	9.96	9.99
使用次数 x	10	11	12	13	14	15	16	
增大容积 y	10.49	10.59	10.60	10.80	10.60	10.90	10.76	

试分别按以下两种形式建立 y 对 x 的回归方程，画出散点图和回归曲线，并根据 F 值判断哪一种好.

(1) $\dfrac{1}{y} = a + \dfrac{b}{x}$；

(2) $y = c\mathrm{e}^{b/x}$.

15. 已知数据如下：

x	0	0.5	1	1.5	2	2.5	3	3.5	4	4.5	5	5.5
y	3.6	7.5	10.7	12.7	13.1	12.5	11.3	10.7	11.8	15.4	22.2	3.6

试求形式为 $y = a_0 + a_1 x^2 + a_2 x^3 + a_3 \sin x$ 的回归方程并检验回归效果.

第6章 LINGO 在数学建模中的应用实例

6.1 最优渡江路线

6.1.1 问题的提出

本题是 2003 年全国大学生数学建模竞赛 D 题，题目如下：

"渡江"是武汉城市的一张名片. 1934 年 9 月 9 日，武汉警备旅官兵与体育界人士联手，在武汉第一次举办横渡长江游泳竞赛活动，起点为武昌汉阳门码头，终点设在汉口三北码头，全程约 5000m. 有 44 人参加横渡，40 人达到终点，张学良将军特意向冠军获得者赠送了一块银盾，上书"力挽狂澜".

2001 年，"武汉抢渡长江挑战赛"重现江城. 2002 年，正式命名为"武汉国际抢渡长江挑战赛"，于每年的 5 月 1 日进行. 由于水情、水性的不可预测性，这种竞赛更富有挑战性和观赏性.

2002 年 5 月 1 日，抢渡的起点设在武昌汉阳门码头，终点设在汉阳南岸嘴，江面宽约 1160m. 据报载，当日的平均水温 16.8℃，江水的平均流速为 1.89m/s. 参赛的国内外选手共 186 人(其中专业人员将近一半)，仅 34 人到达终点，第一名的成绩为 14 分 8 秒. 除了气象条件外，大部分选手由于路线选择错误，被滚滚的江水冲到下游，而未能准确到达终点.

假设在竞渡区域两岸为平行直线，它们之间的垂直距离为 1160m，从武昌汉阳门的正对岸到汉阳南岸嘴的距离为 1000m，见示意图.

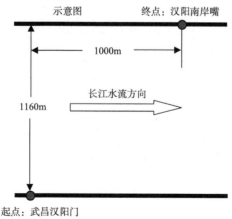

请你们通过数学建模来分析上述情况，并回答以下问题：

(1) 假定在竞渡过程中游泳者的速度大小和方向不变，且竞渡区域每点的流速均为 1.89m/s. 试说明 2002 年第一名是沿着怎样的路线前进的，求她游泳速度的大小和方向. 如何根据游泳者自己的速度选择游泳方向，试为一个速度能保持在 1.5m/s 的人选择游泳方向，并估计他的成绩.

(2) 在(1)的假设下，如果游泳者始终以和岸边垂直的方向游，他(她)们能否到达终点？根据你们的数学模型说明为什么 1934 年和 2002 年能游到终点的人数的百分比有如此大的差别；给出能够成功到达终点的选手的条件.

(3) 若流速沿离岸边距离的分布为(设从武昌汉阳门垂直向上为 y 轴正向)：

$$
v(y) = \begin{cases}
1.47\text{m/s}, & 0 \leqslant y \leqslant 200 \\
2.11\text{m/s}, & 200 < y < 960 \\
1.47\text{m/s}, & 960 \leqslant y \leqslant 1160
\end{cases}
$$

游泳者的速度大小(1.5m/s)仍全程保持不变，试为他选择游泳方向和路线，估计他的成绩.

(4) 若流速沿离岸边距离为连续分布，例如

$$
v(y) = \begin{cases}
\dfrac{2.28}{200}y, & 0 \leqslant y \leqslant 200 \\
2.28, & 200 < y < 960 \\
\dfrac{2.28}{200}(1160 - y), & 960 \leqslant y \leqslant 1160
\end{cases}
$$

或你们认为合适的连续分布，如何处理这个问题.

(5) 用普通人能懂的语言，给有意参加竞渡的游泳爱好者写一份竞渡策略的短文.

(6) 你们的模型还可能有什么其他的应用？

6.1.2　基本假设

(1) 不考虑风向、风速、水温等其他因素对游泳者的影响.

(2) 游泳者的游泳速度大小保持定值.

(3) 江岸是直线，两岸之间宽度为定值.

(4) 水流的速度方向始终与江岸一致，无弯曲、漩涡等现象.

(5) 将游泳者在长江水流中的运动看成质点在平面上的二维运动.

6.1.3　问题的分析

建立如图 6.1.1 所示平面直角坐标系, 渡江起点为坐标原点, x 轴与江岸重合, 正方向与水流方向一致, 终点 A 的坐标为(L, H).

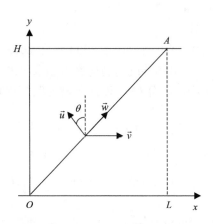

图 6.1.1　坐标系和速度合成

用 u 表示游泳者的速度(游速), v 表示水流速度(流速), w 是合速度. 如果流速处处为常数, 且游速的大小为常数, 则从起点 O 到终点 A 的直线路程最短, 显然当合速度 w 始终沿着 OA 方向时游泳时间 T 取得最小值.

把游泳者在长江水流中的运动看成质点在平面上的二维运动, 质点的实际运动速度是游泳速度与水流速度的合成速度 w, 它决定了质点的轨迹. 因 u 与 y 轴的夹角 θ 不会超过 90°, 为方便计算, 用 θ 表示游泳速度的方向, 并称它为方向角. 游速 u 的垂直分量为 $u\cos\theta$, 水平分量为 $u\sin\theta$.

6.1.4　模型的建立和求解

问题(1)比较简单, 此处省略.

1. 问题(2)

如果游泳速度始终垂直于江岸, 则 $\theta = 0$, 设渡江所需时间为 T, 有 $H = uT$, $L = vT$, 于是得到关系式 $u = Hv/L$, 由此可知, 当游泳速度始终垂直于江岸, 且江面宽度 H 为定值时, L 越小, 水的流速 v 越大, 则对游泳者的速度要求越高.

以 $H = 1160$m, $L = 1000$m, 2002 年江水流速 $v = 1.89$m/s, 代入计算得 $T = 529.1$s, 游泳速度最低必须达到 $u = 2.1924$m/s. 实际上 2002 年第一名的平均速度为 1.542m/s, 小于最低要求, 如果她始终以和岸边垂直的方向游, 将无法成功到达终点，所有速度小于 1.542m/s 的选手，假如始终以和岸边垂直的方向游，他(她)们都将无法成功到达终点.

如果速度的方向由选手自己掌握，则能成功到达终点的速度条件比始终垂直江岸的要求低. $T = \dfrac{H}{u\cos\theta}$，到达终点时的水平位移为 L，故有 $\dfrac{H(v - u\sin\theta)}{u\cos\theta} = L$，化简得

$$u = \frac{Hv}{H\sin\theta + L\cos\theta}, \qquad (6.1.1)$$

这是能成功到达终点的关系式，游速 u 是 θ 的函数，u 有极小值，为了求极小值，令 u 对 θ 的导数为零，得 $\tan\theta = H/L$，再代入式(6.1.1)，得能够到达终点的最小游速为

$$u_{\min} = \frac{Hv}{\sqrt{H^2 + L^2}}. \qquad (6.1.2)$$

1934 年与 2002 年的起点相同，但终点不同. 1934 年的终点在汉口三北码头，全程约为 5000m，故终点离起点正对岸的距离 $L = 4863.58$m. 如果流速相同，都是 $v = 1.89$m/s，则 2002 年能成功到达终点的选手的速度条件为：$u \geqslant 1.4315$m/s，而 1934 年能成功到达终点的选手的速度条件为：$u \geqslant 0.4385$m/s.

1934 年和 2002 年能游到终点的人数的百分比有如此大的差别的主要原因在于，1934 年竞赛活动的路线长于 2002 年竞赛活动的路线，其 L 大得多，对游泳者的速度要求低，很多选手能够达到. 2002 年的 L 只有 1000m，虽然路程短，但对选手的速度要求高，有些选手的速度达不到该最低要求，还有些选手的游泳路径选择不当(速度的方向没有把握住)，被水流冲过终点，而一旦冲过头，游泳速度还没有水流大，因而无力游回，只能眼看冲过终点而无可奈何. 此外，2002 年的气象条件较为不利，风大浪急，水流速度大，这些不利条件降低了选手的成功率.

2. 问题(3)

如图 6.1.2 所示，把江面分成三个区域，每个区域内的流速不变，游泳速度的方向也不变，在区域内部的游泳路径是直线.

要想得到最短时间，必须综合考虑三个区域，在不同的区域内选择不同的速度方向，使得总时间最少，把三个区域的时间之和作为目标函数进行优化. 由于区域 1 与区域 3 对称，可以合并考虑，简化为两个区域的综合优化问题，如图 6.1.3 所示.

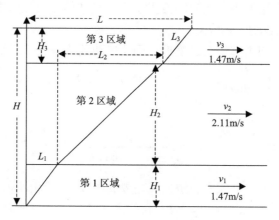

图 6.1.2　江面分成三个区域

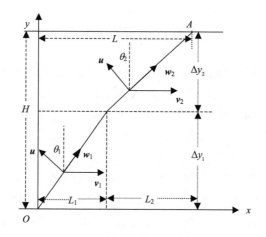

图 6.1.3　流速分为两个区域

设在两个区域内的游泳速度方向角分别为 θ_1 和 θ_2，则渡过第一区域所需时间为 $t_1 = \Delta y_1 /(u\cos\theta_1)$，水平方向的位移为 $L_1 = \left(\dfrac{v_1}{u}\sec\theta_1 - \tan\theta_1\right)\cdot\Delta y_1$，第二区域与此类似，综合考虑两个区域，得到优化模型：

$$\min\ T = \frac{\Delta y_1}{u\cos\theta_1} + \frac{\Delta y_2}{u\cos\theta_2},$$

$$\text{s.t.}\ \varphi(\theta_1,\ \theta_2) = \sum_{i=1}^{2}\left(\frac{v_i}{u}\sec\theta_i - \tan\theta_i\right)\cdot\Delta y_i - L = 0. \tag{6.1.3}$$

用拉格朗日乘子法，引入拉格朗日函数：$F(\theta_1,\theta_2) = T + \lambda\cdot\varphi(\theta_1,\theta_2)$，分别求它对

θ_1 和 θ_2 的偏导数并令它们等于零，得

$$\frac{\partial F}{\partial \theta_1} = \frac{\Delta y_1}{u} \sec\theta_1 \cdot \tan\theta_1 + \lambda\left(\frac{v_1}{u}\sec\theta_1 \cdot \tan\theta_1 - \sec^2\theta_1\right) \cdot \Delta y_1 = 0,$$

化简得 $\sin\theta_1 = \dfrac{u}{v_1 + a}$，式中 $a = \dfrac{1}{\lambda}$ 是常数，同理可得 $\sin\theta_2 = \dfrac{u}{v_2 + a}$. 这两个式子

是目标函数取得极小值的必要条件.

把已知数据代入上式，得

$$\begin{cases} \sin\theta_1 = \dfrac{1.5}{1.47 + a}, \\[2mm] \sin\theta_2 = \dfrac{1.5}{2.11 + a}, \\[2mm] \left(\dfrac{1.47}{1.5}\sec\theta_1 - \tan\theta_1\right)\cdot 400 + \left(\dfrac{2.11}{1.5}\sec\theta_2 - \tan\theta_2\right)\cdot 760 = 1000. \end{cases} \tag{6.1.4}$$

这以 θ_1，θ_2 和 a 为未知数的方程组，用软件 Mathematica 求解得到结果：$a = 1.07852$，$\theta_1 = 36.0561°$，$\theta_2 = 28.0627°$，$T = \dfrac{400}{1.5\cos\theta_1} + \dfrac{760}{1.5\cos\theta_2} = 904.0228$ s. 最

优渡江路线是分成三段的折线.

本模型也可以作为非线性规划，用 LINGO 求解，程序如下：

```
MIN=2*t1+t2;
u=1.5;  v1=1.47;  v2=2.11;  u*@cos(z1)*t1=200;
u*@cos(z2)*t2=760;  (v1-u*@sin(z1))*t1=L1;
(v2-u*@sin(z2))*t2=L2;  2*L1+L2=1000;
@bnd(0,z1,1.5);  @bnd(0,z2,1.5);
```

运行结果：目标函数值 904.0228(s)，z1=0.6292972，z2=0.4897866(弧度)，L1=96.83405，L2=806.3319(m).

3. 问题(4)的理论最优解

流速是 y 的连续函数，我们用微元法建立模型. 则将江宽 $[0, H]$ 分成 n 等分，分点为 $0 = y_0 < y_1 < \cdots < y_n = H$，记 $\Delta y_i = y_i - y_{i-1}$. 当 n 比较大时，区域 $[y_{i-1}, y_i]$ 内的流速可视为常数，记为 v_i，游泳速度的方向角记为 θ_i，则渡过该区域所需时

间为 $t_i = \dfrac{\Delta y_i}{u\cos\theta_i}$，水平方向位移为 $L_i = (v_i - u\sin\theta_i)\cdot t_i = \left(\dfrac{v_i}{u}\sec\theta_i - \tan\theta_i\right)\cdot \Delta y_i$，

$(i = 1, 2, \cdots, n)$. 由此建立优化模型：

$$\begin{cases} \min \ T = \sum_{i=1}^{n} \dfrac{\Delta y_i}{u \cos \theta_i}, \\ \text{s.t.} \ \varphi(\theta_1, \theta_2, \cdots, \theta_n) = \sum_{i=1}^{n} \left(\dfrac{v_i}{u} \sec \theta_i - \tan \theta_i \right) \cdot \Delta y_i - L = 0. \end{cases} \tag{6.1.5}$$

用拉格朗日乘子法，引入拉格朗日函数：

$$F(\theta_1, \theta_2, \cdots, \theta_n) = T + \lambda \cdot \varphi(\theta_1, \theta_2, \cdots, \theta_n).$$

令 $\dfrac{\partial F}{\partial \theta_i} = \dfrac{\Delta y_i}{u} \sec \theta_i \cdot \tan \theta_i + \lambda \left(\dfrac{v_i}{u} \sec \theta_i \cdot \tan \theta_i - \sec^2 \theta_i \right) \cdot \Delta y_i = 0$，化简得

$$\sin \theta_i = \frac{u}{v_i + a} \qquad \left(a = \frac{1}{\lambda} \text{ 是常数}, \ i = 1, 2, \cdots, n \right). \tag{6.1.6}$$

这是目标函数取得极小值的必要条件，反之，若这 n 个等式成立，且能求得唯一的一组解 θ_1、θ_2、$\cdots$、θ_n，则对应路径必定是最优路径.

令 $n \to \infty$，则 $\Delta y_i \to 0$，根据微元法的基本思想，方向角 θ 也将连续变化，记为 $\theta(y)$，于是可把式(6.1.6)改写为

$$\sin \theta(y) = \frac{u}{v(y) + a}. \tag{6.1.7}$$

以上结论可以用如下定理来表述.

定理 1 设 S 是从起点 O 到终点 A 的一条游泳路径，θ 是 S 上任一点处的方向角，v 为该点处的流速，人的游泳速度的大小 u 不变，则 S 是最优路径的充分必要条件是存在常数 a，使等式 $\sin \theta = \dfrac{u}{v + a}$ 在该路径上处处成立.

该定理给出了最优路径上方向角与流速之间的关系式，说明在最优路径上，流速越大，方向角的正弦越小，方向角也越小，反之亦然.

在流速连续变化的情况下，令 $n \to \infty$，由微元法，对式(6.1.5)取极限得到优化模型：

$$\begin{cases} \min \ T = \displaystyle\int_0^H \dfrac{1}{u \cos \theta(y)} \, \mathrm{d}y, \\ \text{s.t.} \displaystyle\int_0^H \left[\dfrac{v(y)}{u} \sec \theta(y) - \tan \theta(y) \right] \mathrm{d}y = L. \end{cases} \tag{6.1.8}$$

对于具体的流速分布, 如果从约束条件求出了常数 a, 问题就迎刃而解了. 题目问题(4)所给出的流速是 y 的连续函数, 当 $0 \leqslant y \leqslant 200\,\text{m}$ 时, $v(y) = 0.0114y = ky$ (式中 $k = 0.0114$), 由式(6.1.8)可得 $L_1 = \int_0^{200} \left(\dfrac{v}{u}\sec\theta - \tan\theta \right)\text{d}y$, 把 $\text{d}y = \dfrac{1}{k}\text{d}v$ 代入上式, 得

$$L_1 = \frac{1}{k} \int_0^{2.28} \left(\frac{v}{u}\sec\theta - \tan\theta \right)\text{d}v. \tag{6.1.9}$$

当 $200 < y < 960$ 时, 流速是常数, 方向角 $\theta_2 = \arcsin\dfrac{u}{2.28 + a}$, 游泳路线是直线, 水平位移为

$$L_2 = \left(\frac{2.28}{u}\sec\theta_2 - \tan\theta_2 \right) \cdot 760, \tag{6.1.10}$$

约束条件为 $2L_1 + L_2 = 1000$. $\qquad\qquad\qquad\qquad\qquad\qquad$ (6.1.11)

可以用解析法直接求出式(6.1.9)的定积分, 从而计算出最优渡江路线上的 a 值, 步骤为: 由关系式 $\sin\theta = \dfrac{u}{v + a}$, 得

$$\sec\theta = \frac{v + a}{\sqrt{(v + a)^2 - u^2}}, \quad \tan\theta = \frac{u}{\sqrt{(v + a)^2 - u^2}},$$

代入式(6.1.9)得

$$L_1 = \frac{1}{ku} \int_0^{2.28} \frac{v(v + a)}{\sqrt{(v + a)^2 - u^2}}\text{d}v - \frac{u}{k} \int_0^{2.28} \frac{1}{\sqrt{(v + a)^2 - u^2}}\text{d}v.$$

求得积分结果为

$$L_1 = \frac{2.28 - a}{2ku}\sqrt{(2.28 + a)^2 - u^2} + \frac{a}{2ku}\sqrt{a^2 - u^2} - \frac{u}{2k}\ln\frac{2.28 + a + \sqrt{(2.28 + a)^2 - u^2}}{a + \sqrt{a^2 - u^2}}.$$

由 $\theta_2 = \arcsin\dfrac{u}{2.28 + a}$, 将式(6.1.10)改写成 $L_2 = \dfrac{1155.2a + 1493.856}{\sqrt{(2.28 + a)^2 - u^2}}$, 把 L_1 和 L_2 代入式(6.1.11), 得到一个以 a 为未知数的方程式, 取 $u = 1.5$, 用 Mathematica 解该方程得到 $a = 1.72066174$.

一旦求出了最优游泳路线上的 a 值, 就可以用式(6.1.7)求出最优路线上各处的方向角 θ, 用式(6.1.8)通过积分求出相应的渡江总时间. 计算结果为: 入水时的

方向角为 $\theta_1 = 66.6635°$，然后按恒等式 $\sin\theta = \dfrac{u}{v+a}$，随着流速 v 增大，方向角 θ 减小，至 $y = 200\mathrm{m}$ 处，$\theta_2 = 22.02°$，水平位移 $L_1 = 30.6363\mathrm{m}$，所需时间为

$$t_1 = \int_0^{200} \frac{1}{u\cos\theta}\mathrm{d}y = \frac{1}{uk}\int_0^{2.28} \frac{v+a}{\sqrt{(v+a)^2 - u^2}}\mathrm{d}v$$

$$= \frac{1}{uk}\sqrt{(v+a)^2 - u^2}\,\Big|_0^{2.28} = 167.59044\mathrm{s}.$$

当 $200 < y < 960$ 时，游泳路线是直线，方向角维持 $\theta_2 = 22.02°$ 不变，水平位移 L_2 $= 938.7274\mathrm{m}$，时间 $t_2 = \dfrac{760}{1.5\cos\theta_2} = 546.53656\,\mathrm{s}$，渡江总时间 $T = 881.7175\mathrm{s}$.

在最优路径上，前 200m 游泳路线是曲线，如图 6.1.4 所示. 中间 760m 的游泳路线是直线，最后 200m 的路线与前 200m 对称.

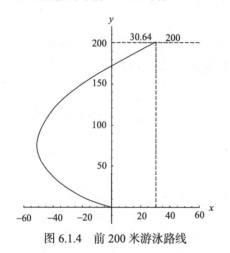

图 6.1.4　前 200 米游泳路线

以上结果是用解析法计算出来的，因而是最优渡江路线的理论精确解，它要求方向角随着流速的连续变化随时改变. 实际渡江时，不可能每时每刻调整速度的方向，但该结果的理论原则对游泳选手抢渡长江有指导意义.

4. 问题(4)的非线性规划模型

按照前面所述将连续问题离散化. 先考虑 $0 \leqslant y \leqslant 200$ 这一段，将 $[0, 200]$ 分为 n 等分，每个小区间的宽度为常数 $d = 200/n$，在小区间 $[y_{i-1}, y_i]$ 内，将流速看成常数，取小区间中间的 v_i 作为代表，设小区间内方向角 θ_i 也不变，在各小区间内的游泳轨迹为直线. 在江中间 $200 < y < 960$ 内，宽度 $H_2 = 760\mathrm{m}$，流速为常数 $v = 2.28\mathrm{m/s}$，方向角 θ 不变. 最后 200m 与前 200m 对称. 三个区域合起来考虑，

使渡江总时间最少，利用式(6.1.5)得到如下非线性规划模型：

$$\min \ T = 2\sum_{i=1}^{n}\frac{d}{u\cos\theta_i}+\frac{H_2}{u\cos\theta},$$

$$\text{s.t.}\begin{cases}2\sum_{i=1}^{n}\left(\dfrac{v_i}{u}\sec\theta_i - \tan\theta_i\right)\cdot d + \left(\dfrac{v}{u}\sec\theta - \tan\theta\right)\cdot H - L,\\ -\pi/2<\theta,\ \theta_i<\pi/2,\,(i=1,2,\cdots,n).\end{cases} \qquad (6.1.12)$$

取 $n = 50$，已知 $u=1.5$，$H_2 = 760$，$L = 1000$，用题目所给流速分布代入，编写 LINGO 程序如下：

```
MODEL:
  SETS:
    QJ/Q1..Q50/:VI,ZI,TI;
  ENDSETS
  U=1.5;  H2=760;  @FOR(QJ(I):VI(I)=0.0114*(4*I-2));
  T1=@SUM(QJ:TI);  @FOR(QJ(I):U*@COS(ZI(I))*TI(I)=4);
  U*T2*@COS(Z)=H2;  MIN=2*T1+T2;
  @FOR(QJ:@BND(0,ZI,1.5));
  @BND(0,Z,1.5);
  L1=@SUM(QJ(I):(VI(I)-U*@SIN(ZI(I)))*TI(I));
  L2=(2.28-U*@SIN(Z))*T2;  2*L1+L2=1000;
END
```

计算得到最优解，全程最少时间为 $T = 881.7231\text{s}$，这是近似解，n 越大近似程度越好，当 $n = 50$ 时，求得的最少渡江时间与理论最优解相比，只相差 0.008s，经试算可知，继续加大 n 对提高精度的作用已经不很明显.

6.2　钢管订购和运输计划的优化

6.2.1　问题的提出

本题是 2000 年全国大学生数学建模竞赛 B 题，题目如下：

要铺设一条 $A_1 \rightarrow A_2 \rightarrow \cdots \rightarrow A_{15}$ 的输送天然气的主管道，如图 6.2.1 所示. 经筛选后可以生产这种主管道钢管的钢厂有 $S_1, S_2, \cdots, S_7$. 图中粗线表示铁路，单细线表示公路，双细线表示要铺设的管道(假设沿管道或者原来有公路，或者建有施工公路)，圆圈表示火车站，每段铁路、公路和管道旁的阿拉伯数字表示里程(单位 km). 为方便计，1km 主管道钢管称为 1 单位钢管.

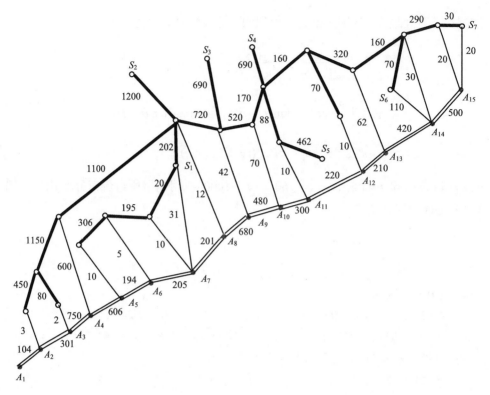

图 6.2.1

一个钢厂如果承担制造这种钢管,至少需要生产 500 个单位. 钢厂 S_i 在指定期限内能生产该钢管的最大数量为 s_i 个单位,钢管出厂销价 1 单位钢管为 p_i(万元),如下表:

i	1	2	3	4	5	6	7
s_i	800	800	1000	2000	2000	2000	3000
p_i	160	155	155	160	155	150	160

1 单位钢管的铁路运价如下表:

里程/km	≤300	301~350	351~400	401~450	451~500
运价/万元	20	23	26	29	32
里程/km	501~600	601~700	701~800	801~900	901~1000
运价/万元	37	44	50	55	60

1000km 以上每增加 1~100km 运价增加 5 万元. 公路运输费用为 1 单位钢管每公里 0.1 万元(不足整公里部分按整公里计算).

钢管可由铁路、公路运往铺设地点(不只是运到点 A_1, A_2, $\cdots$, A_{15}, 而是管道全线).

(1) 请制定一个主管道钢管的订购和运输计划, 使总费用最小(给出总费用).

(2) 请就(1)的模型分析: 哪个钢厂钢管的销价的变化对购运计划和总费用的影响最大, 哪个钢厂钢管的产量的上限的变化对购运计划总费用的影响最大, 并给出相应的数字结果.

(3) 如果要铺设的管道不是一条线, 而是一个树形图, 铁路、公路和管道构成网络, 请就这种更一般的情形给出一种解决办法, 并对图 6.2.2 按(1)的要求给出模型和结果.

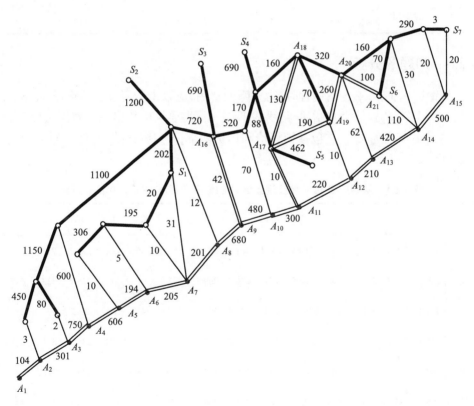

图 6.2.2

6.2.2　符号说明

a_j	站点 A_j 至 A_{j+1} 的里程(铺设管道需要的钢管量)
s_i	S_i 钢厂的最大生产量
x_{ij}	从钢厂 S_i 运往 A_j 的钢管数量
c_{ij}	从钢厂 S_i 运往 A_j 的费用最短路(两点间运输 1 单位钢管所需的最少费用,包括运输费和出厂销价)
y_j	A_j 点往左铺设的钢管数量
z_j	A_j 点往右铺设的钢管数量
f	总费用

6.2.3　问题的分析

从钢厂 S_i 向点 A_j 运输钢管时,为了降低费用,应该走费用最小的路径,图 6.2.1 中从一个工厂 S_i 到一个点 A_j 的路线并不唯一, 需要从中找出一个费用最短路, 相应的最小费用为 c_{ij},它包括销售价和运费两部分. 图 6.2.1 所对应的 c_{ij} 如表 6.2.1 所示.

表 6.2.1　从钢厂 S_i 运 1 单位钢管到 A_j 的最小费用(含销价,单位: 万元)

	A_2	A_3	A_4	A_5	A_6	A_7	A_8	A_9	A_{10}	A_{11}	A_{12}	A_{13}	A_{14}	A_{15}
S_1	320.3	300.2	258.6	198	180.5	163.1	181.2	224.2	252	256	266	281.2	288	302
S_2	360.3	345.2	326.6	266	250.5	241	226.2	269.2	297	301	311	326.2	333	347
S_3	375.3	355.2	336.6	276	260.5	251	241.2	203.2	237	241	251	266.2	273	287
S_4	410.3	395.2	376.6	316	300.5	291	276.2	244.2	222	211	221	236.2	243	257
S_5	400.3	380.2	361.6	301	285.5	276	266.2	234.2	212	188	206	226.2	228	242
S_6	405.3	385.2	366.6	306	290.5	281	271.2	234.2	212	201	195	176.2	161	178
S_7	425.3	405.2	386.6	326	310.5	301	291.2	259.2	236	226	216	198.2	186	162

注: 表中各钢厂运往 A_4 点的最短路径都经过 A_5.

在铺设时管道要沿铺设路线离散地卸货, 即管道运到 A_j 后, 还要在铺设路线上运输,因不足整公里部分要按整公里计算,所以我们认为沿管道路线每铺设 1 公里要卸下 1 单位钢管,因此从某点 A_j 向左铺设或向右铺设 y 时,此段运费应为

$$\frac{1}{2}y(y+1) \times 0.1 = 0.05y(y+1).$$

从点 A_j 向右铺设 z_j,从点 A_{j+1} 向左铺设 y_{j+1},在保证合拢的前提下,两点向合拢点铺设的数量分配将对总费用产生较大影响. 问题的实质是确定从钢厂 S_i 向点 A_j 运输钢管的数量 x_{ij},以及从 A_j 向左、右铺设的里程(km)数,使总费用最小.

6.2.4　模型的建立

假设从钢厂 S_i 运往 A_j 的钢管数量为 x_{ij},从 A_j 点向左铺设的钢管数量为 y_j,向右铺设的钢管数量为 z_j,则总费用为

$$f = \sum_{i=1}^{7}\sum_{j=1}^{15} c_{ij}x_{ij} + 0.05\sum_{j=1}^{15}(y_j + y_j^2 + z_j + z_j^2).$$

约束条件如下:

(1) 钢厂 S_i 提供钢管的总量不超过其最大产量 s_i,即 $\sum\limits_{j=1}^{15} x_{ij} \leqslant s_i$;

(2) 某钢厂若有订货,则至少为 500 单位,即

$$\sum_{j=1}^{15} x_{ij} = 0 \quad \text{或} \quad \sum_{j=1}^{15} x_{ij} \geqslant 500, \qquad i = 1, 2, \cdots, 7;$$

(3) 在 A_j 和 A_{j+1} 之间相向铺设时要能保证合拢,即

$$z_j + y_{j+1} = a_j, \qquad j = 2, 3, \cdots, 14;$$

(4) 各钢厂运到 A_j 的钢管总量与 A_j 向左向右铺设的钢管数量相等,即

$$y_j + z_j = \sum_{i=1}^{7} x_{ij}, \qquad j = 2, 3, \cdots, 15;$$

(5) 所有决策变量非负.

综合以上分析,建立问题一的数学模型如下:

$$\min \ f = \sum_{i=1}^{7}\sum_{j=1}^{15}c_{ij}x_{ij} + 0.05\sum_{j=1}^{15}(y_j + y_j^2 + z_j + z_j^2),$$

$$\text{s.t.}\begin{cases}\sum\limits_{j=1}^{15}x_{ij} \leqslant S_i \ , i=1,2,\cdots,7, \\[2mm] \sum\limits_{j=1}^{15}x_{ij} = 0 \ \text{或} \sum\limits_{j=1}^{15}x_{ij} \geqslant 500, i=1,2,\cdots,7, \\[2mm] z_j + y_{j+1} = a_j \ , j=2,3,\cdots,14, \\[2mm] y_j + z_j = \sum\limits_{i=1}^{7}x_{ij} \ , j=2,3,\cdots,15, \\[2mm] x_{ij} \geqslant 0 \ , y_j \geqslant 0 \ , z_j \geqslant 0 \ , i=1,2,\cdots,7, j=2,3,\cdots,15, \\[2mm] y_2 = 104 \ , z_{15} = 0. \end{cases} \tag{6.2.1}$$

6.2.5　模型的求解

以上模型的目标函数是二次型，因而该模型是二次规划，是非线性规划中的一种类型，可以编程计算，但编程的难度和计算量都比较大，比较好的办法是用 LINGO 软件求解. 编写 LINGO 程序如下：

```
MODEL:
  SETS:
    GCH/S1,…,S7/:SI;
```

!该集合表示 7 个钢厂，属性 SI 表示各钢厂的最大供货能力；

```
    ZHD/A2, A3, A5.. A15/: HM, YJ, ZJ, AJ;
```

! 集合 ZHD 表示站点，本来的站点总数为 15 个，但站点 A_1 必须通过 A_2 才能与运输线路相连，站点 A_4 的最短路必须通过 A_5，为了减少变量总数，这两个站点可以不予考虑，因而集合 ZHD 现有 13 个元素，分别是 A_2，A_3，A_5，$\cdots$，A_{15}. 定义 4 个与集合 ZHD 有关的属性，其中 HM 代表站点的编号，YJ，ZJ 分别代表向左和向右铺设的钢管数量，AJ 代表站点 A_j 至 A_{j+1} 的里程数；

```
    YL(GCH, ZHD): C, X;
```

! 衍生集合 YL 有 7×13=91 个成员，定义 2 个与集合 YL 有关的属性：C 和 X，它们都相当于具有 91 个元素的矩阵. C 为常数矩阵，即数学模型中的 c_{ij}，X 为决策变量，即数学模型中的 x_{ij}；

```
ENDSETS
DATA:
  SI=800,800,1000,2000,2000,2000,3000;
  HM=2,3,5,6,7,8,9,10,11,12,13,14,15;
  AJ=301,1356,194,205,201,680,480,300,220,210,420,500,0;
  C=
  320.3 300.2 198 180.5 163.1 181.2 224.2 252 256 266 281.2
  288 302 360.3 345.2 266 250.5 241 226.2 269.2 297 301
  311 326.2 333 347 375.3 355.2 276 260.5 251 241.2 203.2
  237 241 251 266.2 273 287 410.3 395.2 316 300.5 291 276.2
  244.2 222 211 221 236.2 243 257 400.3 380.2 301 285.5 276
  266.2 234.2 212 188 206 226.2 228 242 405.3 385.2 306 290.5
  281 271.2 234.2 212 201 195 176.2 161 178 425.3 405.2
  326 310.5 301 291.2 259.2 236 226 216 198.2 186 162;
ENDDATA
MIN=@SUM(YL(I,J):C(I,J)*X(I,J))+0.05*@SUM(ZHD:YJ+YJ*YJ+
ZJ+ZJ*ZJ);
@FOR(GCH(I):@SUM(ZHD(J):X(I,J))<=SI(I));
```
!　各钢厂生产能力约束;
```
@SUM(ZHD(J):X(7,J))=0;
```
!　该语句对 S_7 厂的产量限制,原因是不用 S_7 厂的钢管(由 S_6 厂供应)费用较小,若用 S_7 厂钢管,订货 330 最合适,但根据题意,必须至少订货 500,结果总费用反而变大;
```
@FOR(ZHD(J):@SUM(GCH(I):X(I,J))=YJ(J)+ZJ(J));
```
!　即约束条件 $y_j + z_j = \sum_{i=1}^{7} x_{ij}$,　$j = 2, 3, \cdots, 15$;
```
@FOR(ZHD(J)|HM(J)#LT#15:ZJ(J)+YJ(J+1)=AJ(J));
```
!　即约束条件 $z_j + y_{j+1} = a_j$,　$j = 2, 3, \cdots, 14$,以上语句中有一个附加条件:HM(J)#LT#15,含义是当 $j < 15$ 时,才需要约束等式 $z_j + y_{j+1} = a_j$;
```
  YJ(1)=104;   ZJ(13)=0;
END
```
　　选菜单 Lingo|Solve(或按 Ctrl+S),或鼠标点击"求解"按钮,得到最优解,总费用为 1278631.6 万元,钢管的订购和运输计划以及向左向右铺设方案见表 6.2.2.

表 6.2.2   钢管的订购和运输计划以及向左向右铺设方案

	A_2	A_3	A_5	A_6	A_7	A_8	A_9	A_{10}	A_{11}	A_{12}	A_{13}	A_{14}	A_{15}	合计
S_1			334	200	266									800
S_2	179		321			300								800
S_3		91	245				664							1000
S_5		417	183					351	415					1366
S_6										86	333	621	165	1205
合计	179	508	1083	200	266	300	664	351	415	86	333	621	165	5171
左运	104	226	1074	185	190	125	505	321	270	75	199	286	165	
右运	75	282	9	15	76	175	159	30	145	11	134	335	0	

6.2.6   销价与产量上限的灵敏度分析

在进行灵敏度分析时,模型中的 S_7 不能简化掉,应当在加入 S_7 后再通盘考虑.

1. 销价的灵敏度分析

S_5 和 S_6 两个厂的钢管用量比较大,其销价的变化对总费用的影响必然较大,这两个厂到 A_{10} 点的费用相等,若其中一个厂涨价,则 A_{10} 点就采用另一个厂的钢管,涨价厂的销售量受到限制,从而抑制了总费用的上升幅度.

将各个钢厂单位钢管的销价分别增加和减少若干万元,再次用 LINGO 软件求解模型一,得到总费用的变化如表 6.2.3 所示.

表 6.2.3   单位钢管的销价变化时,总费用的改变量(万元)

钢厂	每单位涨价 1 万元,总费用上升量	每单位涨价 4 万元,总费用上升量	每单位减价 1 万元,总费用减少量	每单位减价 4 万元,总费用减少量
S_1	800	3200	800	3200
S_2	800	3200	800	3200
S_3	1000	4000	1000	4000
S_5	1007	3940	1369	5504
S_6	1202	3829(启用 S_7)	1564	6344
S_7	0	0	0	971

从计算结果可以得到以下结论:

(1) 销价减少时, S_6 对总费用的影响最大;

(2) 若销价小幅度上升, 例如上升 1 万元/单位, 则 S_6 对总费用的影响最大;

(3) 若销价上升幅度较大, 例如上升 4 万元/单位, 则 S_3 对总费用的影响比 S_5 大, S_5 对总费用的影响比 S_6 大. 原因是 S_5 和 S_6 两个厂互相竞争, 当其中一个厂涨价时, 订购量下降, 总费用上升幅度反而不如 S_3 的影响大.

2. 产量上限的灵敏度分析

S_4 和 S_7 两个厂的钢管需求量为零, S_5 和 S_6 两个厂的钢管需求量小于产量上限, 这四个厂的产量上限在一定范围内变化时, 对总费用不发生影响, 而 S_1, S_2, S_3 三个厂的钢管都处于供不应求状态, 它们产量上限的变化将对总费用产生明显的影响.

将 S_1, S_2, S_3 三个厂的产量上限分别增加和减少若干单位, 再次用 LINGO 软件求解模型一, 得到总费用的变化如表 6.2.4 所示.

表 6.2.4　产量上限变化时, 总费用的改变量(万元)

钢厂	产量上限增加 20 单位, 总费用减少量	产量上限增加 100 单位, 总费用减少量	产量上限减少 20 单位, 总费用增加量	产量上限减少 100 单位, 总费用增加量
S_1	2060	10300	2060	10300
S_2	700	3500	700	3500
S_3	500	2500	500	2500

由此得到结论: S_1 产量上限的变化对总费用的影响最大.

对于图 6.2.2 的情形, 建模和求解的方法相似. 请读者在学习本文的基础上自己完成.

6.3　电力市场输电阻塞管理的优化

6.3.1　问题的提出

本题是 2004 年全国大学生数学建模竞赛 B 题, 题目如下:

我国电力系统的市场化改革正在积极、稳步地进行. 2003 年 3 月国家电力监管委员会成立, 2003 年 6 月该委员会发文列出了组建东北区域电力市场和进行华东区域电力市场试点的时间表, 标志着电力市场化改革已经进入实质性阶段. 可以预计, 随着我国用电紧张的缓解, 电力市场化将进入新一轮的发展, 这给有关产业和研究部门带来了可预期的机遇和挑战.

电力从生产到使用的四大环节——发电、输电、配电和用电是瞬间完成的. 我国电力市场初期是发电侧电力市场, 采取交易与调度一体化的模式. 电网公司在组织交易、调度和配送时, 必须遵循电网"安全第一"的原则, 同时要制订一个电力市场交易规则, 按照购电费用最小的经济目标来运作. 市场交易调度中心根据负荷预报和交易规则制订满足电网安全运行的调度计划——各发电机组的出力(发电功率)分配方案; 在执行调度计划的过程中, 还需实时调度承担 AGC(自动发电控制)辅助服务的机组出力, 以跟踪电网中实时变化的负荷.

设某电网有若干台发电机组和若干条主要线路, 每条线路上的有功潮流(输电功率和方向)取决于电网结构和各发电机组的出力. 电网每条线路上的有功潮流的绝对值有一安全限值, 限值还具有一定的相对安全裕度(即在应急情况下潮流绝对值可以超过限值的百分比的上限). 如果各机组出力分配方案使某条线路上的有功潮流的绝对值超出限值, 称为输电阻塞. 当发生输电阻塞时, 需要研究如何制订既安全又经济的调度计划.

- 电力市场交易规则

(1) 以 15 分钟为一个时段组织交易, 每台机组在当前时段开始时刻前给出下一个时段的报价. 各机组将可用出力由低到高分成至多 10 段报价, 每个段的长度称为段容量, 每个段容量报一个价(称为段价), 段价按段序数单调不减. 在最低技术出力以下的报价一般为负值, 表示愿意付费维持发电以避免停机带来更大的损失.

(2) 在当前时段内, 市场交易-调度中心根据下一个时段的负荷预报, 每台机组的报价、当前出力和出力改变速率, 按段价从低到高选取各机组的段容量或其部分(见下面注释), 直到它们之和等于预报的负荷, 这时每个机组被选入的段容量或其部分之和形成该时段该机组的出力分配预案(初始交易结果). 最后一个被选入的段价(最高段价)称为该时段的清算价, 该时段全部机组的所有出力均按清算价结算.

注释 (a) 每个时段的负荷预报和机组出力分配计划的参照时刻均为该时段结束时刻.

(b) 机组当前出力是对机组在当前时段结束时刻实际出力的预测值.

(c) 假设每台机组单位时间内能增加或减少的出力相同, 该出力值称为该机组的爬坡速率. 由于机组爬坡速率的约束, 可能导致选取它的某个段容量的部分.

(d) 为了使得各机组计划出力之和等于预报的负荷需求, 清算价对应的段容量可能只选取部分.

市场交易-调度中心在当前时段内要完成的具体操作过程如下:

(1) 监控当前时段各机组出力分配方案的执行, 调度 AGC 辅助服务, 在此基础上给出各机组的当前出力值.

(2) 作出下一个时段的负荷需求预报.

(3) 根据电力市场交易规则得到下一个时段各机组出力分配预案.

(4) 计算当执行各机组出力分配预案时电网各主要线路上的有功潮流, 判断是否会出现输电阻塞. 如果不出现, 接受各机组出力分配预案; 否则, 按照如下原则实施阻塞管理:

• 输电阻塞管理原则

(1) 调整各机组出力分配方案使得输电阻塞消除.

(2) 如果(1)做不到, 还可以使用线路的安全裕度输电, 以避免拉闸限电(强制减少负荷需求), 但要使每条线路上潮流的绝对值超过限值的百分比尽量小.

(3) 如果无论怎样分配机组出力都无法使每条线路上的潮流绝对值超过限值的百分比小于相对安全裕度, 则必须在用电侧拉闸限电.

(4) 当改变根据电力市场交易规则得到的各机组出力分配预案时, 一些通过竞价取得发电权的发电容量(称序内容量)不能出力; 而一些在竞价中未取得发电权的发电容量(称序外容量)要在低于对应报价的清算价上出力. 因此, 发电商和网方将产生经济利益冲突. 网方应该为因输电阻塞而不能执行初始交易结果付出代价, 网方在结算时应该适当地给发电商以经济补偿, 由此引起的费用称之为阻塞费用. 网方在电网安全运行的保证下应当同时考虑尽量减少阻塞费用.

你需要做的工作如下:

(1) 某电网有 8 台发电机组, 6 条主要线路, 表 6.3.1 和表 6.3.2 中的方案 0 给出了各机组的当前出力和各线路上对应的有功潮流值, 方案 1~32 给出了围绕方案 0 的一些实验数据, 试用这些数据确定各线路上有功潮流关于各发电机组出力的近似表达式.

表 6.3.1　各机组出力方案(单位: MW)

机组\方案	1	2	3	4	5	6	7	8
0	120	73	180	80	125	125	81.1	90
1	133.02	73	180	80	125	125	81.1	90
2	129.63	73	180	80	125	125	81.1	90
3	158.77	73	180	80	125	125	81.1	90
4	145.32	73	180	80	125	125	81.1	90
5	120	78.596	180	80	125	125	81.1	90

续表

机组\方案	1	2	3	4	5	6	7	8
6	120	75.45	180	80	125	125	81.1	90
7	120	90.487	180	80	125	125	81.1	90
8	120	83.848	180	80	125	125	81.1	90
9	120	73	231.39	80	125	125	81.1	90
10	120	73	198.48	80	125	125	81.1	90
11	120	73	212.64	80	125	125	81.1	90
12	120	73	190.55	80	125	125	81.1	90
13	120	73	180	75.857	125	125	81.1	90
14	120	73	180	65.958	125	125	81.1	90
15	120	73	180	87.258	125	125	81.1	90
16	120	73	180	97.824	125	125	81.1	90
17	120	73	180	80	150.71	125	81.1	90
18	120	73	180	80	141.58	125	81.1	90
19	120	73	180	80	132.37	125	81.1	90
20	120	73	180	80	156.93	125	81.1	90
21	120	73	180	80	125	138.88	81.1	90
22	120	73	180	80	125	131.21	81.1	90
23	120	73	180	80	125	141.71	81.1	90
24	120	73	180	80	125	149.29	81.1	90
25	120	73	180	80	125	125	60.582	90
26	120	73	180	80	125	125	70.962	90
27	120	73	180	80	125	125	64.854	90
28	120	73	180	80	125	125	75.529	90
29	120	73	180	80	125	125	81.1	104.84
30	120	73	180	80	125	125	81.1	111.22
31	120	73	180	80	125	125	81.1	98.092
32	120	73	180	80	125	125	81.1	120.44

表 6.3.2　各线路的潮流值(各方案与表 1 相对应，单位：MW)

方案\线路	1	2	3	4	5	6
0	164.78	140.87	−144.25	119.09	135.44	157.69
1	165.81	140.13	−145.14	118.63	135.37	160.76
2	165.51	140.25	−144.92	118.7	135.33	159.98
3	167.93	138.71	−146.91	117.72	135.41	166.81
4	166.79	139.45	−145.92	118.13	135.41	163.64
5	164.94	141.5	−143.84	118.43	136.72	157.22
6	164.8	141.13	−144.07	118.82	136.02	157.5
7	165.59	143.03	−143.16	117.24	139.66	156.59
8	165.21	142.28	−143.49	117.96	137.98	156.96
9	167.43	140.82	−152.26	129.58	132.04	153.6
10	165.71	140.82	−147.08	122.85	134.21	156.23
11	166.45	140.82	−149.33	125.75	133.28	155.09
12	165.23	140.85	−145.82	121.16	134.75	156.77
13	164.23	140.73	−144.18	119.12	135.57	157.2
14	163.04	140.34	−144.03	119.31	135.97	156.31
15	165.54	141.1	−144.32	118.84	135.06	158.26
16	166.88	141.4	−144.34	118.67	134.67	159.28
17	164.07	143.03	−140.97	118.75	133.75	158.83
18	164.27	142.29	−142.15	118.85	134.27	158.37
19	164.57	141.44	−143.3	119	134.88	158.01
20	163.89	143.61	−140.25	118.64	133.28	159.12
21	166.35	139.29	−144.2	119.1	136.33	157.59
22	165.54	140.14	−144.19	119.09	135.81	157.67
23	166.75	138.95	−144.17	119.15	136.55	157.59
24	167.69	138.07	−144.14	119.19	137.11	157.65
25	162.21	141.21	−144.13	116.03	135.5	154.26
26	163.54	141	−144.16	117.56	135.44	155.93
27	162.7	141.14	−144.21	116.74	135.4	154.88
28	164.06	140.94	−144.18	118.24	135.4	156.68
29	164.66	142.27	−147.2	120.21	135.28	157.65
30	164.7	142.94	−148.45	120.68	135.16	157.63
31	164.67	141.56	−145.88	119.68	135.29	157.61
32	164.69	143.84	−150.34	121.34	135.12	157.64

　　(2) 设计一种简明、合理的阻塞费用计算规则，除考虑上述电力市场规则外，还需注意：在输电阻塞发生时公平地对待序内容量不能出力的部分和报价高于清算价的序外容量出力的部分.

　　(3) 假设下一个时段预报的负荷需求是 982.4MW，表 6.3.3、表 6.3.4 和表 6.3.5 分别给出了各机组的段容量、段价和爬坡速率的数据，试按照电力市场规则给出下一个时段各机组的出力分配预案.

表 6.3.3　各机组的段容量(单位：MW)

机组\段	1	2	3	4	5	6	7	8	9	10
1	70	0	50	0	0	30	0	0	0	40
2	30	0	20	8	15	6	2	0	0	8
3	110	0	40	0	30	0	20	40	0	4
4	55	5	10	10	10	10	15	0	0	1
5	75	5	15	0	15	15	0	10	10	10
6	95	0	10	20	0	15	10	20	0	10
7	50	15	5	15	10	10	5	10	3	2
8	70	0	20	0	20	0	20	10	15	5

表 6.3.4　各机组的段价(单位：元/MWh)

机组\段	1	2	3	4	5	6	7	8	9	10
1	−505	0	124	168	210	252	312	330	363	489
2	−560	0	182	203	245	300	320	360	410	495
3	−610	0	152	189	233	258	308	356	415	500
4	−500	150	170	200	255	302	325	380	435	800
5	−590	0	116	146	188	215	250	310	396	510
6	−607	0	159	173	205	252	305	380	405	520
7	−500	120	180	251	260	306	315	335	348	548
8	−800	153	183	233	253	283	303	318	400	800

表 6.3.5　各机组的爬坡速率(单位：MW/分钟)

机组	1	2	3	4	5	6	7	8
速率	2.2	1	3.2	1.3	1.8	2	1.4	1.8

(4) 按照表 6.3.6 给出的潮流限值，检查得到的出力分配预案是否会引起输电阻塞，并在发生输电阻塞时，根据安全且经济的原则，调整各机组出力分配方案，并给出与该方案相应的阻塞费用.

表 6.3.6　各线路的潮流限值(单位：MW)和相对安全裕度

线路	1	2	3	4	5	6
限值	165	150	160	155	132	162
安全裕度	13%	18%	9%	11%	15%	14%

(5) 假设下一个时段预报的负荷需求是 1052.8MW，重复(3)~(4)的工作.

6.3.2　问题的分析

1. 价格竞争下的出力预案

在市场机制下，电力是一种特殊的商品，其特点是电力无法大量存储起来然后慢慢销售，发电、输电、配电和用电是瞬间完成的，发电多少要根据用电量的大小进行调整，以达到发电与负荷之间的实时平衡，一个电网内有多家发电厂商(机组)，他们何时发电(出力)，发多少，需要电网管理部门(网方)制订调度计划. 在电力市场运营模式下，机组通过竞价取得发电权，发电计划的制订遵循公平、公开、公正，购电费用最小的原则，竞价机组采用 10 段价格、容量报价，其价格曲线是阶梯形线段(阶跃曲线)，网方根据负荷状况以及购电费用最小的原则，按段价格排序，优先安排报价低的机组取得发电权，满足负荷的最低报价中的最大值就是清算价，不管原来报价的高低，各机组都按清算价从网方取得报酬. 我们把机组的报价理解为厂方在成本核算基础上维持不亏本且微利原则下为了取得发电权而报出的价格，如果最后确定的清算价高于其报价，则多发电可以多得到利润.

2. 阻塞调度及其费用

但是由机组报价决定的出力计划没有考虑网络状态，各条线路上的用电量(负荷)大小，输电距离等因素，可能会引起部分输电线路上的有功潮流越限，形成调度上的阻塞，危及电网安全. 为了消除这种阻塞，需要先设法通过调整出力计划来实现(阻塞管理)，有些已经取得发电权(序内容量)的机组可能要减少发电，而另外机组原来因价格原因不在计划发电内，为了消除阻塞需要额外发电(序外容量)，对序内容量网方应当给合理的补偿，对序外容量网方应当按机组的报价给适当报酬. 阻塞调度必然会引起费用增加，上述两部分补偿费用之和构成了阻塞费用. 网方在消除阻塞, 即电网安全的前提条件下, 希望阻塞费用尽可能小, 即阻塞管理的目标函数是增加的购电费用最小. 如果通过调整机组的出力计划仍然无法消除阻塞, 即不存在能消除阻塞的出力方案, 则考虑利用安全裕度, 但应尽可能使裕度利用率最小, 即每条线路上潮流越限的百分比尽量小. 如果利用安全裕度也不行, 则拉闸限电.

3. 影响潮流的因素及潮流的预测

输电网络各线路上的潮流分布取决于网络的拓扑结构、各发电机组所处的位置及出力大小、负荷需要量以及负荷所在的位置. 例如电网分为两个区, 位于一区内的机组出力大(因报价低, 竞争得到的发电权), 但一区内的负荷小, 而位于二区内的机组出力小(因段价高, 取得的发电量小), 但位于二区内的负荷大(一些用电大户在该区内), 势必造成电力从一区到二区的跨区输送, 该线路上的潮流增大.

机组出力分配会影响线路上有功潮流, 但不是决定性因素, 负荷的大小及分布更会影响线路潮流, 但是负荷是随机的, 即使出力一样, 由于负荷的大小及分布上的原因, 各线路上的潮流并不相同, 潮流分布与机组出力之间不存在物理意义明确的函数关系, 潮流分布与机组出力之间的关系只是概率意义上的统计关系. 在没有其他更好办法的情况下, 对同一电网, 历史上的潮流与机组出力之间的统计规律性可以作为线路潮流预测的一种依据, 但应当明白这种预测不代表物理意义上有明确的函数关系, 不能追求这种统计关系式一定符合物理上的规律.

6.3.3　有功潮流的近似表达式

从数据分析, 潮流数值波动的幅度比较小, 可以用线性拟合, 即各条线路上的有功潮流是各发电机组出力的线性函数, 设 y_j $(j=1,2,\cdots,6)$ 表示第 j 条线路上的有功潮流, x_i $(i=1,2,\cdots,8)$ 表示各发电机组的出力, 近似表达式的形式可以有以下两种:

$$y_j = a_{0j} + a_{1j}x_1 + a_{2j}x_2 + a_{3j}x_3 + a_{4j}x_4 + a_{5j}x_5 + a_{6j}x_6 + a_{7j}x_7 + a_{8j}x_8, \tag{6.3.1}$$

$$y_j = b_{1j}x_1 + b_{2j}x_2 + b_{3j}x_3 + b_{4j}x_4 + b_{5j}x_5 + b_{6j}x_6 + b_{7j}x_7 + b_{8j}x_8. \tag{6.3.2}$$

两种形式的差别是第一种带常数项, 第二种不带常数项. 我们分别对两种形式作函数拟合. 拟合工具可以用 Excel, 也可以用 Matlab.

1. 第一种形式(带常数项)

对式(6.3.1)用 Excel 作回归分析, 得到 6 条线路上的结果如表 6.3.7 所示.

表 6.3.7　六条线路带常数项的回归系数

	y_1	y_2	y_3	y_4	y_5	y_6
a_0	110.4775	131.35206	−108.9928	77.6116	133.1334	120.8481
a_1	0.082607	−0.054718	−0.069387	−0.034632	0.000327	0.23757
a_2	0.047764	0.1275	0.061985	−0.102778	0.242834	−0.060693
a_3	0.052794	−0.000146	−0.1565	0.205037	−0.06471	−0.078055
a_4	0.119857	0.033224	−0.009871	−0.020882	−0.041202	0.092897
a_5	−0.025705	0.086667	0.124669	−0.012018	−0.065452	0.046634
a_6	0.121649	−0.112686	0.002356	0.005693	0.070026	−0.000291
a_7	0.121993	−0.018644	−0.002787	0.145218	−0.003896	0.166359
a_8	−0.001518	0.098528	−0.201194	0.076336	−0.00917	0.000388
R^2	0.99944	0.99957	0.99986	0.99988	0.99953	0.99981
离差平方和 Q_e	0.034	0.0252	0.0266	0.0251	0.0279	0.0363
F 值	5376.8	6970.2	21787.6	24424	6433.9	16029

这种拟合方法的优点是拟合效果好, 体现相关性的指标 R^2 都在 0.9994 以上, 非常接近 1, 说明各线路上的有功潮流与各发电机组的出力有很高的线性相关性, 离差平方和 Q_e 都很小(<0.04), 用于 F 检验的 F 值都很大, 最小也有 5376, 这些指标说明带常数项的线性回归的效果非常好.

2. 第二种形式(不带常数项)

对式(6.3.2)用 Excel 作回归分析, 得到 6 条线路上的结果如表 6.3.8 所示.

这种拟合方法的优点是当各发电机组都不出力时候, 各条线路上潮流都为零, 符合物理规律, 缺点是拟合效果差, 离差平方和 Q_e 远比带常数项的拟合结果大, 如第 2 条线路, 不带常数项是带常数项的 4718 倍! 误差太大了. 用于 F 检验的 F 值都比较小, 最小只有 5.4365.

表 6.3.8　六条线路不带常数项的回归系数

	y_1	y_2	y_3	y_4	y_5	y_6
b_1	0.19385	0.077507	−0.1791	0.043482	0.13432	0.35924
b_2	0.32907	0.46183	−0.21541	0.094713	0.58161	0.24697
b_3	0.14103	0.10473	−0.24351	0.26699	0.041563	0.018449
b_4	0.24471	0.18233	−0.13371	0.067468	0.11036	0.22971
b_5	0.1042	0.24107	−0.0034454	0.079198	0.091019	0.18872
b_6	0.32112	0.12438	−0.19434	0.14573	0.31025	0.21787
b_7	0.067825	−0.083199	0.050804	0.10702	−0.069432	0.10705
b_8	0.13087	0.2559	−0.33177	0.16931	0.15031	0.14519
离差平方和 Q_e	84.1328	118.907	81.88	41.53	122.156	100.665
F 值	9.6534	5.8494	14.325	24.957	5.4365	12.588

3. 两种近似公式的取舍

近似公式是网方制订出力分配预案, 判断是否发生阻塞, 并进行阻塞管理的依据, 不但涉及到网方和发电商的经济利益, 更重要的是关系到电网的安全, 如果预测的潮流大于实际, 将造成误判阻塞, 本来无需调整, 却作了无用的调整, 白白造成经济损失. 如果预测的潮流小于实际, 将要发生的阻塞未能及时发现, 危害到电网的安全. 由此近似公式的准确性是第一位的, 如果近似公式预测不准, 一切都会乱套.

如果选择式(6.3.1), 人们会产生顾虑: 所有机组都不出力, 使电网成为无源网络, 各条线路上的潮流应当为零, 潮流从哪里来呢?

我们对此现象作出合理的假设, 以消除这种"顾虑".

(1) 线路上的潮流不仅取决发电机组出力, 而且还与线路上的负荷紧密相关, 而负荷是随机变量, 处于变换之中, 即使机组的出力不变, 潮流仍在变化, 因而潮流与机组出力的关系存在统计意义上规律性, 而不是物理上的必然规律.

(2) 给定 33 组数据均在方案 0: $X = (120, 73, 180, 80, 125, 125, 81.1, 90)$附近变化, 统计规律显示的是局部(0 号方案附近)规律, 潮流与出力是线性关系的假设只适用于局部, 不能以此推断到远离 0 方案时的情况. 下面举一个较简单的实例, 设有三对数据: (2, 4), (2.5, 6.25), (3, 9). 该数据来自于函数关系 $y = x^2$, 假如要求 y 与 x 的线性近似表达式, 也有两种近似公式, 带常数项或不带常数项, 用线性回归方法求得两种公式分别为：$y = -6 + 5x$ 和 $y = 2.63x$，以 $x = 2, 2.5, 3$ 代入两个公式，前一公式得 $y = 4, 6.5, 9$，离差平方和为 0.0625，误差很小，准确性高，后一公式得 $y = 5.26, 6.575, 7.89$，离差的平方和为 2.925，是前一式的 46 倍！用来预报 $x = 4$ 时的 y 值，前一式结果是 14，绝对误差 -2，相对误差 12.5%，后一式结果是 10.52，绝对误差 -5.48，相对误差高达 34.25%；后一式为了顾虑到 $x = 0$ 时 $y = 0$，可是拿来估计 $x = 2 \sim 4$ 时的 y 值却有如此大的误差，前一式较好地近似表达了 $x = 2 \sim 4$ 时的 y 值，在该局部范围内具有误差小、准确性高的优点，只是 $x = 0$ 时 $y = 5$，不通过原点，不能拿来估算原点附近的 y 值，为了估算和预测 $x = 2 \sim 4$ 时的 y 值，究竟用带常数项的公式为好，还是用不带常数项的公式好？大家应当能作出自己的结论.

我们认为，为了近似表达 0 号方案附近的潮流与机组出力的统计关系，较准确地预测负荷增加时各条线路上的潮流，判断是否会发生阻塞，应当把准确性和电网安全放在首位，用不带常数项的近似公式为好. 假如顾虑到出力为零时的潮流为零，使近似公式过原点，则该近似公式只在各机组出力都很小时才有效，在 0 号方案附近，以及负荷比 0 号方案大的情况，准确性很差，预测小了会危及电网安全，预测过大则夸大阻塞，采取不必要的阻塞管理措施，由此引发不必要的阻塞费用，造成网方的经济损失.

6.3.4　阻塞费用计算规则

当阻塞发生时，为了电网的安全，网方进行阻塞管理，试图通过调整网内发电机组的出力大小来消除阻塞，造成本来在计划内的机组减小出力，对这减少部分(序内容量)需要给补偿；而另外有机组因段价高于清算价，本来不在计划内的高于清算价的容量需要额外出力(序外容量)，这部分也需要给合理的经济报酬.

竞价是市场规则，清算价是按竞价规则确定的统一价格，相当于合同价格，是双方应当遵守的协议，为了消除阻塞而调整机组出力等于打破了市场规则，网方应当为此付出费用，但不应当改变清算价，调整发电出力计划以后，电厂按照原出力计划应得的利润不应当由此而受损失，我们认为以下补偿规则是合理的：

(1) 对序内容量，这是电厂已经得到的发电量，把清算价与其报价之差看成是该厂单位发电量的利润，由此，每单位的序内容量，网方应按清算价与报价的差额来计算补偿，如果序内容量包含两段(或两段以上)则补偿也应当分段计算. 以机组 3 为例说明序内容量补偿费的计算方法，如图 6.3.1 所示，按照竞价规则得到出力分配预案的清算价为 $D = 303$，机组 3 的计划发电量为 $X_0 = 180$，如果为了消除阻塞，发电量调整为 $X_L = 140$，序内容量为 40，则机组 3 应得补偿费的费率(每

小时应得补偿费)为

$$P_L = ((D - 233) \times (X_0 - 150) + (D - 152) \times (150 - X_L)) = 3610 , \qquad (6.3.3)$$

每个时段为 15 分钟，补偿费为 $P_L t = P_L \times 0.25$，式中 $t = 1/4$ 小时是一个时段，补偿费率的值几何上等于图中左边界为调整后的出力 X_L，右边界为预案出力 X_0，上边界为清算价，下边界为阶梯形报价曲线所围成的图形(由若干块矩形组成)的面积.

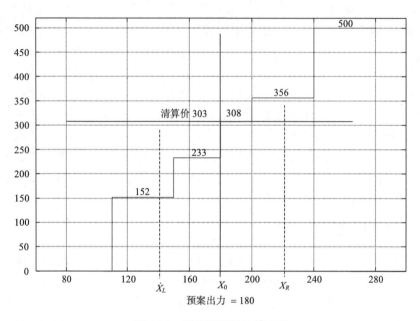

图 6.3.1　阻塞费用的计算方法

(2) 对序外容量，因厂方的报价高于清算价，因此除了按清算价付费外，每单位的序外容量，还应当按发电时间补偿报价高出清算价的高出部分. 仍以机组 3 为例说明序外容量补偿费的计算方法，预案的清算价为 $D = 303$，机组 3 的计划发电量为 $X_0 = 180$，如果为了消除阻塞，发电量调整为 $X_R = 220$，序外容量为 40，则机组 3 应得补偿费的费率(每小时应得补偿费)为

$$P_R = ((308 - D) \times (200 - X_0) + (356 - D) \times (X_R - 200)) = 1160 , \qquad (6.3.4)$$

补偿费率的值几何上等于图中左边界为预案出力 X_0，右边界为调整后的出力 X_R，上边界为阶梯形报价曲线 f_i，下边界为清算价所围成的图形(由若干块矩形组成)的面积.

综上所述，对某台机组来说，为了消除阻塞而调整出力计划应得的补偿费率

取决于四个要素：阶梯形报价曲线、预案清算价 D、预案出力 X_{0i} 和调整后的出力 X_i，可记为

$$G_i = \varphi_i(f_i, D, X_{0i}, X_i)，\qquad i = 1, 2, \cdots, 8，\tag{6.3.5}$$

G_i 是分段函数，各机组的计算公式各不相同，对于某个具体机组来说，报价曲线、预案清算价 D 和预案出力 X_{0i} 都是定值，则补偿费 G_i 是调整后的发电量 X_i 的一元分段线性函数. 例如，预案的清算价为 $D = 303$，机组 3 通过竞价分配的计划发电量为 $X_{03} = 180$，为了消除阻塞，发电量调整为 X_3，则补偿费的计算表达式为：

$$G_3(X_3) = \begin{cases} 2100 + (150 - X_3) \times 151, & 110 < X_3 < 150, \\ (180 - X_3) \times 70, & 150 \leqslant X_3 \leqslant 180, \\ (X_3 - 180) \times 5, & 180 < X_3 \leqslant 200, \\ 100(X_3 - 200) \times 53, & 200 < X_3 \leqslant 240. \end{cases}\tag{6.3.6}$$

6.3.5　问题(3)的模型

由于发电机组的功率调节(增加或减少)需要时间，称为爬坡速率，在当前出力(方案 0)基础上，各机组的功率调节范围如表 6.3.9 所示.

表 6.3.9　各机组爬坡速率限制

机　组	1	2	3	4	5	6	7	8	合计
当前出力	120	73	180	80	125	125	81.1	90	874.1
爬坡速率	2.2	1	3.2	1.3	1.8	2	1.4	1.8	
15 分钟爬坡功率	33	15	48	19.5	27	30	21	27	220.5
功率范围	87~153	58~88	132~228	60.5~99.5	98~152	95~155	60.1~102.1	63~117	653.6~1094.6

用 C_{ij} 表示机组 i 段 j 的段价，R_{ij} 表示机组 i 小于等于段价 C_{ij} 的累计总容量，D 表示清算价，X_i 表示机组 i 的出力，M 表示下一个时段预报的负荷需求，则总费用为 $M \cdot D$，要使总费用最小，则目标函数是 $\min M \cdot D$，因为 M 是常量，故使 $M \cdot D$ 最小也就是使清算价 D 最小，目标函数可以改为 $\min D$，约束条件有两种，关于出力的约束和关于清算价的约束，其中关于 X_i 的约束条件有以下 3 个：

(1) 合计出力等于预报的负荷需求，即 $\sum\limits_{i=1}^{8} X_i = M$ ；

(2) 爬坡速率限制：各机组在当前出力的基础上，由于爬坡速率的原因，下个时段的出力存在最小值 b_i 和最大值 h_i，故有 $b_i \leqslant X_i \leqslant h_i$.

(3) 段容量限制：各机组出力都不超过当前清算价下的累计段容量(所有小于等于清算价的各段容量之和，记为 r_{ci})，即 $X_i \leqslant r_{ci}$.

关于清算价有 1 个约束条件：清算价 D 只能取所有机组报价表中报价之一，即 $D \in \{C_{ij}\}$.

于是计算下一个时段出力预案的方法可以归纳为求解如下的线性规划：

$$\min \quad D,$$

$$\text{s.t.} \begin{cases} \sum\limits_{i=1}^{8} X_i = M, \\ b_i \leqslant X_i \leqslant h_i , i = 1, 2, \cdots, 8, \\ X_i \leqslant r_{ci} , i = 1, 2, \cdots, 8, \\ D \in \{C_{ij}\}. \end{cases} \tag{6.3.7}$$

经考察，当前各机组出力的总功率为 874.1，清算价为 251 元，下一个时段的负荷预报为 982.4，需增加出力，清算价将大于 251，将 251 以上段价下面的各机组出力按价格由小到大排列如表 6.3.10 所示.

表 6.3.10　价格大于 251 的各机组段价和累计容量(考虑了爬坡限制)

价　格	252	253	255	260	300	302	303	305	306	308
1	150									
2	73				79					
3	180									200
4	80		90			99.5				
5	125									
6	140							150		
7	85			95					102.1	
8	90	110					117			
合　计	923	943	953	963	969	978.5	985.5	995.5	1002.6	1022.6

续表

价　格	310	320	356	380	396	489	495	510
1						153		
2		81					88	
3			228					
4								
5	135				145			152
6				155				
7								
8								
合　计	1032.6	1034.6	1062.6	1067.6	1077.6	1080.6	1087.6	1094.6

计算时注意对于报价低于清算价的机组, 可以在满足约束条件下按照最大值出力, 对于报价等于清算价的机组, 出力可以低于该机组清算价下的总容量(这是为调整留有余地, 机组 8 的出力值由此得出为 113.9). 按照以上算法, 求得清算价为 303 元, 各机组的出力方案如表 6.3.11 所示.

表 6.3.11　负荷 982.4MW 时出力分配预案

机　组	1	2	3	4	5	6	7	8	合计
出　力	150	79	180	99.5	125	140	95	113.9	982.4

6.3.6　问题(4)的模型

上述预案不能保证线路上的有功潮流是否会超过限值, 为了判断上述出力预案是否会发生阻塞, 把表 6.3.11 中的各机组出力代入有功潮流经验公式(6.3.1), 得到结果见表 6.3.12.

表 6.3.12　各线路有功潮流预测

线　路	1	2	3	4	5	6
潮流限值	165	150	160	155	132	162
安全裕度	13%	18%	9%	11%	15%	14%
最　大　值	186.45	177	174.4	172.5	151.8	184.68
按式(6.3.1)计算有功潮流	173.305	141.005	−150.923	120.911	136.826	168.519
是否阻塞	是	否	否	否	是	是

发现线路 1、5、6 超过限值，引起阻塞，需要调整，调整的目标是总阻塞费用最小，由于每个时段 15 分钟是常数，阻塞费率最小时，阻塞费用也最小，故目标函数可以设为总费率 $\sum_{i=1}^{8} G_i$ 最小，约束条件有三个：

(1) 总功率满足负荷要求 $\sum_{i=1}^{8} X_i = M$；

(2) 各机组爬坡约束 $b_i \leqslant X_i \leqslant h_i$，$i = 1, 2, \cdots, 8$；

(3) 各线路的潮流不超过限值 $Y_j \leqslant Y_{Mj}$，$j = 1, 2, \cdots, 6$.

综上所述，建立阻塞费率优化模型如下：

$$\min \quad P = \sum_{i=1}^{8} G_i,$$

$$\text{s.t.} \begin{cases} \sum_{i=1}^{8} X_i = M, \\ b_i \leqslant X_i \leqslant h_i, \, i = 1, 2, \cdots, 8, \\ Y_j \leqslant Y_{Mj}, \, j = 1, 2, \cdots, 6, \\ G_i = \varphi_i(f_i, D, X_{0i}, X_i), \, i = 1, 2, \cdots, 8, \\ Y_j = a_{0j} + \sum_{i=1}^{8} a_{ij} X_i, \, j = 1, 2, \cdots, 6. \end{cases} \tag{6.3.8}$$

用 LINGO 软件求解此规划，求解中注意第三条线路的有功潮流是负值，负号仅代表输电方向，为了避免计算绝对值的麻烦，可将式(6.3.1)中对应线路 3 的系数 a_{03} 和 a_{i3} 均改变正负号. 经计算得到调整后的出力方案如表 6.3.13 所示.

表 6.3.13　最优消除阻塞的出力方案

机　组	1	2	3	4	5	6	7	8	合计
出　力	150.007	88	228	80.247	152	97.145	70	117	982.4

最优阻塞费率为 11596.07 元/小时，15 分钟的最优阻塞费用为 2899 元.

表 6.3.14　调整后各线路有功潮流

线　路	1	2	3	4	5	6
潮流限值	165	150	160	155	132	162
调整后的有功潮流	165	149.446	−154.977	126.268	132	159.55

调整后各线路潮流均不超过限值.

6.3.7　问题(5)的模型

负荷为 1052.8MW，用问题 3 中的式(6.3.7)规划模型，得到清算价为 356 元，各机组的出力方案如表 6.3.15 所示.

表 6.3.15　负荷 1052.8MW 时出力分配预案

机　组	1	2	3	4	5	6	7	8	合计
出　力	150	81	218.2	99.5	135	150	102.1	117	1052.8

将此出力方案代入式(6.3.1)计算各线路的有功潮流，得到结果见表 6.3.16.

表 6.3.16　各线路有功潮流预测

线　路	1	2	3	4	5	6
潮流限值	165	150	160	155	132	162
安全裕度	13%	18%	9%	11%	15%	14%
最　大　值	186.45	177	174.4	172.5	151.8	184.68
按式(6.3.1)计算有功潮流	177.238	141.167	−156.151	129.743	134.83	167.062
是否阻塞	是	否	否	否	是	是

仍然是线路 1、5、6 超过限值，引起阻塞，需要调整，如果不利用安全裕度，经过试算，不存在能消除阻塞的出力方案，必须利用安全裕度，线路在安全裕度下运行，存在安全隐患，为了安全起见，我们希望安全裕度的利用率(利用程度)尽量小，在安全第一的前提下，尽可能找到使阻塞费用最小的调整方案.

用 $q_j(j=1, 2, \cdots, 6)$ 表示相对安全裕度，S_j 为安全裕度利用率，则各线路的潮流限制为：$Y_j \leqslant Y_{Mj}(1+q_j S_j)$，$j=1, 2, \cdots, 6$. $S_j=1$ 表示全额利用相对安全裕度 q_j，此时虽然在相对安全裕度范围内，但已经到了极限状态，一旦因负荷发生变化而引起潮流变化，很可能超出相对安全裕度，有较大风险，$S_j=0.5$ 表示相对安全裕度的利用率为一半，仍留有一定安全余地，S_j 越小越安全，我们把 $\min \max_{1 \leqslant j \leqslant 6}\{S_j\}$ 作为调整的安全目标，在优化安全目标的前提下，尽可能找到使阻塞费用最小的调整方案，建立双目标规划如下：

$$
\begin{cases}
\min \quad \max_{1 \leqslant j \leqslant 6} \{S_j\}, \\
\min \quad P = \sum_{i=1}^{8} G_i,
\end{cases}
$$

$$
\text{s.t.} \begin{cases}
\sum_{i=1}^{8} X_i = M, \\
b_i \leqslant X_i \leqslant h_i, \; i = 1, 2, \cdots, 8, \\
Y_j \leqslant Y_{Mj}(1 + q_j S_j), \; j = 1, 2, \cdots, 6, \\
G_i = \varphi_i(f_i, D, X_{0i}, X_i), \; i = 1, 2, \cdots, 8, \\
Y_j = a_{0j} + \sum_{i=1}^{8} a_{ij} X_i, \; j = 1, 2, \cdots, 6.
\end{cases} \tag{6.3.9}
$$

求解时首先不考虑阻塞费用, 把相对安全裕度的利用率最小作为单目标得到结果: 最大 S_j 的最小值为 0.3920472, 调整后的出力方案见表 6.3.17.

表 6.3.17　安全第一的出力方案

机 组	1	2	3	4	5	6	7	8	合计
出 力	153	88	228	99.5	152	155	60.3	117	1052.8

阻塞费用为 1962.3 元.

调整后线路 1 和 5 超过限值, 利用了相对安全裕度, 利用率分别为 0.3920472 和 0.1665(表 6.3.18, 表 6.3.19).

表 6.3.18　调整后各线路有功潮流

线　路	1	2	3	4	5	6
潮流限值	165	150	160	155	132	162
调整后的有功潮流	173.41	143.58	−155.21	124.68	135.3	160.42
安全裕度的利用率	0.3920472	0	0	0	0.1665	0

然后限制相对裕度利用率 S_j 不超过某个较小值, 把阻塞费用最小作为目标函数, 从不同方案中取折中, 找出既安全又经济的调整方案.

表 6.3.19　　不同相对裕度利用率下的阻塞管理费用

安全裕度利用率 S_j 的限制值	0.5	0.4	0.395	0.393	0.39205
阻塞管理费/元	217.39	981.2	1274.8	1446.65	1951.1

当最大 S_j 的最小值限制为 0.5 时，阻塞费用最小的出力方案见表 6.3.20.

表 6.3.20　　$S_j \leqslant 0.5$ 且阻塞费最小的出力方案

机　组	1	2	3	4	5	6	7	8	合计
出　力	150	81	228	91.87	145	150	95	111.93	1052.8

阻塞费用为 217.39 元.

表 6.3.21　　调整后各线路有功潮流

线　路	1	2	3	4	5	6
潮流限值	165	150	160	155	132	162
调整后的有功潮流	175.725	141.4	−155.3	130.3	133.93	164.87

当最大 S_j 的最小值限制为 0.4 时，调整后的出力方案见表 6.3.22.

表 6.3.22　　$S_j \leqslant 0.4$ 且阻塞费用最小的出力方案

机　组	1	2	3	4	5	6	7	8	合计
出　力	150	87.64	228	90	152	142	88.16	117	1052.8

阻塞费用为 981.2 元.

表 6.3.23　　调整后各线路有功潮流

线　路	1	2	3	4	5	6
潮流限值	165	150	160	155	132	162
调整后的有功潮流	173.58	144.56	−155.05	128.98	134.44	163.49

当最大 S_j 的最小值限制为 0.393 时，调整后的出力方案见表 6.3.24.

表 6.3.24 $S_j \leqslant 0.393$ 且阻塞费用最小的出力方案

机 组	1	2	3	4	5	6	7	8	合计
出 力	153	88	228	90.74	152	150	74.06	117	1052.8

阻塞费用为 1446.65 元.

表 6.3.25   调整后各线路有功潮流

线 路	1	2	3	4	5	6
潮流限值	165	150	160	155	132	162
调整后的有功潮流	173.43	143.6	−155.18	126.84	135.25	161.9

综合衡量安全和经济两个指标, 选择 $S_j \leqslant 0.4$, 阻塞费用为 981.2 元(表 6.3.22) 的方案比较适中.

有文章提出将上述双目标规划化为单目标规划, 方法是设定权重系数, 以两个目标的某种加权和为目标. 这种做法用在这里并不合适, 原因是体现安全的指标相对裕度利用率 S_j 是无量纲的常数, 而阻塞费的单位是元, 两个完全不同的物理量按权重加在一起能代表什么? S_j 的数量级很小($0 \leqslant S_j \leqslant 1$), 且阻塞费对它的大小变化非常敏感, 例如 S_j 从 0.395 变到 0.4, 仅改变了 0.005, 阻塞费却从 1274.8 元降到了 981.4 元, 改变了−293.4 元. 而阻塞费率的数量级相对很大, 每小时高达数千元, 两个数量级相差如此悬殊的目标加在一起, 数量级小的那个目标能起到什么作用呢?

问题(4)的 LINGO 程序

```
MODEL:
  SETS:
    JZ/Z1..Z8/:GLM,GLN,X,PL;
    XL/L1..L6/:A0,Y,YM;
    XISHU(XL,JZ):B;
  ENDSETS
  DATA:
  B=0.082607,.047764,.052794,0.119857,-0.025705,
  0.121649,0.121993,-0.001518
    -0.054717,0.1275,-0.0001464,0.033224,0.086667,
```

```
-0.112686,-0.018644,0.098528,
0.069387,-0.061985,0.1565,0.009871,-0.124669,
-0.002356,0.002787,0.201194,
-0.034632,-0.102778,0.205037,-0.020882,
-0.012018,0.005693,0.145218,
0.076336,0.000327,0.242834,-0.06471,-0.041202,
-0.065452,0.070026,
-0.003896,-0.00917,0.23757,-0.060693,-0.078055,
0.092897,0.046634,-0.000291,
0.166359,0.000388;
A0=110.4775 131.35206 108.9928 77.6116 133.1334
    120.8481;
YM=165 150 160 155 132 162;
GLM=153 88 228 99.5 152 155 102.1 117;
GLN=87 58 132 60.5 98 95 60.1 63;
ENDDATA
@FOR(JZ(I):@BND(GLN(I),X(I),GLM(I)));  !爬坡约束;
@SUM(JZ(I):X(I))=982.4;  !总功率满足要求;
@FOR(XL(I):Y(I)=@SUM(JZ(J):B(I,J)*X(J)+A0(I)));
!用式(6.3.1)计算各线路潮流;
@FOR(XL(I):Y(I)<=YM(I));  !潮流限制;
PL(1)=@IF(X(1)#GE#150,186*(X(1)-150),@IF(X(1)#GT#120,
(150-X(1))*51,1530+(120-X(1))*179));
!机组1补偿费的计算公式;
PL(2)=@IF(X(2)#LT#79,@IF(X(2)#GE#73,(79-X(2))*3,
18+(73-X(2))*58), @IF(X(2)#LE#81,(X(2)-79)*17,34+
(X(2)-81)*192));
PL(3)=@IF(X(3)#LT#180,@IF(X(3)#GE#150,(180-X(3))*70,
2100+(150-X(3))*151),@IF(X(3)#LE#200,(X(3)-180)*5,
100+(X(3)-200)*53));
PL(4)=@IF(X(4)#GE#90,(99.5-X(4))*1,@IF(X(4)#GE#80,
9.5+(90-X(4))*48,@IF(X(4)#GE#70,489.9+(80-X(4))*103,
1515.9+(70-X(4))*133)));
PL(5)=@IF(X(5)#LT#125,@IF(X(5)#GE#110,(125-X(5))*88,
1320+115*(110-X(5))),@IF(X(5)#LE#135,7*(X(5)-125),
```

```
@IF(X(5)#LE#145,70+(X(5)-135)*93,1000+(X(5)-145)
*207)));
PL(6)=@IF(X(6)#GE#140,@IF(X(6)#LE#150,(X(6)-140)
*2,20+(X(6)-150)*77),@IF(X(6)#GE#125,(140-X(6))*51,
@IF(X(6)#GE#105,765+(125-X(6))*130,3365+(105-X(6))
*144)));
PL(7)=@IF(X(7)#GE#95,@IF(X(7)#LE#105,(X(7)-95)
*3,30+(X(7)-105)*12),@IF(X(7)#GE#85,(95-X(7))
*43,@IF(X(7)#GE#70,430+(85-X(7))*52,@IF(X(7)
#GE#65,1210+(70-X(7))*123,1825+(65-X(7))*183))));
PL(8)=@IF(X(8)#GE#110,0,@IF(X(8)#GE#90,50*(110-X(8)),
1000+120*(90-X(8))));
MIN=@SUM(JZ:PL);  !目标函数;
END
```

问题(5)的 LINGO 程序

```
MODEL:
  SETS:
    JZ/Z1..Z8/:GLM,GLN,X,X0,PL;
    XL/L1..L6/:A0,Y,YM,Q,S;
    XISHU(XL,JZ):B;
  ENDSETS
  DATA:
    B=0.082607,.047764,.052794,0.119857,-0.025705,
      0.121649,0.121993,-0.001518,-0.054717,0.1275,
      -0.0001464,0.033224,0.086667,-0.112686,-0.018644,
      0.098528,0.069387,-0.061985,0.1565,0.009871,
      -0.124669,-0.002356,0.002787,0.201194,-0.034632,
      -0.102778,0.205037,-0.020882,-0.012018,0.005693,
      0.145218,0.076336,0.000327,0.242834,-0.06471,
      -0.041202,-0.065452,0.070026,-0.003896,-0.00917,
      0.23757,-0.060693,-0.078055,0.092897,0.046634,
      -0.000291,0.166359,0.000388;
    A0=110.4775 131.35206 108.9928
       77.6116 133.1334 120.8481;
```

```
      YM=165 150 160 155 132 162;
      Q=0.13 0.18 0.09 0.11 0.15 0.14;    !安全裕度;
      GLM=153 88 228 99.5 152 155 102.1 117;
      GLN=87 58 132 60.5 98 95 60.1 63;
      X0=150 81 218.2 99.5 135 150 102.1 117;
ENDDATA
@FOR(JZ(I):@BND(GLN(I),X(I),GLM(I)));
@SUM(JZ(I):X(I))=1052.8;
@FOR(XL(I):Y(I)=@SUM(JZ(J):B(I,J)*X(J))+A0(I));
@FOR(XL(I):Y(I)<=YM(I)*(1+Q(I)*S(I)));    !各线路潮流限制;
@FOR(XL(I):S(I)<=0.393);    !对安全裕度利用率加以限制;
!MIN=@SMAX(S(1),S(2),S(3),S(4),S(5),S(6));
  !求最大安全裕度利用率的最小值;
PL(1)=@IF(X(1)#GE#150,133*(X(1)-150),@IF(X(1)#GT#120,
(150-X(1))*104,3120+(120-X(1))*232));
PL(2)=@IF(X(2)#GE#81,(X(2)-81)*139,@IF(X(2)#GE#79,
(81-X(2))*36,@IF(X(2)#GE#73,72+(79-X(2))*56,
408+(73-X(2))*111)));PL(3)=@IF(X(3)#LT#200,
@IF(X(3)#GE#180,(200-X(3))*48,960+(180-X(3))*123),0);
PL(4)=@IF(X(4)#GE#90,(99.5-X(4))*54,@IF(X(4)#GE#80,
113+(90-X(4))*101,@IF(X(4)#GE#70,1523+(80-X(4))
*156,3083+(70-X(4))*186)));
PL(5)=@IF(X(5)#LT#135,@IF(X(5)#GE#125,(135-X(5))*46,
@IF(X(5)#GE#110,460+(125-X(5))*141,
2575+168*(110-X(5)))),@IF(X(5)#LE#145,(X(5)-145)*40,
400+(X(5)-145)*154));PL(6)=@IF(X(6)#GE#150,
24*(X(6)-150),@IF(X(6)#GE#140,(X(6)-140)*51,
@IF(X(6)#GE#125,510+(140-X(6))*104,@IF(X(6)#GE#105,
2070+(125-X(6))*183,3900+(105-X(6))*197))));
PL(7)=@IF(X(7)#GE#95,(102.1-X(7))*50,@IF(X(7)#GE#85,
355+(95-X(7))*96,@IF(X(7)#GE#70,1315+(85-X(7))*105,
@IF(X(7)#GE#65,2890+(70-X(7))*176,
3770+(65-X(7))*236))));
PL(8)=@IF(X(8)#EQ#117,0,@IF(X(8)#GE#110,53*(X(8)-110),
@IF(X(8)#GE#90,371+103*(110-X(8)),2431+173*(90-X(8)))));
```

```
    P=@SUM(JZ:PL);  MIN=P;   !目标函数是阻塞费率最小;
END
```

6.4　DVD 在线租赁的优化管理

6.4.1　问题的提出

本题是 2005 年全国大学生数学建模竞赛 B 题, 题目如下:

随着信息时代的到来, 网络成为人们生活中越来越不可或缺的元素之一. 许多网站利用其强大的资源和知名度, 面向其会员群提供日益专业化和便捷化的服务. 例如, 音像制品的在线租赁就是一种可行的服务. 这项服务充分发挥了网络的诸多优势, 包括传播范围广泛、直达核心消费群、强烈的互动性、感官性强、成本相对低廉等, 为顾客提供更为周到的服务.

考虑如下的在线 DVD 租赁问题. 顾客缴纳一定数量的月费成为会员, 订购DVD 租赁服务. 会员对哪些 DVD 有兴趣, 只要在线提交订单, 网站就会通过快递的方式尽可能满足要求. 会员提交的订单包括多张 DVD, 这些 DVD 是基于其偏爱程度排序的. 网站会根据手头现有的 DVD 数量和会员的订单进行分发. 每个会员每个月租赁次数不得超过 2 次, 每次获得 3 张 DVD. 会员看完 3 张 DVD之后, 只需要将 DVD 放进网站提供的信封里寄回(邮费由网站承担), 就可以继续下次租赁. 请考虑以下问题:

(1) 网站正准备购买一些新的 DVD, 通过问卷调查 1000 个会员, 得到了愿意观看这些 DVD 的人数(表 6.4.1 给出了其中 5 种 DVD 的数据). 此外, 历史数据显示, 60%的会员每月租赁 DVD 两次, 而另外的 40%只租一次. 假设网站现有 10万个会员, 对表 6.4.1 中的每种 DVD 来说, 应该至少准备多少张, 才能保证希望看到该 DVD 的会员中至少 50%在一个月内能够看到该 DVD? 如果要求保证在三个月内至少 95%的会员能够看到该 DVD 呢?

(2) 表 6.4.2 中列出了网站手上 100 种 DVD 的现有张数和当前需要处理的 1000 位会员的在线订单(表 6.4.2 是表的示例, 完整的具体数据请从 http://mcm.edu.cn/mcm05/problems2005c.asp 下载), 如何对这些 DVD 进行分配, 才能使会员获得最大的满意度? 请具体列出前 30 位会员(即 C0001~C0030)分别获得哪些 DVD.

(3) 继续考虑表 6.4.2, 并假设表 6.4.2 中 DVD 的现有数量全部为 0. 如果你是网站经营管理人员, 你如何决定每种 DVD 的购买量, 以及如何对这些 DVD 进行分配, 才能使一个月内 95%的会员得到他想看的 DVD, 并且满意度最大?

(4) 如果你是网站经营管理人员, 你觉得在 DVD 的需求预测、购买和分配中还有哪些重要问题值得研究? 请明确提出你的问题, 并尝试建立相应的数学模型.

表 6.4.1　对 1000 个会员调查的部分结果

DVD 名称	DVD1	DVD2	DVD3	DVD4	DVD5
愿意观看的人数	200	100	50	25	10

表 6.4.2　现有 DVD 张数和当前需要处理的会员的在线订单(表格格式示例)

	DVD 编号	D001	D002	D003	D004	…
	DVD 现有数量	10	40	15	20	…
会员在线订单	C0001	6	0	0	0	…
	C0002	0	0	0	0	…
	C0003	0	0	0	3	…
	C0004	0	0	0	0	…
	⋮	⋮	⋮	⋮	⋮	⋮

注: D001~D100 表示 100 种 DVD, C0001~C1000 表示 1000 个会员, 会员的在线订单用数字 1,2,…表示, 数字越小表示会员的偏爱程度越高, 数字 0 表示对应的 DVD 当前不在会员的在线订单中. 表 6.4.2 数据位于文件 B2005Table2.xls 中, 可从 http://mcm.edu.cn/mcm05/problems2005c.asp 下载.

6.4.2　基本假设

(1) 每月租两次的会员所租 DVD 在将近半个月但不超过半个月时归还, 每月租一次的会员在接近一个月但不超过一个月时归还.

(2) 每个会员只租看自己有观看意愿(作过选择)的 DVD, 网站不能把会员不想看的 DVD 强制分给他.

(3) 各种 DVD 的单价相同.

6.4.3　问题(1)的分析和解答

按题意, 每个会员每月租赁次数不能超过 2 次, 每次 3 张, 归还以后才能继续下次租赁. 历史数据显示, 60%的会员每月租赁 DVD 两次, 而另外的 40%只租一次. 每月租 2 次的会员, 每次租借期限接近但不超过半个月, 即在半个月之内必然归还, 假设每月只租一次的会员每次租借期限接近但不超过一个月. 如果某次租出某种 DVD100 张, 半个月内将还回 60 张, 如果还有许多会员想看该 DVD, 把这 60 张租出去, 则 100 张 DVD 在一个月内能满足 160 人的租借(观看)愿望, 即每张 DVD 的利用率为 1.6. 我们用 k 表示对应于某个时段的 DVD 碟片的利用率，则时段为一个月时 $k = 1.6$，故 DVD 张数 $N \times k = M$(观看人数)，由表 6.4.1 所示调查数据，对于 DVD1，1000 个会员中有 200 人想观看，比例为 $p=0.2$. 设 X 表示 10 万名会员中想看某种 DVD 的人数，则 X 是随机变量，它服从 $n = 10$ 万，$p = 0.2$ 的二项分布，即 $X \sim B(n.p)$，因 n 很大，故 X 近似服从正态分布，其数学期望 $\mu = np = 20000$，方差 $\sigma^2 = np(1-p) = 16000$，即 $X \sim N(20000,16000)$，对随机变量 X，我们可以求出 $P\{19752 < X < 20248\} = 0.95$，$P\{19674 < X < 20326\} = 0.99$，设 X 的上限为 M，按照以上方法计算得到 10 万会员对表 6.4.1 中的 5 种 DVD 的需求数 X 的上限 M 如表 6.4.3 所示.

表 6.4.3　　10 万会员对 5 种 DVD 的需求数 X 的上限 M

DVD 名称		DVD1	DVD2	DVD3	DVD4	DVD5
需求数 X 的平均值		20000	10000	5000	2500	1000
需求数 X 的上限 M	概率 0.95	20248	10186	5136	2597	1062
	概率 0.99	20326	10245	5178	2628	1082

为了在一个月之内满足其中 50%会员的观看愿望，需要准备的 DVD 张数为

$$N = \frac{M \times 50\%}{k} = \frac{0.5M}{1.6}. \tag{6.4.1}$$

于是得到表 6.4.1 中五种 DVD 需要准备的数量见表 6.4.4.

表 6.4.4　　一个月满足 50%观看愿望时需准备的 DVD 张数

DVD 名称		DVD1	DVD2	DVD3	DVD4	DVD5
按需求数 X 的平均值计算		6250	3125	1563	782	313
需求数 X 的上限 M 计算	概率 0.95	6328	3183	1605	812	332
	概率 0.99	6352	3202	1619	822	339

随着时段的延伸，利用率提高，**但不是简单地按时间比例增长**，例如，以一个半月为考虑的时段，首次租出 N 张，半个月内还回 $0.6N$ 张，再次出租，又过半个月(总计一个月)，还回 $(0.6 \times 0.6 + 0.4)N$，全部可以再次出租，则一个半月能看到该 DVD 的会员总数为 $(1 + 0.6 + 0.6 \times 0.6 + 0.4)N = 2.36N$，利用率为 $k = 2.36$.

如果以三个月为时段，要满足 95% 的观看愿望，此时的利用率不能简单地乘以 3 得 $k = 4.8$，因为每次归还回来的 DVD 再次租借出去，又有 0.6 的比例半个月内归还，0.4 的比例一个月内归还，如此不断以 0.6:0.4 的比例分成两种类型，如图 6.4.1 所示，经过推算三个月时段的利用率为 $k = 4.48896$. 为了在三个月之内满足 95% 会员的观看愿望，需要准备的 DVD1 张数为

$$N = \frac{M \times 95\%}{k} = \frac{0.95M}{4.48896} = 0.21163M . \tag{6.4.2}$$

计算结果见表 6.4.5.

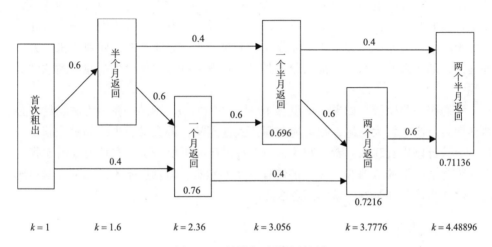

图 6.4.1　计算各时段的利用率

表 6.4.5　三个月满足 95% 观看愿望时需准备的 DVD 张数

DVD 名称		DVD1	DVD2	DVD3	DVD4	DVD5
按需求数 X 的平均值计算		4233	2117	1059	530	212
需求数 X 的上限 M 计算	概率 0.95	4286	2156	1087	550	225
	概率 0.99	4302	2169	1096	557	229

采用 X 的上限来计算 DVD 的准备数量将比实际有宽余，因为能达到上限的概率毕竟比较小，最大的可能性还是在平均值附近. 如果考虑到可能有会员把 DVD 的归还日期稍提前，则周转率有所提高，准备的数量可减少，再考虑到随着时间的推延，人们对新 DVD 片的兴趣会有所降低，或者通过其他途经看到了，则有愿望的人数比例必然随时间的推延而下降，因此，我们认为，把 X 的最大值作为计算的基准并不合理，或者说会超过实际. 从节约网站成本的角度去考虑问

题，这样做并不经济.

6.4.4　问题(2)的分析、建模和解答

1. 分析

对表 6.4.2 列出的网站 100 种 DVD 现有张数和 1000 位会员的在线订单数据 (Excel 文件) 作统计和分析，100 种 DVD 现有总张数 3007，1000 名会员每人分配 3 张，共需 3000 张，似乎够分，但是其中 37 号 DVD 的库存量为 106，而有愿望观看该 DVD 的人数只有 91 人，考虑到网站不能把会员不想看的 DVD 强制分给他，故 37 号 DVD 至多分出去 91 张，余 15 张，总数 3007 张至多分出去 2992 张，如果每人分 3 张的话，至少欠缺 8 张，于是可以肯定有会员分不到 3 张，对此有两种做法可供考虑：一种是让一部分人分不到，从而保证其他人分到 3 张；另一种是让一部分人分 2 张，其他人分 3 张，究竟哪一种方法更合理、总体满意度更高呢？

我们作一些比较，如果会员想看 10 张左右 DVD，网站一张也无法满足，必然会使会员产生较大抱怨，很可能转而找其他网站，即会员流失. 如果先满足 2 张，会员可以先看起来，看过归还，一个月内还能再租一次，本月内看到 5 张，只比正常情况下的 6 张少一张，即使有一些不满意，但程度不重. 两种方案相比较，分 2 张比分 0 张好，整体满意度高.

2. 满意度的量化

会员的在线订单用数字 1,2,… 表示偏爱程度，数字越小偏爱程度越高，数字 0 表示不订，故数字越小满意度越高，因此对订单中的数字可以采用以下几种方法进行变换：

(1) 设某会员对喜欢的 DVD 排序为 x, $x=1,2,\cdots,10$，用 11 减去订单中的数字，再除以 10，计算公式为 $f_1(x) = (11-x)/10$，于是得到对应于 x 的满意度依次为 $1,0.9,0.8,\cdots,0.1$；

(2) 取倒数，计算公式为 $f_2(x) = 1/x$，于是得到对应于 x 的满意度依次为 $1,\dfrac{1}{2},\dfrac{1}{3},\cdots,\dfrac{1}{10}$；

(3) 用模糊数学中的隶属度的概念[13]，选取合适的隶属度函数，对满意度进行量化，我们取如下隶属度函数

$$f_3(x) = a\ln(11-x) + b, \qquad 1 \leqslant x \leqslant 10 \tag{6.4.3}$$

其中 a, b 为待定常数，对排在第一的 DVD，取满意度为 1，即 $f_3(1)=1$，对排在最后的 DVD，取满意度为 0.05，即 $f_3(10)=0.05$，代入式(6.4.3)，可以确定

a=0.41258，b=0.05，将其代入式(6.4.3)，得隶属度函数为

$$f_3(x) = 0.41258 \times \ln(11-x) + 0.05 , 1 \leqslant x \leqslant 10 . \tag{6.4.4}$$

由式(6.4.4)计算得到按顺序所对应的满意度如表 6.4.6 所示.

表 6.4.6   用隶属度对满意度量化

DVD 排序	1	2	3	4	5
满意度	1	0.9565	0.9079	0.8528	0.7892
DVD 排序	6	7	8	9	10
满意度	0.714	0.622	0.5033	0.336	0.05

　　无论采用哪一种方法，各会员的满意度均需要作归一化处理，使每个会员对选中的 DVD 的满意度之和等于 1.

　　将三种满意度量化方法进行比较，图 6.4.2 画出了三种满意度量化方法所得到的曲线，第一种方法的满意度呈线性变化，DVD 排序从 1~10 时满意度为等差序列 1~0.1，该方法比较客观可行. 第二种方法取倒数，排序从 1 到 2 时满意度从 1 变成 0.5，相差一倍，而排序从 7~10 时满意度变化很小，这种方法不大符合客观实际，不可取. 第三种方法用对数函数，排序为 1~5 时满意度下降较缓慢，而排序从 8~10 时，满意度下降较快，该方法也可以用.

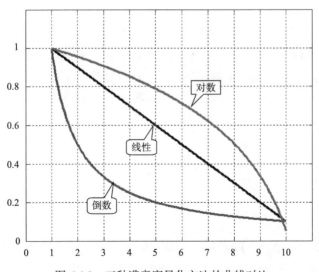

图 6.4.2   三种满意度量化方法的曲线对比

对会员没有选中的 DVD, 表 2 中用数字 0 表示, 网站不能把它强制分给会员, 故相应的满意度统一赋值为–1. 题目的数据在 Excel 文件中, 我们可以充分利用 Execl 的替换、统计、自定义函数和计算功能, 在 Execl 中进行数据的统计和满意度的量化及归一化处理, 然后把 Execl 的数据传输到其他软件中. 因数据量很大, 在此无法一一列出满意度的量化结果.

3. 建立模型

用 c_{ij} 表示第 i 个会员得到第 j 种 DVD 时的满意度, 用变量 x_{ij} 表示 DVD 的分配情况, $x_{ij}=1$ 表示给第 i 个会员分配第 j 种 DVD, $x_{ij}=0$ 表示不分. b_j 表示第 j 种 DVD 的现有数量.

(1) 采用每个会员至少满足两张 DVD 的方法, 目标函数是使 1000 名会员的总体满意度最大, 约束条件是每种 DVD 的库存约束和每人分配 DVD 的张数约束 (2~3 张), 建立 0-1 规划模型如下:

$$\max\ z=\sum_{i=1}^{1000}\sum_{j=1}^{100}c_{ij}x_{ij},$$

$$\text{s.t.}\begin{cases}2\leqslant\sum_{j=1}^{100}x_{ij}\leqslant 3,\ i=1,2,\cdots,1000,\\[2mm]\sum_{i=1}^{1000}x_{ij}\leqslant b_j,\ j=1,2,\cdots,100,\\[2mm]x_{ij}=0\text{或}1.\end{cases}\tag{6.4.5}$$

该模型的变量总数在 10 万以上, 可以用 LINGO 来求解(注: 必须用正式版, DEMO 版本受变量总数限制, 无法求解), 编写 LINGO 程序如下:

```
MODEL:
  SETS:
    RM/1..1000/:A;
    DVD/1..100/:D;
    FP(RM,DVD):C,X;
  ENDSETS
  DATA:
    D=@OLE('myidu.xls','KUCUN');
    C=@OLE('myidu.xls','MANYIDU');
    @OLE('myidu.xls','SOLUTION')=X;
```

```
ENDDATA
MAX=@SUM(FP:C*X);
@FOR(FP:@BIN(X));
@FOR(RM(I):A(I)=@SUM(DVD(J):X(I,J)));
@FOR(RM:@BND(2,A,3));
@FOR(DVD(J):@SUM(RM(I):X(I,J))<=D(J));
N=@SUM(RM:A);
END
```

程序中的函数@OLE 用来与 Excel 进行数据交换, 共有三处用到@OLE 函数, 其作用分别说明如下:

① 语句

```
D=@OLE('myidu.xls','KUCUN');
```

打开名为 myidu.xls 的 Excel 格式的文件, 从其中名称为 KUCUN 的数据块读取数据并赋值给数组 D, KUCUN 是 myidu.xls 文件中预先定义了的数据块, 定义办法是: 先用鼠标选中需要定义的数据块(也可以点击主菜单"编辑"→"定位", 弹出定位对话框, 在"引用位置"栏目内填入数据区域的起始位置和终止位置, 如填入 C2:CX2, 代表从 C 列第 2 行开始到 CX 列第 2 行数据), 然后点击主菜单"插入"→"名称"→"定义", 弹出对话框, 在"名称"栏目内输入一个按本人的意愿自己定义的名称, 如 KUCUN, 代表库存的意思, 点击"确定". LINGO 运行语句

```
D = @OLE('myidu.xls','KUCUN');
```

时候从指定文件中找到名称为 KUCUN 的数据块, 读取其中的数据并赋值给数组 D, 注意 D 的数据长度应当与 KUCUN 的数据个数一致.

② 语句

```
C = @OLE('myidu.xls','MANYIDU');
```

读取文件 myidu.xls 中定义的名称为 MANYIDU(代表满意度)的数据块并赋值给 LINGO 中的二维数组 C. 我们采用第一种满意度量化方法(线性量化), 利用 Execl 的运算功能进行归一化处理, 处理后的结果存放在文件 myidu.xls 中, 共有 1000×100 个满意度数据, 分别代表 1000 名会员对 100 种 DVD 的满意度, 凡是会员不选择的 DVD, 满意度统一定义为–1, 这可以通过主菜单"编辑"→"替换"来实现. 把这 10 万个数据定义成名称为 MANYIDU 的数据块.

③ 语句

```
@OLE('myidu.xls','SOLUTION')=X;
```

的作用是把 X 的计算结果写入文件 myidu.xls 中, 我们知道 X 是 1000×100 矩阵, 所以在文件 myidu.xls 中先用定位的方法选中 1000 行 100 列的空白数据区, 然后

给它定义一个名称，我们把它定义为 SOLUTION，如果程序运行正常，则运行结束以后，文件中对应 SOLUTION 的数据块被写入了数据 X 的值，1 代表分配 DVD，0 代表不分配. 注意预先确定数据块的大小(行列数)，使得要写入文件的数据行列数与预先定义的空白数据块的行列数相等.

如果程序程序运行时提示找不到 myidu.xls 文件，可以预先用 Excel 打开该文件，再运行 LINGO 程序.

求解得到目标函数值(即总满意度)为 457.1772，合计分出 2969 张，除 DVD37 余 31 张，DVD41 余 7 张外，其他 98 种库存现有 DVD 全部分出. 1000 个人中 31 人每人分到 2 张，其余 969 人每人分到 3 张. 前 30 名会员的分配方案见表 6.4.7. 28 号会员分到了 2 张 DVD，可以先看起来，看过以后归还，下次再租.

表 6.4.7　前 30 位会员的 DVD 分配方案

会员序号	DVD 号	会员序号	DVD 号	会员序号	DVD 号
1	8, 41, 98	11	59, 63, 66	21	45, 50, 53
2	6, 44, 62	12	2, 31, 41	22	38, 55, 57
3	32, 50, 80	13	21, 78, 96	23	29, 81, 95
4	7, 18, 41	14	23, 52, 89	24	37, 41, 76
5	11, 66, 68	15	13, 52, 85	25	9, 69, 81
6	19, 53, 66	16	10, 84, 97	26	22, 68, 95
7	26, 66, 81	17	47, 51, 67	27	50, 58, 78
8	31, 35, 71	18	41, 60, 78	28	8, 34
9	53, 78, 100	19	66, 84, 86	29	26, 30, 55
10	41, 55, 85	20	45, 61, 89	30	37, 62, 98

(2) 采用要么分 3 张，要么不分的方法，目标函数是使 1000 名会员的总体满意度最大. 为了实现分配 DVD 的张数约束(3 或 0 张)，再引入一个 0-1 变量 y_i，$y_i = 1$ 意味着分到 3 张 DVD，$y_i = 0$ 表示没有分到 DVD，建立 0-1 规划模型如下：

$$\max \quad z = \sum_{i=1}^{1000} \sum_{j=1}^{100} c_{ij} x_{ij},$$

$$\text{s.t.} \begin{cases} \sum_{j=1}^{100} x_{ij} = 3y_i, i = 1, 2, \cdots, 1000, \\ \sum_{i=1}^{1000} x_{ij} \leqslant b_j, j = 1, 2, \cdots, 100, \\ x_{ij} = 0\text{或}1, \\ y_i = 0\text{或}1. \end{cases} \quad (6.4.6)$$

编写 LINGO 程序(与前面大体相同)如下：

```
MODEL:
  SETS:
    RM/1..1000/:Y;  DVD/1..100/:B;  FP(RM,DVD):C,X;
  ENDSETS
  DATA:
    B=@OLE('myidu.xls','KUCUN');
    C=@OLE('myidu.xls','MANYIDU');
    @OLE('myidu.xls','SOLUTION')=X;
  ENDDATA
  MAX=@SUM(FP:C*X);
  @FOR(FP:@BIN(X));  @FOR(RM:@BIN(Y));
  @FOR(RM(I):@SUM(DVD(J):X(I,J))=3*Y(I));
  @FOR(DVD(J):@SUM(RM(I):X(I,J))<=B(J));
  N=@SUM(RM:Y);
END
```

求解得到结果：目标函数值(即总满意度)为 456.6714，合计分出 2982 张，除 DVD37 余 25 张外，其他 99 种库存现有 DVD 全部分出. 1000 名会员中 994 人每人分到 3 张，没有分到 DVD 的会员是 8，271，384，417，727，862 号. 前 30 名会员的分配方案见表 6.4.8.

表 6.4.8　前 30 位会员的 DVD 分配方案

会员序号	DVD 号	会员序号	DVD 号	会员序号	DVD 号
1	8, 41, 98	11	59, 63, 66	21	45, 50, 53
2	6, 44, 62	12	2, 31, 41	22	38, 55, 57
3	32, 50, 80	13	21, 78, 96	23	29, 81, 95
4	7, 18, 41	14	23, 52, 89	24	37, 41, 76
5	11, 66, 68	15	13, 52, 85	25	9, 69, 81
6	19, 53, 66	16	10, 84, 97	26	22, 68, 95
7	26, 66, 81	17	47, 51, 67	27	50, 58, 78
8		18	41, 60, 78	28	8, 34, 82
9	53, 78, 100	19	66, 84, 86	29	26, 30, 55
10	41, 55, 85	20	45, 61, 89	30	37, 62, 98

与前面一种分配方案(表 6.4.6)相比，总体满意度稍低一点点，由 457.1772 减小到 456.6714，前 30 名会员只有两个会员有不同：8 号会员暂时不分，28 号会员增加一张 82 号 DVD(合计 3 张).

6.4.5　问题(3)的分析和求解

该问题的目标有两个：一个是满意度最大，另一个是购买成本最小，如果每种 DVD 的价格相同，则购买成本最小就是购买的总张数最少. 约束条件是一个月内 95%的会员得到他想看的 DVD. 这个条件表述不够明确，有些含糊，对此可以产生不同的理解，首先每个会员一个月最多租两次，即最多租看 6 张，不能满足表 2 中的各人挑选的 8~10 张，我们理解：某个会员如果一个月内租到了 3 张他所想看的 DVD 即认为他可以归到 95%内. 还有一种理解是 60%的人一个月租到 6 张算满意，40%的人一个月租到 3 张为满意.

1. 先建立简化模型

1) 简化模型

先假定进货以后一次性满足 95%会员的想看愿望，目标函数是总体满意度最大以及购买的总张数最少，约束条件是 95%以上(950 以上)的会员每人分配到 3 张 DVD，建立如下模型：

$$\max\ z = \sum_{i=1}^{1000}\sum_{j=1}^{100} c_{ij}x_{ij}\ ,\min\ N = \sum_{j=1}^{1000} b_j\ ,$$

$$\text{s.t.}\begin{cases} \displaystyle\sum_{j=1}^{100} x_{ij} = 3a_i, i = 1,2,\cdots,1000\ , \\[3mm] \displaystyle b_j = \sum_{i=1}^{1000} x_{ij}\ , j = 1,2,\cdots,100\ , \\[3mm] \displaystyle\sum_{i=1}^{1000} a_i \geqslant 950\ , \\[3mm] x_{ij} = 0\text{或}1\ , a_i = 0\text{或}1. \end{cases} \tag{6.4.7}$$

模型中的变量 a_i 是 0-1 变量，$a_i = 1$ 表示会员 i 分到 3 张 DVD，$a_i = 0$ 表示会员 i 第一次分配时轮空，即暂时不分. 为了使 95%的会员看到他想看的 DVD，$\displaystyle\sum_{i=1}^{1000} a_i$ 应当大于等于 950. 模型中的两个目标函数实际上是互相矛盾的，要使总满意度最大，则分到 DVD 的人数越多越好，最好 1000 名会员每人分 3 张；而要使 DVD

的总进货量最小，则 DVD 张数越少越好，即分到的人数越少越好，其平衡点只有一点：即分到 DVD 的人数等于 950. 于是上述模型可以分两步求解，先令 $\sum\limits_{i=1}^{1000} a_i = 950$，目标函数保留　$\max\ z = \sum\limits_{i=1}^{1000}\sum\limits_{j=1}^{100} c_{ij}x_{ij}$，原规划模型变成单目标规划，用 LINGO 编程求出使总体满意度最大的购买和分配方案以及该方案下的总体满意度. 然后把该满意度指标作为约束条件，把 DVD 的购买张数最小作为目标函数，再次用 LINGO 求解，两次的结果作比较可以发现：既要满足 95% 的会员看到他想看的 DVD，又要满意度最大，且 DVD 的购买量最小，则最少总购买量只有 2850 张一种结果，最大总满意度也只有 474.1829 一个结果，具体分配方案不唯一.

2) 简化模型的计算结果

DVD 的总购买量为 2850 张，第一次分配即可满足 950 人，每人 3 张，总满意度达到 474.1829，一种具体购买方案见表 6.4.9，和分配方案见表 6.4.10.

表 6.4.9　100 种 DVD 的最优进货量

DVD 编号	1	2	3	4	5	7	7	8	9	10	11	12
购买数量	21	36	24	36	18	28	30	33	34	23	29	28
DVD 编号	13	14	15	16	17	18	19	20	21	22	23	24
购买数量	28	30	24	35	28	24	27	37	32	27	35	21
DVD 编号	25	26	27	28	29	30	31	32	33	34	35	36
购买数量	29	30	22	18	25	40	28	33	30	29	36	33
DVD 编号	37	38	39	40	41	42	43	44	45	46	47	48
购买数量	21	28	25	28	48	33	26	33	34	25	31	23
DVD 编号	49	50	51	52	53	54	55	56	57	58	59	60
购买数量	29	30	37	26	31	26	29	31	30	27	30	31
DVD 编号	61	62	63	64	65	66	67	68	69	70	71	72
购买数量	25	29	31	34	31	26	28	32	32	29	35	32
DVD 编号	73	74	75	76	77	78	79	80	81	82	83	84
购买数量	23	29	25	21	20	28	30	28	27	17	21	19
DVD 编号	85	86	87	88	89	90	91	92	93	94	95	96
购买数量	33	21	33	24	23	27	37	26	23	20	38	24
DVD 编号	97	98	99	100								
购买数量	33	32	18	33								

表 6.4.10　前 30 位会员的 DVD 分配方案

会员序号	DVD 号	会员序号	DVD 号	会员序号	DVD 号
1	8, 82, 98	11	19, 59, 63	21	45, 53, 65
2	6, 42, 44	12	2, 7, 31	22	38, 55, 57
3	4, 50, 80	13	21, 78, 96	23	29, 81, 95
4	7, 18, 41	14	23, 43, 52	24	41, 76, 79
5	11, 66, 68	15	13, 85, 88	25	9, 69, 94
6	16, 19, 53	16	6, 84, 97	26	22, 68, 95
7	8, 26, 81	17	47, 51, 67	27	22, 42, 58
8	15, 71, 99	18	41, 60, 78	28	8, 34, 82
9	53, 78, 100	19	67, 84, 86	29	30, 44, 55
10	55, 60, 85	20	45, 61, 89	30	1, 37, 62

2. 考虑 60%半个月内归还(精确模型)

1) 一个结论

前面的简化模型一次性满足 95%会员的观看愿望,没有考虑有 60%的人在半个月内归还的情况,实际上返回的碟片可以再次出租,从而满足一部分第一次没有租到的会员,因而前面的结论——准备 2850 张 DVD 比题目的要求偏多了,可以减少,减少多少呢? 用它除以一个月的周转率 1.6,得出 1782 张够不够呢? 不够! 除非网站规定:归还了碟片的会员本月不能再借第二次,这违反了网站的租借规则,且如果作这样的规定,别人就不着急归还,干脆满了一个月再还!

下面先给出一个结论,再给出证明.

结论　首次购进 2550 张(满足 850 人),则可以在一个月内使 95%的会员得到他想看的 DVD.

证明　一次性购进 2550 张,首次租出可满足 850 人(每人 3 张),按半个月返回 60%来计算,半个月内有 510 人归还 1530 张,因 60%是概率,实际上归还的人数会有一些波动,设半月内有 Y 个会员归还所租借的碟片,则 Y 是服从二项分布的随机变量,即 $Y\sim B(850,0.6)$,其数学期望 $E(Y)=510$,方差 $D(Y)=204$,均方差 $\sigma(Y)=14.283$. 由中心极限定理,Y 近似服从正态分布,即 $Y\sim N(510,204)$,按照正态分布的 "3σ" 规则,Y 在 $E(Y)\pm3\sigma$,即 $467<Y<553$ 的概率为 0.9974,按最少 467

或最多 553 来计算均不合适,以中间值(即数学期望)510 来计算比较合适,实际上因为是一批新片,很多会员看过之后着急归还,以便及时再租第二次,故半个月内归还的人数估计会超过 510 人.

已经归还了上次所借 DVD 的人想租第二次,这是会员在网站租借规则规定之内的权力,网站不宜用不合理的规定来加以阻止,应当允许再次租看,且一视同仁. 第一次没有租到的会员有 150 人,加上这次归还了碟片的 510 人,合计 660 人租看归还的 1530 张,其中 150 从他们各人想看的 8~10 种 DVD 中选择,510 人在除了看过的 3 张之外选择. 如果每个会员租到的机会均等,则能够租到的概率为 510/660=0.77273. 用 X 表示一次没有租到的 150 名会员中这次能租到的人数,则 X 服从二项分布,即 $X \sim B(150, 0.77273)$,数学期望 $E(X)=116$,方差 $D(X)=26.343$,均方差 $\sigma(X)=5.1325$. 由中心极限定理,X 近似服从正态分布,即 $X \sim N(116, 26.343)$,按照正态分布的"3σ"规则,X 在 $E(X) \pm 3\sigma$ 内,即 $100 < X < 132$ 的概率为 0.9974,就算是按最特殊的情况,即 $X=100$ 来计算,则一个月内前后两次合计租看的人数为 950 人,达到了 95% 的比例. 如图 6.4.3 所示.

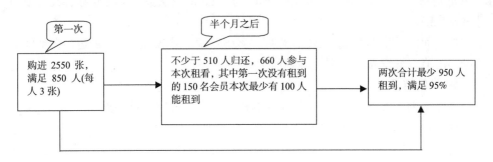

图 6.4.3　一个月内 DVD 周转情况

2) 100 种 DVD 的进货量

首次总进货量为 2550 张,如何分配到 100 种 DVD 的购买量呢?一个原则是总体满意度最大,另一个原则是各种 DVD 满足需求的程度大致均衡,即防止有些种类有多余而另一些品种缺货过多以至难以满足需求.

如果优先满足会员的选择排号 1,2,3,则必然满意度最大,为此我们先统计每一种 DVD 被会员选择且排序为 1,2,3 的总次数,用符号 n_j 表示,其总和为 3000,进货比例为 0.85,令 $b_j = 0.85 n_j$,这是进货的参考基准,即进货数量在此基准的上下一定范围内浮动,用 $0.85 n_j \pm \delta$ 表示进货量的范围,具体数量通过建立如下规划模型来求解.

$$\max \quad z = \sum_{i=1}^{1000}\sum_{j=1}^{100} c_{ij}x_{ij} ,$$

$$\text{s.t.}\begin{cases} \sum_{j=1}^{100} x_{ij} = 3a_i, i = 1, 2, \cdots, 1000, \\[2mm] b_j = \sum_{i=1}^{1000} x_{ij} , j = 1, 2, \cdots, 100, \\[2mm] \sum_{i=1}^{1000} a_i = 950, \\[2mm] 0.85n_j - \delta \leqslant b_j \leqslant 0.85n_j + \delta, \\[2mm] x_{ij} = 0或1, \\[2mm] a_i = 0或1. \end{cases} \qquad (6.4.8)$$

其中 n_j 是每一种 DVD 被会员选择且排序为 1,2,3 的总次数, δ 是整数, 其取值通过试算来确定.

将上面的模型编写成 LINGO 程序, 经过计算我们发现, $\delta = 2$ 是存在最优解的最小 δ 值, 继续减小 δ 则找不到最优解.

3) 优化结果

计算结果令人满意, 100 种 DVD 的进货量数据按顺序排列如下

19　32　24　31　18　22　24　30　28　20　23　28　25　28　23　31　25
21　25　34　27　25　28　18　26　25　21　17　23　36　25　29　25　25
34　31　19　24　23　22　47　31　21　31　30　20　28　20　26　30　35
22　30　24　28　28　28　25　29　32　23　25　29　30　28　28　24　31
29　27　32　27　25　25　19　18　24　28　25　23　16　20　15　30
17　27　21　20　24　32　22　19　18　32　19　31　26　14　28.

总数为 2550 张.

第一次有 850 人每人分到 3 张, 总体满意度为 425.092. 前 30 人的分配方案与表 6.4.9 相比只有一处不同: 19 号会员分配 0 张. 其余会员分到的 DVD 与表 6.4.9 完全相同.

问题(3)简化模型的 LINGO 程序一

```
MODEL:
  SETS:
    RM/1..1000/:A;
```

```
  DVD/1..100/:B;
  FP(RM,DVD):C,X;
ENDSETS
DATA:
  C=@OLE('myidu.xls','MANYIDU');
  @OLE('myidu.xls','SOLU')=X;
ENDDATA
MAX=@SUM(FP:C*X);
@FOR(FP:@BIN(X));@FOR(RM:@BIN(A));
@SUM(RM:A)=950;
@FOR(RM(I):@SUM(DVD(J):X(I,J))=3*A(I));
@FOR(DVD(J):B(J)=@SUM(RM(I):X(I,J)));
N=@SUM(DVD:B);
END
```

问题(3)简化模型的 LINGO 程序二

```
MODEL:
 SETS:
   RM/1..1000/:A;
   DVD/1..100/:B;
   FP(RM,DVD):C,X;
 ENDSETS
 DATA:
   C=@OLE('myidu.xls','MANYIDU');
   @OLE('myidu.xls','SOLU')=X;
   @OLE('myidu.xls','JINH')=B;
   @OLE('myidu.xls','REN')=A;
 ENDDATA
 @SUM(FP:C*X)>=474.18;
 @FOR(FP:@BIN(X));@FOR(RM:@BIN(A));
 @SUM(RM:A)>=950;
 @FOR(RM(I):@SUM(DVD(J):X(I,J))=3*A(I));
 MIN=@SUM(FP:X);
 @FOR(DVD(J):B(J)=@SUM(RM(I):X(I,J)));
END
```

问题(3)精确模型的 LINGO 程序

```
MODEL:
  SETS:
    RM/1..1000/:A;
    DVD/1..100/:B,N;
    FP(RM,DVD):C,X;
  ENDSETS
  DATA:
    N=@OLE('B1.xls','NJ');
    C=@OLE('myidu.xls','MANYIDU');
    @OLE('B1.xls','SOLU3')=X;
    @OLE('B1.xls','BJ')=B;
  ENDDATA
  MAX=@SUM(FP:C*X);
  @FOR(FP:@BIN(X));@FOR(RM:@BIN(A));
  @SUM(RM:A)=850;
  D=2;
  @FOR(RM(I):@SUM(DVD(J):X(I,J))=3*A(I));
  @FOR(DVD(J):B(J)=@SUM(RM(I):X(I,J)));
  @FOR(DVD(J):B(J)<=N(J)*0.85+D);
  @FOR(DVD(J):B(J)>=N(J)*0.85-D);
END
```

6.5　露天矿生产车辆的优化安排

6.5.1　问题的提出

本题是 2004 年全国大学生数学建模竞赛 B 题, 题目如下:

钢铁工业是国家工业的基础之一, 铁矿是钢铁工业的主要原料基地. 许多现代化铁矿是露天开采的, 它的生产主要是由电动铲车(以下简称电铲)装车、电动轮自卸卡车(以下简称卡车)运输来完成. 提高这些大型设备的利用率是增加露天矿经济效益的首要任务.

露天矿里有若干个爆破生成的石料堆, 每堆称为一个铲位, 每个铲位已预先根据铁含量将石料分成矿石和岩石. 一般来说, 平均铁含量不低于 25% 的为矿石, 否则为岩石. 每个铲位的矿石、岩石数量, 以及矿石的平均铁含量(称为品位)都是已知的. 每个铲位至多能安置一台电铲, 电铲的平均装车时间为 5 分钟.

卸货地点(以下简称卸点)有卸矿石的矿石漏、2 个铁路倒装场(以下简称倒装场)和卸岩石的岩石漏、岩场等, 每个卸点都有各自的产量要求. 从保护国家资源的角度及矿山的经济效益考虑, 应该尽量把矿石按矿石卸点需要的铁含量(假设要求都为 29.5%±1%, 称为品位限制)搭配起来送到卸点, 搭配的量在一个班次(8 小时)内满足品位限制即可. 从长远看, 卸点可以移动, 但一个班次内不变, 卡车的平均卸车时间为 3 分钟.

所用卡车载重量为 154 吨, 平均时速 28km/h. 卡车的耗油量很大, 每个班次每台车消耗近 1 吨柴油. 发动机点火时需要消耗相当多的电瓶能量, 故一个班次中只在开始工作时点火一次. 卡车在等待时所耗费的能量也是相当可观的, 原则上在安排时不应发生卡车等待的情况. 电铲和卸点都不能同时为两辆及两辆以上卡车服务. 卡车每次都是满载运输.

每个铲位到每个卸点的道路都是专用的宽 60m 的双向车道, 不会出现堵车现象, 每段道路的里程都是已知的.

一个班次的生产计划应该包含以下内容: 出动几台电铲, 分别在哪些铲位上; 出动几辆卡车, 分别在哪些路线上各运输多少次(因为随机因素影响, 装卸时间与运输时间都不精确, 所以排时计划无效, 只求出各条路线上的卡车数及安排即可). 一个合格的计划要在卡车不等待条件下满足产量和质量(品位)要求, 而一个好的计划还应该考虑下面两条原则之一:

(1) 总运量(吨·千米)最小, 同时出动最少的卡车, 从而运输成本最小;

(2) 利用现有车辆运输, 获得最大的产量(岩石产量优先; 在产量相同的情况下, 取总运量最小的解).

请你就两条原则分别建立数学模型,并给出一个班次生产计划的快速算法. 针对下面的实例,给出具体的生产计划、相应的总运量及岩石和矿石产量.

某露天矿有铲位 10 个, 卸点 5 个, 现有铲车 7 台, 卡车 20 辆. 各卸点一个班次的产量要求: 矿石漏 1.2 万吨、倒装场 I 1.3 万吨、倒装场 II 1.3 万吨、岩石漏 1.9 万吨、岩场 1.3 万吨.

铲位和卸点位置的二维示意图见图 6.5.1, 各铲位和各卸点之间的距离(km)见表 6.5.1.

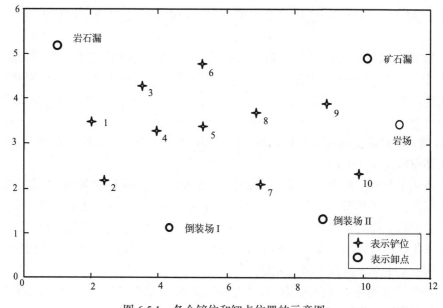

图 6.5.1　各个铲位和卸点位置的示意图

表 6.5.1　各铲位和各卸点之间的距离(单位：km)

	铲位 1	铲位 2	铲位 3	铲位 4	铲位 5	铲位 6	铲位 7	铲位 8	铲位 9	铲位 10
矿石漏	5.26	5.19	4.21	4.00	2.95	2.74	2.46	1.90	0.64	1.27
倒装场 I	1.90	0.99	1.90	1.13	1.27	2.25	1.48	2.04	3.09	3.51
岩场	5.89	5.61	5.61	4.56	3.51	3.65	2.46	2.46	1.06	0.57
岩石漏	0.64	1.76	1.27	1.83	2.74	2.60	4.21	3.72	5.05	6.10
倒装场 II	4.42	3.86	3.72	3.16	2.25	2.81	0.78	1.62	1.27	0.50

各铲位矿石、岩石数量(万吨)和矿石的平均铁含量见表 6.5.2.

表 6.5.2　各铲位矿石、岩石数量(万吨)和矿石的平均铁含量

	铲位 1	铲位 2	铲位 3	铲位 4	铲位 5	铲位 6	铲位 7	铲位 8	铲位 9	铲位 10
矿石量	0.95	1.05	1.00	1.05	1.10	1.25	1.05	1.30	1.35	1.25
岩石量	1.25	1.10	1.35	1.05	1.15	1.35	1.05	1.15	1.35	1.25
铁含量	30%	28%	29%	32%	31%	33%	32%	31%	33%	31%

6.5.2 基本假设

(1) 忽略各种随机因素引起的电铲和卡车的临时停顿，即认为它们都在一个班次(8 小时内)连续工作；

(2) 因道路宽畅，卡车在路上不会发生堵车现象，空载与重载的速度 v 都是 28km/h；

(3) 对卸点的矿石品位限制(29.5%±1%)，通过从不同铲位运来不同含铁量的矿石，一个班次(8 小时)内的总量满足品位限制即可.岩石不能用来掺入矿石中.

(4) 卡车装车时每车都装满，每车 154t，总运量可折合成车·次来考虑；

(5) 铲车定铲位以后，一个班次(8 小时)内不再移动铲位；

(6) 如果 8 小时内已经完成任务，卡车可提前退出系统；

(7) 对所有卡车来说，一个班次的 8 小时是同一时刻开始的，刚上班时，会发生卡车等待装车的现象.

6.5.3 符号说明

本文用到的主要符号说明如表 6.5.3 所示.

表 6.5.3 符号说明

符 号	说 明	单 位
P_i	代表铲位，$i=1,2,\cdots,10$	
Q_j	代表卸点，$j=1,2,\cdots,5$	
x_{ij}	从 P_i 到 Q_j 的石料运量，运到岩石漏和岩场的是岩石，运到其余处的是矿石	车·次
c_{ij}	从 P_i 到 Q_j 的距离	km
T_{ij}	在 P_i 到 Q_j 路线上运行一个周期平均所需时间	分
A_{ij}	从 P_i 到 Q_j 路线上最多能同时运行的卡车数	辆
B_{ij}	从 P_i 到 Q_j，一辆车一个班次中最多可以运行的次数	次
R_i	第 i 号铲位的矿石铁含量	%
d_j	第 j 号卸点的任务需求	车·次
k_i	第 i 号铲位的铁矿石储量	车·次
s_i	第 i 号铲位的岩石储量	车·次
Y_i	标志第 i 号铲位是否安排铲车的开关变量，取 1 为安排铲车；取 0 为不安排铲车	取值为 0 或 1

其余符号在用到时说明.

6.5.4　问题的分析

1. 需解决的问题

按照题意,需要解决的问题是拿出一个优化的生产计划,计划的内容包括:出动几台铲车,安排到哪些铲位上,出动几辆卡车,安排到哪些路线上,运输多少次(不需要具体到时段),该生产计划把一个班次(8 小时)作为一个整体来考虑.

2. 达到的目标

题目给定制订计划的两个原则:

(1) 总运量(吨·千米)最小,同时出动最少的卡车,从而运输成本最小;

(2) 利用现有车辆运输,获得最大的产量(岩石产量优先;在产量相同的情况下,取总运量最小的解).

这两个原则分别对应两个不同的问题:第(1)个问题要求满足产量和质量(品位)要求,综合考虑卡车不等待条件以及其他客观条件,目标是运输成本最小,首先把总运量(吨·千米)最小作为目标,优选出 7 个铲位并同时得出一个调运方案(可以用 x_{ij} 表示),然后安排卡车,在完成调运方案的前提下,使出动的卡车最少. 第(2)个问题没有产量限制(仍有质量要求),利用现有的 7 台电铲和 20 辆卡车,目标是获得最大的产量(岩石产量优先;在产量相同的情况下,取总运量最小的解). 除了产量约束外,其他约束条件与问题(1)类似. 这两个原则对应两个模型(目标函数不同,约束条件多数相同,部分不同),每个模型的解既要给出运输方案,还要制订出车方案.

3. 各种约束条件分析

1) 卡车不等待

刚开工时,卡车同时上班,会有等待装车的现象. 在正常运作后,应当限制同一条线路上的卡车数量,使之不发生等待现象,如铲位 2 至倒装场 I 的距离为0.99km,卡车跑一个来回需要 4.243 分钟,加上装车 5 分钟,卸车 3 分钟,一个运输周期合计 12.243 分钟,那么该线路上最多安排几辆卡车才不至于等待装车呢? 安排 2 辆没有问题,第一辆开走以后要过 7.243 分钟才回来,在这段时间内再花 5 分钟装第二辆,时间还余 2.243,第二辆开走,第一辆还没有回来,但是2.243 分钟来不及装第三辆,所以该线路上最多安排 2 辆卡车才能不等待,如果安排 3 辆卡车,则该线路一定会发生等待装车现象.

(1) 卡车在 P_i 到 Q_j 路线上运行一个周期平均所需时间

$$T_{ij} = 2c_{ij}/v + 5 + 3\,(\text{min}),\tag{6.5.1}$$

式中 c_{ij} 为从 i 号铲位到 j 号卸点的距离, v 为车辆平均速度, 5 和 3 分别是装车和卸车时间.

(2) 一个电铲(卸点)不能同时为两辆卡车服务, 所以一条路线上最多能同时运行的卡车数是有限制的, 由于装车时间 5min 大于卸车时间 3min, 所以可分析出这条路线上在卡车不等待条件下最多能同时运行的卡车数为: $A_{ij} = [T_{ij}/5]$, 式中符号 $[\ ]$ 表示向下取整数. 经过计算, 在卡车不等待条件下各路线上最多能同时运行的卡车数 A_{ij} 如表 6.5.4 所示.

表 6.5.4   各路线上最多能同时运行的卡车数 A_{ij}

	铲位 1	铲位 2	铲位 3	铲位 4	铲位 5	铲位 6	铲位 7	铲位 8	铲位 9	铲位 10
矿石漏	6	6	5	5	4	3	3	3	2	2
倒装场 I	3	2	3	2	2	3	2	3	4	4
岩场	6	6	6	5	4	4	3	3	2	2
岩石漏	2	3	2	3	3	3	5	4	5	6
倒装场 II	5	4	4	4	3	4	2	2	2	2

2) 每辆卡车在 P_i 到 Q_j 路线上 8 小时最多可运行的次数

$$B_{ij} = [(60 \times 8 - (A_{ij} - 1) \times 5)/T_{ij}],\tag{6.5.2}$$

式中 60×8 是每个班次(8 小时)的工作时间(单位: min), $(A_{ij} - 1) \times 5$ 是开始装车时最后一辆车的延时时间. B_{ij} 是以该路线上(开始上班时)最后装车的那台车来计算的, 如果按第一台装车的车来计算, 则

$$B_{ij} = [(60 \times 8)/T_{ij}],\tag{6.5.3}$$

如果错开上班时间, 计算公式也与上式相同. 式(6.5.3)与式(6.5.2)的计算结果略有差别. 如果取该路线上的平均延时, 则

$$B_{ij} = [(60 \times 8 - (A_{ij} - 1) \times 2.5)/T_{ij}],\tag{6.5.4}$$

式中 $(A_{ij} - 1) \times 2.5$ 是 P_i 到 Q_j 路线上 A_{ij} 辆卡车同时上班, 因等待装车而产生的延时的平均值. 求得各路线上的 B_{ij} 如表 6.5.5.

表 6.5.5　　各路线上每辆卡车 8 小时最多运行次数 B_{ij}

	铲位 1	铲位 2	铲位 3	铲位 4	铲位 5	铲位 6	铲位 7	铲位 8	铲位 9	铲位 10
矿石漏	15	15	18	18	22	24	25	29	44	35
倒装场 I	29	39	29	37	35	26	33	28	22	20
岩场	14	14	14	17	20	19	25	25	38	45
岩石漏	44	30	35	29	24	24	18	19	15	13
倒装场 II	17	19	19	21	26	23	42	31	35	47

该路线上 A_{ij} 辆卡车 8 小时合计最多可运行 $M_{ij} = A_{ij} \times B_{ij}$ 车·次, 总吨数大约为 $154 \times M_{ij}$.

3) 电铲和卸点的总能力限制

对于不同线路上的卡车是否会等待同一台铲车来装车的问题, 可以通过宏观控制的方式力争避免, 每台铲车每 5 分钟装一车, 8 小时最多装 96 卡车, 我们控制每台铲车一个班内装车总数不超过 96. 对于一个卸点, 每卸一车 3 分钟, 8 小时最多卸 160 车. 因此对于铲位或卸点处由不同线路造成的冲突问题, 我们认为只要平均时间能完成任务, 就认为不冲突. 不对卡车的运行时间作具体的安排(这是对题目要求的正确理解).

考察题目所给数据, 对于问题(1), 岩石漏处的卸车量最大为 1.9 万吨, 折合为 124 车, 8 小时内可以不发生等待卸车的现象. 对于问题 2, 无产量限制, 应当限制每个卸点的卸车总数不超过 160.

4) 产量任务约束

对问题(1), 五个卸点(矿石漏、倒装场 I、岩场、岩石漏、倒装场 II)的产量任务分别为(1.2, 1.3, 1.3, 1.9, 1.3)万吨, 折合成车·次数为 $d_j = (78, 85, 85, 124, 85)$.

5) 铲位储量约束

第 i 号铲位的铁矿石储量为 $k_i = (61, 68, 64, 68, 71, 81, 68, 84, 87, 81)$, 单位: 车·次.
第 i 号铲位的岩石储量为 $s_i = (81, 71, 87, 68, 74, 87, 68, 74, 87, 81)$, 单位: 车·次.
从各铲位运出的矿石和岩石不超过其存储量.

6) 卸点的品位约束

三个矿石卸点的品位(矿石中的铁含量)按规定为(29.5%±1%), 即在[28.5%, 30.5%]范围内. 通过从不同铲位运来不同含铁量的矿石, 一个班次(8 小时)内的总含量满足品位要求即可, 这是为了保护国家资源, 并考虑矿山的经济效益. 但是岩石不能用来掺入矿石中.

7) 电铲数量约束

电铲只有 7 台，铲位有 10 个，电铲上班时一旦定铲位，8 小时内不移动铲位，故只有 7 个铲位能各安排一台电铲，其余 3 个铲位轮空．引入变量 Y_i，它标志第 i 号铲位是否安排铲车，如果 $Y_i = 1$ 则安排铲车，取 $Y_i = 0$ 则不安排铲车，Y_i 是决策变量，放在模型中与决策变量 x_{ij} 一起进行优化，其值取决于优化的结果．

8) 卡车数量约束

最多能出动的卡车总数为 20 台．按照运输计划，从铲位 P_i 运到卸点 Q_j 的石料总量(运到岩石漏和岩场的是岩石，运到其余处的是矿石)为 x_{ij}，每辆卡车在该路线上 8 小时最多可运行的次数为 B_{ij}，故该路线上应安排卡车 x_{ij}/B_{ij} 台，各路线合计不超过 20 台，即

$$\sum_{i,j} \frac{x_{ij}}{B_{ij}} \leqslant 20, \tag{6.5.5}$$

9) 整数约束

决策变量 x_{ij} 是非负整数．

6.5.5　问题(1)的模型及求解

1. 整数规划模型求最优调运方案

1) 目标函数

题目给定问题一的原则是：总运量(吨·千米)最小，同时出动最少的卡车，从而运输成本最小．要求在该原则下制订一个优化的生产计划，计划的内容包括：出动几台铲车，安排到哪些铲位上，出动几辆卡车，安排到哪些路线上，运输多少次(不需要具体到时段)，该生产计划把一个班次(8 小时)作为一个整体来考虑．

该原则包含三句话：①总运量(吨·千米)最小，②出动最少的卡车，③运输成本最小．其中③与①、②是因果关系，①和②达到了就是③，①和②是两个(一致的)目标，因卡车的安排必须以完成运输方案(调运计划)为前提来设计最优派车计划，故总运量(吨·千米)最小是规划的大前提，我们的计划应首先以总运量最小为目标，求出调运方案以后再确定派车计划．总运量(吨·千米)最小可以表示成 $\min \sum\limits_{i=1}^{10}\sum\limits_{j=1}^{5} 154 c_{ij} x_{ij}$，由于 154 是常数，故目标函数可以写成

$$\min \quad \sum_{i=1}^{10}\sum_{j=1}^{5} c_{ij} x_{ij}. \tag{6.5.6}$$

2) 约束条件

根据前面的分析，约束条件可用以下式子表示：

$$
\begin{cases}
x_{ij} \leqslant A_{ij}B_{ij}, i=1,2,\cdots,10, j=1,2,\cdots,5, \\[2mm]
\displaystyle\sum_{j=1}^{5} x_{ij} \leqslant 96Y_i, i=1,2,\cdots,10, \\[2mm]
\displaystyle\sum_{i=1}^{10} x_{ij} \leqslant 160, j=1,2,\cdots,5, \\[2mm]
x_{i1}+x_{i2}+x_{i5} \leqslant k_i, i=1,2,\cdots,10, \\[2mm]
x_{i3}+x_{i4} \leqslant s_i, i=1,2,\cdots,10, \\[2mm]
\displaystyle\sum_{i=1}^{10} x_{ij} \geqslant d_j, j=1,2,\cdots5, \\[2mm]
28.5\displaystyle\sum_{i=1}^{10} x_{ij} \leqslant \sum_{i=1}^{10} x_{ij}R_i \leqslant 30.5\sum_{i=1}^{10} x_{ij}, j=1,2,5, \\[2mm]
\displaystyle\sum_{i=1}^{7} Y_i \leqslant 7, \\[2mm]
\displaystyle\sum_{i,j} \frac{x_{ij}}{B_{ij}} \leqslant 20, \\[2mm]
x_{ij} \text{ 取整数}, Y_i = 0 \text{ 或 } 1.
\end{cases}
\tag{6.5.7}
$$

目标函数(6.5.6)与约束条件(6.5.7)构成整数规划，我们称它为模型一.

3) LINGO 程序

编写 LINGO 程序如下:

```
model:
  sets:
    chanwei/1..10/:R,k,s,Y,chanl;
```

　!R 是铁含量，k 是矿石储量，s 是岩石储量，Y 是代表是否配置电铲的开关变量，chanl 是各铲位的产量;

```
xiedian/1..5/:d,xiel;
```

!d 为卸点的产量要求，xiel 为卸点的卸货数量;

```
LINKS(chanwei,xiedian):c,x,B,M,kache;
```

!c 为各路线的距离，x 为各路线上的运输量，B 为各路线上一辆卡车每 8 小时最多运输趟数，M 为各路线上若干辆卡车满足不等待条件时的总运输趟数，kache 为各路线上为完成任务所需要的卡车数;

```
endsets
data:
R=30 28 29 32 31 33 32 31 33 31;
d=78,85,85,124,85;
k=61,68,64,68,71,81,68,84,87,81;
s=81,71,87,68,74,87,68,74,87,81;
c=
```

5.26	1.9	5.89	0.64	4.42
5.19	0.99	5.61	1.76	3.86
4.21	1.9	5.61	1.27	3.72
4	1.13	4.56	1.83	3.16
2.95	1.27	3.51	2.74	2.25
2.74	2.25	3.65	2.6	2.81
2.46	1.48	2.46	4.21	0.78
1.9	2.04	2.46	3.72	1.62
0.64	3.09	1.06	5.05	1.27
1.27	3.51	0.57	6.1	0.5

```
;
B=
```

15	29	14	44	17
15	39	14	30	19
18	29	14	35	19
18	37	17	29	21
22	35	20	24	26
24	26	19	24	23
25	33	25	18	42
29	28	25	19	31
44	22	38	15	35
35	20	45	13	47

```
;
M=
```

90	87	84	88	85
90	78	84	90	76
90	87	84	70	76
90	74	85	87	84
88	70	80	72	78

72	78	76	72	92
75	66	75	90	84
87	84	75	76	62
88	88	76	75	70
70	80	90	78	94

```
;
!以上数据由 Excel 计算并通过剪贴板粘贴过来，故保持了表格式样;
enddata
 min=@sum( LINKS:c*x);   !目标函数;
 !计算各个铲位的总产量;
 @for(chanwei(i):chanl(i)=@sum(xiedian(j):x(i,j)));
 !计算各个卸点的总产量;
 @for(xiedian(j):xiel(j)=@sum(chanwei(i):x(i,j)));
 @for(LINKS(i,j):x(i,j)<=M(i,j));    !道路能力约束;
 @for(chanwei(i):chanl(i)<=Y(i)*96);   !电铲能力约束;
 @sum(chanwei(i):Y(i))<=7;   !电铲数量约束;
 @for(xiedian(j):xiel(j)<=160);   !卸点能力约束;
 @for(chanwei(i):x(i,1)+x(i,2)+x(i,5)<=k(i));
 @for(chanwei(i):x(i,3)+x(i,4)<=s(i));
 !铲位产量约束;
 @for(xiedian(j):xiel(j)>=d(j));   !产量任务约束;
 @sum(chanwei(i):x(i,1)*(30.5-R(i)))>=0;   !铁含量约束;
 @sum(chanwei(i):x(i,2)*(30.5-R(i)))>=0;
 @sum(chanwei(i):x(i,5)*(30.5-R(i)))>=0;
 @sum(chanwei(i):x(i,1)*(R(i)-28.5))>=0;
 @sum(chanwei(i):x(i,2)*(R(i)-28.5))>=0;
 @sum(chanwei(i):x(i,5)*(R(i)-28.5))>=0;
 !关于车辆的具体分配;
 @for(LINKS(i,j):kache(i,j)=x(i,j)/b(i,j));
 !各个路线所需卡车数总和;
 kacheshu=@sum(LINKS(i,j):kache(i,j));
 @for(LINKS:@gin(x));   !整数约束;
 @for(chanwei:@bin(Y));   !0-1 变量约束;
 kacheshu<=20;   !车辆总数约束;
 zchanl=@sum(chanwei(i):chanl(i));   !总产量;
```

end

程序中的常量 c，B，M 是在 Excel 中计算出结果，然后通过剪贴板粘贴到 LINGO 中，故保留了表格式样，LINGO 能正常地从表格中读出数据并赋值给相应的变量，运行结果正确.

4) 最优调运方案

运行以上程序，求得最优调运方案，目标函数值为 556.03(单位：车·千米)，乘以载重 154 吨/车，得最小总运量为 85628.62 吨·千米. 合计运输 457 车，其中矿石 248 车，38192 吨，岩石 209 车，32186 吨. 电铲 7 台安排在 1，2，3，4，8，9，10 号铲位，需要卡车 13 辆，最优调运方案(最优物流)，即各路线上的车·次数如表 6.5.6 所示.

表 6.5.6　最优调运方案　　　　　　　　(单位：车·次)

	铲位 1	铲位 2	铲位 3	铲位 4	铲位 5	铲位 6	铲位 7	铲位 8	铲位 9	铲位 10
矿石漏		13						54		11
倒装场 I		42		43						
岩场									70	15
岩石漏	81			43						
倒装场 II		13	2							70

如果电铲的数量减少一台，出动 6 台电铲，则最小吨·千米数为 89121.34，比出动 7 台电铲多 3492.72，故电铲数量不宜减少.

以上调运方案的车·次数是优化结果，但对需要卡车的数量只是大致估算总计需要 13 辆，没有具体的卡车派车计划. 还需要进一步作出最优调运方案下的派车计划.

2. 最优调运方案下的派车计划

题目还要求作出计划：出动多少卡车，分别在哪些路线上各运输多少次(不要求进行卡车排时，只求出各条路线上的卡车数及安排即可)，按题目要求，卡车"安排"指的是卡车多少辆，8 小时内各负责在哪些路线上运输多少趟.

按照模型一求出的最优调运方案，共有 12 条路线上有物流，派车方案只需针对这 12 条路线即可. 这 12 条路线的数据列表 6.5.7 中.

表 6.5.7　最优调运方案的 12 条路线上的数据

序号	路线 i	运量 X_i(车)	距离	每趟时间 t_i	限制车数	每班趟数 b_i	需要车数 W_i	需整车数	剩余小数 $W_i-[W_i]$	折合车次
1	①→❹	81	0.64	10.74286	2	44	1.840909	1	0.840909	37
2	②→❶	13	5.19	30.24286	6	15	0.866667		0.866667	13
3	②→❷	42	0.99	12.24286	2	39	1.076923	1	0.076923	3
4	②→❺	13	3.86	24.54286	4	19	0.684211		0.684211	13
5	③→❹	43	1.27	13.44286	2	35	1.228571	1	0.228571	8
6	③→❺	2	3.72	23.94286	4	20	0.1		0.1	2
7	④→❷	43	1.13	12.84286	2	37	1.162162	1	0.162162	6
8	⑧→❶	54	1.9	16.14286	3	29	1.862069	1	0.862069	25
9	⑨→❸	70	1.06	12.54286	2	38	1.842105	1	0.842105	32
10	⑩→❶	11	1.27	13.44286	2	35	0.314286		0.314286	11
11	⑩→❸	15	0.57	10.44286	2	45	0.333333		0.333333	15
12	⑩→❺	70	0.5	10.14286	2	47	1.489362	1	0.489362	23
	合计	457					12.8006	7	5.800598	

　　由表 6.5.7 可知, 各路线上需要的卡车数都小于 2, 最大为 1.862, 如果安排 2 辆卡车, 则不需要 8 小时就能完成运输任务, 这 2 辆车只要错开到同一个铲位的时间, 不会发生刚上班时的等待现象. 因此, 路线 i 上一辆卡车每 8 小时最多允许趟数为 $b_i = [480/t_i]$, 计算结果与原来的 B_{ij} 基本相同, 只有极个别路线比原来多出一趟. 令 $W_i = X_i/b_i$, 式中的符号的含意按表 6.5.7 的第一行, W_i 是路线 i 上需要的卡车数, 如果 W_i 恰好是整数, 则该路线安排 W_i 辆卡车, 如果 W_i 不是整数, 当 $W_i > 1$ 时, 先安排 $[W_i]$ 辆卡车, 上表中先安排 7 辆卡车(这 7 辆车整个 8 小时固定在一条路线上运行, 具体安排见表 6.5.8). 余下小数部分, 令 $W_i = W_i - [W_i]$, 对所有小于 1 的 W_i 进行优化派车, 让一台车在一个班次内分别去不同路线完成那些路线上的零碎(指不足 8 小时)任务, 使这些零碎任务加起来接近 1(剩余的时间尽可能少)但不超过 1, 也就是对零碎任务进行优化组合, 每组的和不超过 1, 使总的组数最少.

表 6.5.8　　七辆卡车整个 8 小时在固定路线上运输

	铲位 1	铲位 2	铲位 3	铲位 4	铲位 8	铲位 9	铲位 10
矿 石 漏					29(5)		
倒装场 I		39(2)		37(4)			
岩　　场						38(6)	
岩 石 漏	44(1)		35(3)				
倒装场 II							47(7)

表 6.5.8 中 44(1)代表运 44 车·次，括号内的数(1)代表卡车编号(这是按铲位顺序编的号，完全可以按其他方法随意编号，故编号无多大意义)，以下同.

假设现在有 n 个小于 1 的 W_i，进行分组，每组大小不等若干个，每组的和不超过 1(派一辆卡车)，使总组数(卡车数)最小. 如果这些零碎任务不允许再分割，则卡车的安排可以看成如下的一维装箱问题：有 n 个长度为 W_i 的物品($W_i < C$)和若干个长度为 C 的箱子，把所有物品全部装入箱子，使所用的箱子尽可能少.

装箱问题可以用 0-1 规划来求解，用决策变量 $y_j = 1$ 或 0 表示第 j 个箱子是否启用，用变量 $x_{ij} = 1$ 或 0 表示第 i 件物品是否放入第 j 个箱子中，把装箱问题化为如下 0-1 规划模型：

$$\min \quad z = \sum_{j=1}^{n} y_j$$

$$\text{s.t.} \begin{cases} \sum_{i=1}^{n} w_i x_{ij} \leqslant C y_j , \ j = 1, 2, \cdots, n , \\ \sum_{j=1}^{n} x_{ij} = 1 , \ i = 1, 2, \cdots, n , \\ y_j = 0 \text{或} 1 , \ j = 1, 2, \cdots, n , \\ x_{ij} = 0 \text{或} 1 , \ i, j = 1, 2, \cdots, n . \end{cases} \tag{6.5.8}$$

对于表 6.5.7 中的 12 个不足 1 的小数(运输任务)，编写 LINGO 程序如下：

```
MODEL:
 SETS:
  WP/W1..W12/:WI;
  XZ/V1..V12/:Y;    !Y 代表卡车数量;
  LINKS(WP,XZ):X;   !X 代表装箱情况;
```

```
ENDSETS
DATA:
WI=0.84091,0.86667,0.07692,0.68421,0.22857,0.1,0.16216,
0.86207,0.842105,0.314286,0.333333,0.489367;
ENDDATA
    MIN=@SUM(XZ(I):Y(I));   !目标是卡车总数最少:
    C=1;  @FOR(XZ:@BIN(Y));  @FOR(LINKS:@BIN(X));
    @FOR(WP(I):@SUM(XZ(J):X(I,J))=1);
    !每个任务只能分配给有一辆卡车做;
    @FOR(XZ(J):@SUM(WP(I):WI(I)*X(I,J))<=C*Y(J));
    !每辆卡车所分配的任务总数不超过一个班次的工作量;
END
```

运行以上程序, 得卡车数最少为 7, 具体 1,2,8,9,12 号任务各单独用一辆卡车, 3,5,10,11 号四个任务由一辆卡车完成, 4,6,7 号三个任务合由一辆卡车完成, 总计 7 辆卡车, 加上表 6.5.8 中固定路线的 7 辆卡车, 总计需要 14 辆卡车, 但是, 这不是最优解, 因为派车与装箱有区别, 装箱的物体不允许锯开(拆零), 但运输任务允许拆开由几辆卡车来共同完成, 所以派车问题不等同于装箱问题. 表 6.5.7 中需要的卡车数合计为 12.8, 如果能安排 13 辆车来完成则一定达到了最优(12 辆不可能完成). 事实上 13 辆是可以完成的, 如把表 6.5.7 中的 12 个零碎任务作组合, 结果见表 6.5.9.

表 6.5.9　12 个零碎任务的一种优化分组

任务序号	2,3	4,10	6,8	7,11,12	1,5,9
对应路线	②→❶ ②→❷	②→❺ ⑩→❶	③→❺ ⑧→❶	④→❷ ⑩→❸ ⑩→❺	①→❹ ③→❹ ⑨→❸
合计工作量 (单位：班)	0.9436	0.9985	0.96207	0.98485	1.9116
派车数量 (卡车编号)	1(8)	1(9)	1(10)	1(11)	2(12,13)

表中最右边一组 3 个任务的合计工作量为 1.9116, 将其中一个任务拆开, 则这 3 个任务可以指派 2 辆卡车来完成, 合计用 6 辆卡车来完成这 12 个零碎任务, 加上表 6.5.8 中的固定路线 7 辆车, 总计 13 辆卡车, 达到了最优, 但是表 6.5.9 的分组不是唯一的, 因为任务可以拆开, 故分组可以有许多种, 都能够达到总计 13 辆车完成所有运输任务.

按照表 6.5.9 的分组办法, 得到 6 辆需要跑 2 条(个别 3 条)路线的卡车的运输计划，见表 6.5.10.

表 6.5.10　需要改变路线的 6 辆卡车的运输方案

	铲位 1	铲位 2	铲位 3	铲位 4	铲位 8	铲位 9	铲位 10
矿石漏		13(8)			25(10)		11(9)
倒装场 I		3(8)		6(11)			
岩场						32(13)	15(11)
岩石漏	37(12)		4(12),4(13)				
倒装场 II		13(9)	2(10)				23(11)

以上派车方案的优点是除了铲位 3 至岩石漏的 8 车任务拆开由 2 辆车负担外，其他任务不再拆开，以免司机改变路线过多(或路线上的车过多)，各卡车的任务合计都不足 1(单位：班次)，留有时间余地，补偿因改变路线而多花费的时间，确保 8 小时能完成所分配的任务.

6.5.6　问题(2)的求解

1. 思路

问题(2)的原则是：利用现有车辆运输，获得最大的产量(岩石产量优先；在产量相同的情况下，取总运量最小的解).

按照该原则，仍然可以建立一个整数规划模型，在模型一的基础上，去掉关于卸点产量的约束条件，而目标函数有三个，分别是：

(1) 岩石产量最大；

(2) 矿石产量最大；

(3) 总运量(吨·千米)最小.

岩石的卸点只有 2 个，每个卸点每班的最多卸货能力为 160 车·次，按照岩石产量优先的原则，我们把卸点 3(岩场)和 4(岩石漏)的合计产量大于等于 320 车·次作为约束条件. 还剩 2 个目标：矿石产量最大和总运量最小，这两个目标的量纲完全不同，不宜合成为一个目标，我们可以分两步，先不考虑总运量，而是把矿石产量(或总产量)最大作为目标，求得矿石产量最大为 347 车·次，然后把矿石产量大于等于 347(卸点 1，2，5 的总卸货量)作为另一个约束条件，把总车·千米最小作为目标函数，将模型一稍作修改，可建立整数规划模型(模型二).

2. 运输方案

试运行得到最优解: 各卸点的产量(单位: 车)为: 28, 159, 160, 160, 160, 合计 667 车, 102718 吨, 其中岩石 320 车, 49280 吨, 矿石 347 车, 53438 吨. 7 台电铲分布在 1, 2, 3, 4, 8, 9, 10 铲位, 最小车·千米为 939.42, 折合 144670.68 吨·千米, 最优运输方案见表 6.5.11.

表 6.5.11　最佳物流对应的各条路线上的运输车·次为

	铲位 1	铲位 2	铲位 3	铲位 4	铲位 5	铲位 6	铲位 7	铲位 8	铲位 9	铲位 10
矿石漏			7					21		
倒装场 I	22	68		68				1		
岩场								12	76	72
岩石漏	74	28	32	26						
倒装场 II			57					62	17	24

3. 派车方案(省略)

参 考 文 献

1 谢金星，薛毅. 优化建模与 LINDO/LINGO 软件[M]. 北京：清华大学出版社，2005

2 张宏伟，牛志广. LINGO 8.0 及其在环境系统优化中的应用[M]. 天津：天津大学出版社，2005

3 姚恩瑜，何勇，陈仕平. 数学规划与组合优化[M]. 浙江：浙江大学出版社，2001

4 赵静，但琦. 数学建模与数学实验(第二版)[M]. 北京：高等教育出版社，2003

5 朱德通. 最优化模型与实验[M]. 上海：同济大学出版社，2003

6 洪文，朱广斌. 整数规划下的最小生成树模型[J]. 安徽电气工程职业技术学院学报，2004,(1)：96~100

7 张先迪，李正良. 图论及其应用[M]. 北京：高等教育出版社，2005

8 吴建国等. 数学建模案例精编[M]. 北京：中国水利水电出版社，2005

9 马开玉，张耀存，陈星. 现代应用统计学[M]. 北京：气象出版社，2004

10 唐焕文，贺明峰. 数学模型引论. 第二版. [M]. 北京：高等教育出版社，2001

11 苏金明，张莲花，刘波. MATLAB 工具箱应用[M]. 北京，电子工业出版社，2004

12 刘康生，胡崇海. 电力市场的输电阻塞管理[J]. 工程数学学报，2004,(7)：117~123

13 韩中庚. 数学建模方法及其应用[M]，北京：高等教育出版社，2005

14 姜启源，谢金星，叶俊. 数学模型(第三版)[M]. 北京：高等教育出版社，2003

15 朱道元等. 数学建模案例精选[M]. 北京：科学出版社，2003

16 方沛辰，李磊. 露天矿生产的车辆安排的模型和评述[J]. 工程数学学报，2003,(7)：91~100